彩图1 南方春大豆

彩图2 南方田埂豆

彩图3 大豆花荚期

彩图4 大豆鼓粒期

彩图5 大豆症青现象

彩图6 大豆缺钙

彩图7 大豆病毒病重型花叶病毒

彩图8 大豆霜霉病病叶正面

彩图 9　大豆锈病病叶

彩图 10　菜用大豆菌核病荚上生白色絮状物

彩图 11　大豆荚枯病病荚

彩图 12　大豆枯萎病病株

彩图 13　大豆枯萎病病叶

彩图 14　大豆赤霉病病荚

彩图 15　大豆褐斑病病叶呈不规形
或多角形棕褐色病斑

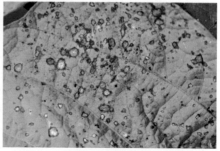
彩图 16　菜用大豆紫斑病病叶呈圆形
紫红色斑点

彩图 17　菜用大豆紫斑病茎
红褐色中间带黑

彩图 18　大豆灰斑病叶呈中央灰褐色
四周红褐色的蛙眼斑

彩图 19　大豆灰星病病茎

彩图 20　大豆灰星病病叶

彩图 21　大豆炭疽病病株

彩图 22　大豆炭疽病病叶

彩图 23　大豆根腐病病株

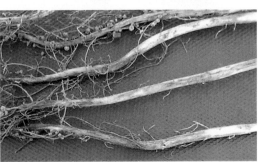

彩图 24　大豆根腐病根茎发病状

彩图 25　大豆黑斑病病荚

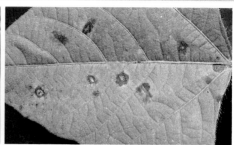

彩图 26　大豆耙点病病叶

彩图 27　大豆耙点病病荚

彩图 28　大豆白粉病病叶

彩图 29　大豆轮纹病病叶

彩图 30　大豆轮纹病病荚

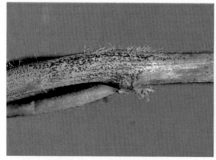

彩图 31　大豆黑点病病茎

彩图 32　大豆根结线虫病

彩图 33　大豆细菌性角斑病病株

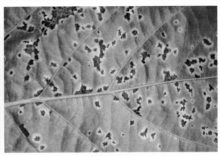

彩图 34　大豆细菌性角斑病病叶

彩图 35　大豆蚜为害大豆荚

彩图 36　大豆烟粉虱

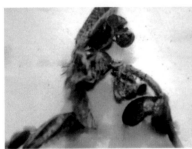

彩图 37　大豆根绒粉蚧为害状

彩图 38　大豆根绒粉蚧成虫

彩图 39　红蜘蛛为害大豆叶片正面表现

彩图 40　大豆叶片背面的红蜘蛛及为害状

彩图 41　蓟马成虫

彩图 42　小地老虎幼虫

彩图 43　大豆食心虫为害后的豆荚

彩图 44　大豆食心虫幼虫

彩图 45　大豆毒蛾幼虫

彩图 46　豆毒蛾咀食大豆叶片成孔洞状

彩图 47　人纹污灯蛾成虫

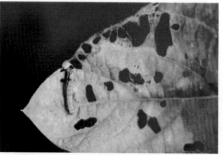

彩图 48　斜纹夜蛾幼虫为害大豆叶片

彩图 49　甜菜夜蛾幼虫

彩图 50　银纹夜蛾幼虫

彩图 51　甜菜螟成虫

彩图 52　大豆黑潜蝇幼虫蛀食大豆茎秆状

彩图 53　豆叶东潜蝇为害大豆叶片

彩图 54　大青叶蝉成虫

彩图 55　大青叶蝉为害大豆叶片状

彩图 56　蒙古土象成虫

彩图 57　豆芫菁成虫

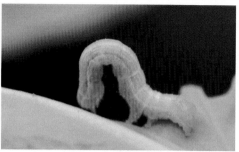

彩图 58　造桥虫幼虫

彩图 59　棉蝗为害大豆叶片

彩图 60　中华稻蝗为害大豆

彩图 61　短额负蝗为害大豆叶片

彩图 62　双斑萤叶甲成虫

彩图 63　二条叶甲成虫为害大豆叶片

彩图 64　二条叶甲为害大豆的田间症状

彩图 65　大豆卷叶螟成虫

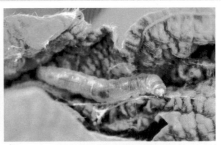

彩图 66　菜用大豆卷叶螟幼虫为害大豆叶片

彩图 67　豆荚野螟成虫

彩图 68　豆荚野螟幼虫

彩图 69　大豆天蛾成虫

彩图 70　大豆天蛾幼虫

彩图 71　筛豆龟蝽 3 龄若虫
群集为害大豆

彩图 72　筛豆龟蝽成虫若虫
群集大豆荚果上吸汁

彩图 73　点蜂缘蝽若虫

彩图 74　条蜂缘蝽成虫

彩图 75　豆突眼长蝽成虫交尾状

彩图 76　豆突眼长蝽为害大豆叶片成点状失绿

彩图 77　地下害虫——蛴螬

彩图 78　狗尾草为害大豆

彩图 79　凹头苋

彩图 80　繁缕杂草

彩图 81　看麦娘杂草

彩图 82　异型莎草

彩图 83　猪殃殃

彩图 84　蓼为害大豆

彩图 85　苍耳为害大豆

彩图 86　香附子草成株

彩图 87　野燕麦

彩图 88　大豆叶片上的除草剂触杀性药害斑

彩图 89　乙草胺漂移药害

彩图 90　上茬莠去津对大豆的残留药害

彩图 91　菟丝子

彩图 92　大豆苗期干旱

彩图 93　大豆结荚期干旱

彩图 94　大豆涝害

彩图 95　大豆苗期倒伏

彩图 96　大豆成株期倒伏

粮油经济作物高效栽培丛书

大豆
优质高产问答

何永梅 杨 雄 王迪轩 主编

（第二版）

化学工业出版社
·北京·

内 容 简 介

本书采用问答的形式，详细介绍了大豆的优质高产栽培技术、播种育苗技术、田间管理技术、主要病虫草害全程监控技术以及减灾技术等内容。书中针对农民在大豆生产中遇到的 195 个实际问题，提供了具体的解决方案与技术要点，具有针对性和指导性。书中附有近百张高清彩图，便于在实际生产中对照参考。

本书适合广大种植大豆的农民、农村专业合作化组织阅读，也可供农业院校种植、植保专业师生参考。

图书在版编目（CIP）数据

大豆优质高产问答/何永梅，杨雄，王迪轩主编. —2版. —北京：化学工业出版社，2020.11（2024.11重印）
（粮油经济作物高效栽培丛书）
ISBN 978-7-122-37524-7

Ⅰ.①大… Ⅱ.①何…②杨…③王… Ⅲ.①大豆-高产栽培-栽培技术-问题解答 Ⅳ.①S565.1-44

中国版本图书馆 CIP 数据核字（2020）第 148804 号

责任编辑：冉海滢　刘　军　　　　　文字编辑：温月仙　陈小滔
责任校对：王　静　　　　　　　　　装帧设计：关　飞

出版发行：化学工业出版社（北京市东城区青年湖南街 13 号
　　　　　邮政编码 100011）
印　　装：北京科印技术咨询服务有限公司数码印刷分部
880mm×1230mm　1/32　印张 7　彩插 6　字数 208 千字
2024 年 11 月北京第 2 版第 2 次印刷

购书咨询：010-64518888　　　　　售后服务：010-64518899
网　　址：http://www.cip.com.cn
凡购买本书，如有缺损质量问题，本社销售中心负责调换。

定　　价：39.80 元　　　　　　　　　　版权所有　违者必究

本书编写人员

主　　编　何永梅　杨　雄　王迪轩

副 主 编　刘文斌　伍　娟　陈胜文　李慕雯

参编人员（按姓名汉语拼音排序）

　　　　　　陈胜文　符满秀　何永梅　胡世平　李慕雯

　　　　　　刘文斌　隆志方　彭特勋　谭一丁　王迪轩

　　　　　　王秋方　王雅琴　伍　娟　杨　雄　张建萍

　　　　　　张有民

　　"粮油经济作物高效栽培丛书"自 2013 年 1 月出版以来，至今已有 8 个年头。该套丛书第一版有 8 个单行本，其中《水稻优质高产问答》《大豆优质高产问答》《棉花优质高产问答》《油菜优质高产问答》四个单行本入选农家书屋重点出版物推荐目录。近几年来，无论是种植业结构还是国家对种植业的扶持政策均不断发展，出现了不小的变化，一系列新技术得到了更进一步的推广应用，但也出现了一些新的问题，如新的病虫危害，一些药剂陆续被禁用等。因此，对原丛书中重要作物的单行本进行修订很有必要（主要是水稻、大豆、油菜、小麦、花生、玉米六个分册）。

　　针对当前农民对知识"快餐式"的吸取方式，简洁、易懂的"傻瓜式"获取知识的需求，《大豆优质高产问答（第二版）》在第一版基础上进行了修订、完善和补充。一是在内容结构上有增删和侧重，对一些章节进行了调整和完善。在栽培技术上，突出新的主流技术；在问题解析上，突出主要的问题及近几年来出现的新问题；在病虫草害全程监控技术上，突出绿色防控技术集成。二是在形式上，体现"简洁""易懂""傻瓜式"等特点，为帮助农民朋友提升实践操作能力，精炼语言，适当增加图片、表格，提升图书的可读性、实用性与适用性，达到快捷式传播的目的。

　　由于时间紧迫，编者水平有限，书中不妥之处欢迎广大读者批评指正！

编者

2020 年 6 月

第一版前言

大豆既是重要的粮食作物，又是重要的油料作物，还是重要的饲料作物，在我国农业生产以及社会经济生活中都占有相当重要的地位。20世纪30年代，我国是世界上最大的大豆生产国，20世纪90年代中期以前，我国一直是大豆净出口国，2000年以后，随着大豆市场的全面开放，大豆进口量大幅度增长，现已成为大豆、豆粕和豆油全面进口国。

我国大豆产品品质低，包括油率低、含水量高和杂质高；主产区的农民素质偏低，大豆栽培新技术推广力度不够，大豆田间管理粗放；大豆科研投入不足，品种更新滞后，致使大豆单产增长缓慢。大豆生产技术供给与农户技术需求难以有效对接，豆农的技术应用水平低，是制约大豆竞争力提高的重要因素。

我国大豆在更换良种、精耕细作并采用新技术、适当增加投入的前提下，单产有可能由现在的每亩（1亩≈666.7m^2）120kg左右增加至140~150kg。特别是一批比较成熟、有应用前景的大豆新品种及新技术的应用，我国大豆新品种产量潜力已达325kg以上，一批新品种的抗性、品质均得到改良。大豆营养价值高、加工产品多样，已成为人们生活中不可缺少的食物。为发展大豆生产，加快大豆生产技术的推广应用，提高大豆单产水平进而推动大豆总产量的增长，编者结合多年的实际，在参考了国内大量资料和网络资料的基础上编写了本书。

本书采用问答的形式，回答了大豆当前生产上推广应用的新品种、主要栽培技术、优质高产疑难解析及主要病虫害全程监控技术。以农民在大豆生产中遇到的问题为基础，把理论知识融于疑难解答中，避免了枯燥的说教，语言通俗，图文并茂。

由于时间紧迫，水平有限，书中不妥之处欢迎广大读者批评指正！

编者
2012 年 6 月

目录

第一章　大豆优质高产栽培技术 / 001

第二章　大豆优质高产疑难解析 / 045

第四章　大豆减灾技术疑难解析 / 199

第一章

大豆优质高产栽培技术

第一节　北方大豆栽培技术

1. 大豆无公害栽培技术要点有哪些?

（1）**品种选择**　选择经国家和省品种审定委员会审定通过的、适于当地气候条件、优质、高产、抗逆性强的大豆品种。同时，应注意品种的生育日数，要在当地无霜期内留有余地，能正常成熟，充分利用光热资源，防止越区种植。

（2）**种子处理**　选择发芽率≥95％、纯度≥97％、净度≥98％、含水量＜13％、无病斑、无虫孔的种子。未包衣处理的种子可选用钼酸铵拌种，每千克种子用 1～2g 兑水 50～100g，硫酸锌每千克种子用 1g 兑水 1kg，硼砂每千克种子用 0.5g 兑水 1kg，洒在大豆种子上混拌均匀。大豆根瘤菌接种，每亩用菌剂 250g，加适量水搅拌成糊状，均匀拌在种子上，拌后不能混用杀菌剂，防日晒，拌种后 24 小时内播种。早春低温干旱时，种子在土壤中滞留时间长，易遭受病虫害，可用大豆种衣剂拌种防治，药种比为 1∶（75～100）。防治大豆根腐病可用相当于种子量 0.5％的 50％多·福合剂或种子量 0.3％的 50％多菌灵可湿性粉剂拌种。

（3）**选地整地**　实行科学轮作，前茬以玉米、马铃薯、小麦为主。有深松基础的玉米茬可原垄种，整地时做到耕层土壤细碎、疏松，特别对窄行密植栽培的地块要整平耙细，垄表要平整以确保播种质量。根据前茬作物进行伏秋翻，深度 22～25cm。对秋翻地要在早春进行耙耢并及时镇压保墒。

（4）**施足基肥**　一般结合整地，每亩施有机肥 1000～1500kg 作基肥，质量稍差的农家肥宜多施，一般宜施入 2500kg。用化肥作种肥，应根据土壤诊断结果确定化肥用量、限量最高值，应施用符合 NY/T 394—2013《绿色食品　肥料使用准则》要求的肥料，如每亩施磷酸二铵 6～12kg，生物钾肥 500g（拌种或作种肥施用），硫酸钾 2.5～3kg（或氯化钾 3～5kg）。提倡分层深施肥，深施于种下 4～5cm 处。切忌种肥同位，以免烧种。根据苗情长势，对长势差的地块可在苗期每亩追施尿素 3～4kg。

（5）精细播种　种植密度要根据品种类型、生态条件、栽培条件、种植方式等进行确定。如品种分枝较多，肥水条件好，垄作栽培则可以适当稀植；反之则宜密植。当土壤 5～7cm 深处的地温稳定在 8℃时，即为播种时期。在保证播种质量前提下，适期早播。春播播种时期一般为 4 月 20 日～5 月 10 日。播种方法有机械播种和人工等距播种两种。播深 3～5cm，覆土一致，播后及时镇压。

（6）田间管理

① 间苗定苗　当小苗刚拱土，子叶尚未展开时，进行铲前深松一犁。当小苗一对单叶未展时进行人工等距间苗。

② 适时铲趟　当大豆小苗长出一对单叶至第一片复叶时进行头遍铲趟，7～8 天后苗高 10cm 左右进行第二遍铲趟，二遍铲趟后 10 天左右，大豆封垄前（6～8 片复叶）进行第三遍深铲深趟。

③ 化学除草　使用符合 NY/T 393—2013《绿色食品　农药使用准则》要求的农药，选用安全、低毒、无残留除草剂品种。

a. 苗前土壤处理　可单用 50％乙草胺、72％异丙甲草胺、90％乙草胺、48％甲草胺等除草剂，按常规用量；或每亩用 50％丙炔氟草胺可湿性粉剂 8～12mL 加 72％异丙甲草胺乳油 100～200mL，进行苗前土壤喷雾；或播后苗前每亩用 90％乙草胺乳油 100～130mL 加 75％噻吩磺隆干悬浮剂 1～1.67g；或每亩用 72％异丙甲草胺乳油 100～167mL。

b. 苗后除草　在大豆出苗后，当阔叶杂草 2～4 叶期时，每亩用 48％灭草松水剂 167～200mL，兑水 40kg，进行第一次茎叶喷雾；禾本科杂草 4～6 叶期时，每亩用 12.5％烯禾啶乳油 100mL，或 5％精喹禾灵乳油 50～60mL，兑水 40kg，进行第二次茎叶喷雾。或每亩选用 15％精吡氟禾草灵乳油 50mL 加 24％乳氟禾草灵乳油 23～27mL，在大豆苗期喷施。遇干旱应适当加大兑水量。苗后除草还可每亩选用

12.5%烯禾啶乳油 60～100mL，或 15%精吡氟禾草灵乳油 50～60mL，或 25%氟磺胺草醚水剂 60～100mL，或 24%三氟羧草醚水剂 60～100mL。

④ 灌水防旱　有条件的地方，在花期、结荚期和鼓粒期及时灌溉。采用喷灌时，每次灌水定额以 20～30mm 为宜。灌后应及时中耕松土。

⑤ 及时追肥　大豆生育后期发现脱肥，每亩用尿素 1kg，加磷酸二氢钾 600g，兑水 50kg 进行叶面喷施。

⑥ 化学调控　7 月中旬若发现徒长、倒伏地块，每亩用 2，3，5-三碘苯甲酸 3～5g，加酒精溶解后，兑水 35～48kg 喷施。

（7）病虫害防治

① 金针虫、蛴螬等地下害虫　播前用 50%辛硫磷乳油 50mL，兑水 1～1.5kg 拌种子 20kg 闷种 4～6 小时，阴干后播种，或在傍晚用上述农药灌幼苗，每株 50g。

② 根潜蝇　可选用 40%乐果乳油，按种子量的 0.5%播前 3～6 天内湿拌种。

③ 二条叶甲、黑绒金龟子、蒙古灰象甲等苗期害虫　可选用 80%敌敌畏乳油 1000～2000 倍液喷雾防治。

④ 大豆蚜虫　发现蚜虫点片危害，卷叶率 3%或百株 3000 头以上时，用 40%乐果乳油 1500～2000 倍液喷施。也可选用苏云金杆菌悬浮剂 60～100g，500～800 倍液连续喷施 2 次，间隔 3 天。

⑤ 大豆食心虫　在大豆食心虫脱荚入土前，将白僵菌菌粉与草炭土按 1∶9 混拌均匀，按每亩 5.3kg 均匀地撒在大豆田垄上。在大豆食心虫成虫发生期，每亩用 80%敌敌畏原液 123～150g，制成 600根药棍，在田间每隔 5 条垄台上插一趟，棍约插在大豆植株的 1/3处，相距 4～5 步远，用熏蒸法防治。

⑥ 大豆胞囊线虫病　可用种子量的 2%的大豆根保菌剂拌种，同时兼防根腐病。

⑦ 大豆灰斑病　选用 50%福美双可湿性粉剂按种子质量的 0.3%拌种，同时可在大豆花荚期，每亩 40%多菌灵胶悬剂 100g兑水 30kg 喷雾。

⑧ 大豆花叶病　选用 0.5%氨基寡糖素水剂 600～800 倍液喷雾，苗期喷 3～4 次，间隔 7～10 天喷 1 次。

（8）适时收获　在黄熟期豆叶全部脱落后 5～7 天收获。收获时间宜在中午前。如果茎和籽粒含水分较多，割后放在地里晒 5～7 天再运回场院。如水分较少，收割后立即运回场院，待干后脱粒。

2. 什么是大豆"三垄"栽培法，其增产机理是什么？

东北春大豆"三垄"高产栽培法原称"旱作大豆机械化高产栽培综合技术体系"。所谓"三垄"，即是在垄作基础上采用三项技术措施：一是垄底深松播种，二是垄体分层施肥，三是垄上双条精量点播。该技术适应于平川地、土壤墒情较好的地块，丘陵坡岗地土壤墒情不好的地块不宜应用。其优点是改平翻为翻、耙、松相结合；改平作为垄作，改表层浅施种肥为测土分层深施肥；改单条平播为垄上双条精密点播；同时还将病、虫、草单一防治改为病、虫、草与田间中耕管理相结合的多功能综合防治及管理；将一机单用改为一机多用。

（1）土壤深松　深松的深度以打破犁底层为准，一般深度以 25～30cm 为宜。根据深松部位的不同，可分为垄体深松、垄沟深松和全方位深松。

① 垄体深松　也称为垄底深松，深度为耕层以下 8～12cm。有两种方法：一种是整地深松也叫深松起垄，这种方法是结合整地进行深松起垄，如搅麦茬深松和在已经耕翻或耙茬的基础上深松起垄；另一种是深松播种，使用大型"三垄"耕播机在垄体深松的同时，进行深施肥和精量播种，这种方法是三种技术一次作业完成。

② 垄沟深松　用深松铲对垄沟进行深松，深度为耕层以下 10～15cm。根据时期的不同，可分为播后出苗前垄沟深松和苗期垄沟深松等。

③ 全方位土壤深松　利用全方位深松机对整个耕层进行深松，可以做到土层不乱，加深耕作层，深松深度可达 50cm 以上。

深松的增产作用：首先，土壤深松可以打破犁底层，加深耕作层，改善耕层结构，有利于大豆根系的生长发育和根瘤的形成。"三垄"栽培的大豆根系多分布在 0～50cm 土层中，而没有进行深松的地块，大豆根系分布在 0～37cm 土层中，扎根深度深松比不深松的深 13cm。深松地块的大豆单株根数较未深松地块的多 5～7 条，根鲜重增加 5.6g，根瘤数增加 12 个。其次，在播种的同时进行垄沟深松，可以起到防寒增温、疏松土壤、促进大豆早生快发的作用。据调查，在出苗至第一复叶展开期间，深松地块 0～20cm 耕层的地温较未深松的高 0.5～1℃，深松地块比未深松地块可提早成熟 2～3 天。最后，深松可以创造一个虚实并存的土壤结构，增强土壤蓄水保墒和抗旱抗涝的能力。

（2）垄体内分层深施肥　在测土施肥的基础上，采用垄体内分层深施基肥，要与垄底深松同时进行。基肥宜占施肥量的 2/3，种肥加追肥共占 1/3。根据土壤肥力差异，每亩施肥量为：纯氮 2～3kg，纯磷 4～6kg。化肥作种肥，施肥深度在要 10cm 以上，即化肥施在种下 5cm 处为宜。化肥作基肥，施肥深度要达到 15～20cm，即施在种下 10～15cm 处为宜。目前生产上应用的大型"三垄"耕翻机不仅能做到深施肥，还可以做到种肥和基肥同时施入，做到分层施肥。

化肥深施的增产作用：化肥深施克服了种、肥同位烧种、烧苗问题，同时可以减少化肥的挥发和流失，提高化肥利用率（一般可提高 10%～15%）。肥料深施后，促使大豆根系下扎，有利于提高其抗旱能力。另外，深施可以做到合理增加化肥施用量，延长供肥时间，满足大豆生育全过程对肥的需要。

（3）垄上双条精量播种　精量播种是实现大豆植株分布均匀、克服缺苗断条、合理密植、提高产量的重要技术措施。"三垄"栽培法要求大豆品种高产、耐肥、抗倒伏、抗病虫害，以中早熟品种为好，种子要经过 6～8mm 筛子组成的双层筛筛选，或由人工粒选，种子净度在 99% 以上，发芽率 95% 以上，以保证单粒播种质量。垄上双条播小行距为 12～15cm，播种深度为 5cm，种肥和种子之间的距离应在 5～7cm，以防止烧种和影响出苗。目前除在劳动力充足的地方，农民采用人工扎眼、人工摆籽等人工精量播种的方法外，绝大多数的地方都已采用机械精量播种。机械精量播种能做到开沟、下籽、施肥、覆土、镇压连续作业，其不但加快了播种进度，缩短了播期，同时还能保证播种质量。

精量播种的增产作用：大豆实行精量播种，一是能在合理密植的基础上，做到植株分布均匀，解决了以往大豆生产上存在的稀密不匀、缺苗断垄的问题；二是改善了大豆植株生育环境，使群体结构进一步趋于合理，较好地协调了光、热、水、肥的矛盾；三是增加了单株营养面积，提高了单株生产力。

3. 大豆"三垄"栽培技术要点有哪些？

大豆"三垄"栽培技术是旱作大豆高产综合技术体系，不仅仅是深松、深施肥和精量播种三项技术的简单组合，它必须和其他栽培技术措施相互配合，才能最大限度发挥其增产潜力。

（1）**选择品种** 要选择高产、优质、成熟期适宜、秆强、主茎发达、抗逆性强的品种，并做到合理搭配。种子要定期更换，不要年年都用自留种子。种子必须经过精选，剔除病斑粒、虫食粒、杂质，使种子纯度高于98％、净度高于97％、发芽率高于90％，种子大小均匀。

（2）**精细整地** 整地要做到耕层土壤细碎、地平，提倡深松起垄，垄向要直，垄宽一致，最好是伏秋精细整地，秋施农家肥，有条件的也可以秋施化肥，在上冻前7～10天深施化肥较好。在整地方法上，要大力推行以深松为主体的松、耙、旋翻相结合的整地方法。无深翻、深松基础的地块，可采用伏秋翻同时深松，或旋耕同时深松，或耙茬深松，耕翻深度18～20cm、翻耙结合，无大土块和暗坷垃，耙茬深度12～15cm，深松深度25cm以上；有深翻深松基础的地块，可进行秋耙茬，耙深12～15cm。对于垄作大豆，在伏秋整地的同时要起好垄，达到待播状态；春整地的玉米茬要顶浆扣垄并镇压；有深翻深松基础的玉米茬，早春耢平茬坑，或用灭茬机灭茬，达到待播状态。

（3）**适时播种** 要做到适期播种，黑龙江地区一般在5月10日～15日播种，吉林、辽宁播期在4月中旬。春播时墒情较好的地方，可采用多项作业一次完成的深松播种方法。精量播种要根据保苗株数，计算好播量，然后在垄上进行双行精量播种，双行间小行距10～12cm。机械垄上等距穴播，穴距一般在18～20cm，每穴3～4株。播种深度以镇压后4～5cm为宜，播种、镇压要连续作业。

（4）**合理施肥** 结合整地起垄施入农家肥，一般每亩施优质农家肥1000～1500kg。除施用农家肥外，提倡应用大豆有机复合肥。化肥的施用要做到氮磷钾搭配，并因地补充微肥，有条件的要进行测土配方平衡施肥。没有配方施肥条件的地方，应按照减磷、增钾的原则确定。中等肥力地块，一般每亩施磷酸二铵7～10kg、硫酸钾3～

4kg。利用大型"三垄"耕播机深施肥，可做到分层施入。施肥量大时，第一层施在种子 4～5cm 外，占施肥总量 30%～40%，第二层施于种子 8～15cm 处，占施肥总量的 60%～70%。在施肥量偏少的情况下，第二层施在种子 8～10cm 处即可。

大豆前期长势较差时，可结合二遍地铲后趟前追施氮肥，每亩施尿素 2.5～5kg，追肥后立即中耕培土；或在大豆初花期每亩用尿素 600g，加磷酸二氢钾 100g，溶于 40kg 水中喷施。

（5）化学除草 土壤墒情好，可采取土壤封闭处理（包括秋施药与播前施药），或采取播后苗前处理，不提倡苗后茎叶处理。

4. 什么是大豆窄行密植栽培技术，其增产机理是什么？

大豆窄行密植栽培技术，是指通过缩小行距、增加密度、扩大群体提高单产的一种栽培模式。主要的模式有三种：一种是小垄窄行密植栽培，一种是大垄窄行密植栽培，一种是深松窄行平播密植栽培。其增产机理是增加叶面积指数，提高光能利用率，增加单位面积干物重，提高收获指数，选用半矮秆且秆强品种防止增加密度引起的植株倒伏，从而实现大豆高产。

（1）增加叶面积指数，提高光能利用率 作物产量与单位面积上截获的光能关系极大，也与田间叶片分布状态有关。大豆获得高产的理想种植方式是株行距相等，在这种方式下，植株间竞争最小。因此，高产的田间分布应当是行与行之间的距离缩小、行内之间的距离加大。大豆窄行密植的理论基础即增加密度、增加叶面积，以提高光合效率；缩小行距以保证植株分布均匀，使株行距尽量相等。

窄行密植，首先是增加了叶面积，在开花期和结荚期，窄行密植的叶面积指数随密度增加而增加，其相关系数达到显著水平，增加叶面积、持续较长时期的绿色面积是提高光能利用效率的重要条件，也是大豆高产的关键。其次是改善了光分布，由于窄行密植使植株分布得更均匀，克服了宽行种植时植株分布不均匀的缺点，因而单株受光更均匀，也为提高光能利用率创造了有利条件。再次是增加了单位面积根瘤数、根瘤重量，由于增加了密度，单株的根瘤数和重量减少，但是单位面积根瘤数在结荚期和鼓粒期均与密度呈正相关，根瘤鲜、干重除结荚期外也与密度呈正相关。

（2）增加了单位面积内的干物质重量 随着密度增加，尽管单株的干鲜重下降，但群体的干鲜重在不发生严重倒伏的情形下，呈增加趋势。而大豆经济产量与干物质重量显著相关，窄行密植由于增加了密度，单位面积干物质产量增加，最后表现为窄行密植增产。

5. 大豆小垄窄行密植栽培技术要点有哪些？

大豆小垄窄行密植栽培技术，是适于我国北方大豆产区的一种窄行密植栽培法，其要点是：采用矮秆中早熟品种，加大种植密度，增加产量。

（1）选用良种 选用矮秆、半矮秆抗倒伏、丰产性好的中早熟品种。播种前，用种衣剂进行包衣，以防治地下病虫害。

（2）整地施肥 选择排水良好的岗地或平川地，前茬以小麦、玉米、马铃薯或杂粮茬为佳，避免重茬、迎茬。结合秋整地，进行土壤深松，深度 30～40cm，起成宽 45cm 的垄，达到待播状态，也可随播随起垄。结合整地，每亩施优质农家肥 1000～1500kg。

（3）抢墒密植 当地温稳定在 7～8℃时即开始播种，每亩保苗2.6 万～3 万株，垄上双行。

（4）除草保墒 铲前趟一犁，实现三铲三趟或根据杂草种类，选择相应除草剂进行封闭灭草或茎叶处理。

（5）追肥促熟 在大豆初花期每亩用尿素 1kg 进行叶面喷施。

（6）化控防倒 大豆前期长势较旺时，为防止徒长，于大豆初花至盛花期，用多效唑喷施叶面，可抑制营养生长，防止倒伏，减少落花落荚。

（7）深松抗涝 没有进行深松的地块，中耕期间根据土壤墒情进行苗期垄沟深松，增强大豆抗涝能力。

（8）拔净大草 大豆生育中后期，人工拔大草 1～2 次，达到地净无杂草。

6. 大豆大垄窄行密植栽培技术要点有哪些？

大豆大垄窄行密植栽培，就是变常规垄为大垄，即把常规垄（垄距 60～77cm）3 垄变 2 垄或 2 垄变 1 垄，使垄距改为 90～105cm 或120～140cm；在垄上实行多个窄行种植，一般种植 4～6 行；密度比常规栽培增加 30% 左右。

（1）**品种选择** 选择成熟期适宜或略早的矮秆、抗倒伏、丰产性好的品种。

（2）**合理密植** 由于该项技术在生产上采用的多是当地常规垄作品种，因此种植的密度不宜过大。早熟矮秆品种每亩适宜的保苗株数为2.5万～3.3万株，干旱区或丘陵易旱区每亩适宜保苗2.3万～3万株。

（3）**深松整地** 采取大垄窄行密植，由于垄上行数增加，对播前整地的要求比常规垄作更为严格，不仅要求耕层深厚，垄上还必须做到表土平整、地净、土壤细碎。无深翻深松基础的地块，要进行伏秋翻地或耙茬深松，耕翻深度18～20cm，耙茬深度12～15cm，深松深度在25cm以上，全方位深松深度可达50cm。有深翻深松基础的地块，可进行秋耙茬。伏秋翻地或耙茬后深松起垄，达到待播状态。在翻耙或起垄的同时，要深施农家肥或化肥。

（4）**施足基肥** 中等肥力地块，每亩施农家肥1000kg以上，化肥施用量比常规垄作增加15%以上，并做到氮磷钾平衡施用。一般中等肥力地块，每亩施磷酸二铵10～15kg、硫酸钾（或氯化钾）4～5kg、尿素3～5kg。用化肥作种肥时，要深施于种下5cm以上，或分层深施于种下7cm和14cm处，切忌种肥同位，以免烧种。此外，还要根据当地的土壤条件加施一些微肥。

（5）**适时播种** 当地温稳定在7～8℃时即可开始播种。黑龙江省北部和东部地区约在5月1日～15日，中南部地区在4月25日～5月10日。垄上按行等距精量播种，3垄变2垄的垄距为90～105cm的大垄，在垄上播4行。2垄变1垄的垄距为120～140cm的大垄，在垄上可播种6行，播种深度3～5cm（镇压后），播后要及时镇压。

（6）**病虫防治** 针对根腐病、胞囊线虫等地下病虫害发生严重的地区，要根据当地土壤条件及病虫害种类，因地制宜地选择大豆种衣剂进行种子包衣。

🌱 **7. 大豆深松窄行平播密植栽培技术要点有哪些？**

大豆深松窄行平播密植栽培法，是继"三垄""大垄密植"之后又一新的高产栽培模式。它综合了深松、旋耕整地等先进技术，以肥保密，以密增产，增加冠层叶面积指数，提高光能截获率，实现了大豆生产的节本增效。

（1）选茬整地　选小麦茬、玉米茬及一年大豆茬，耕层深、肥力中等偏上的平地，深松深度35～40cm，旋耕深度12～15cm，耙细耢平待播。

（2）品种选择　选用矮秆或半矮秆的秆强、抗倒伏、喜肥、耐密植、高产优质、抗逆性强、熟期适宜的品种。播种前要精选种子，净度达98％以上，发芽率在95％以上，选用大豆种衣剂包衣。

（3）施足基肥　每亩施优质农家肥1000kg、磷酸二铵15kg、尿素7.5kg、钾肥5kg。

（4）合理密植　垄宽130cm的大垄，垄上播6行，小垄距22cm，大垄距50cm，播深3～5cm。5月5日～20日播完，随播随镇压。每亩保苗2.3万～3万株。

（5）化学除草　播后苗前封闭除草，每亩用72％异丙甲草胺乳油130mL＋48％异噁草松乳油50mL＋70％嗪草酮乳油20mL喷雾，或每亩用43％豆乙合剂250mL喷雾。对个别封闭效果不好的地块可选用茎叶处理，每亩用12.5％烯禾啶乳油100mL＋25％氟磺胺草醚水剂66mL喷雾。

（6）田间管理

① 根据虫情预报及田间发病情况及时防治食心虫和灰斑病。

② 花前、花后喷惠满丰等叶面肥促熟、提质、增产。

8. 什么是大豆行间覆膜技术，有何特点？

大豆行间覆膜技术具有保墒、集雨、增温、防草、促进土壤微生物活动和养分有效利用，以及延长大豆生育期的作用，抗旱、增产效果显著。

（1）主要模式　大豆机械化行间覆膜栽培技术主要有平作行间覆膜和大垄垄上行间覆膜两种技术模式。一般干旱地区、风沙较大地区采用平作行间覆膜。在生育前期干旱，后期雨水较多的地区采用大垄垄上行间覆膜。其不适用于无干旱发生的地区或者二洼地、易内涝的地块。

（2）大豆行间覆膜增产机理　利用覆盖物对土壤地下水的利用，在干旱地区和干旱年份以增加水分而提高光合效率；以增加温度抗御早春低温；以水分调节肥料的利用率；选用秆强品种防止倒伏，保证高产的实现。

（3）增产特点　具有显著的增产、提质、增效特点。大豆出苗率高，减少播种量 25%；膜内杂草得到控制，减少除草剂用量 40%；大豆覆膜起垄、镇压，中耕次数少，减少机械作业费；在干旱条件下表现为产量高、含油量高；提高了大豆抗灾能力，尤其在干旱年份有明显的增产效果。

9. 大豆行间覆膜栽培技术要点有哪些？

（1）选地整地　在土壤水分适宜时进行伏秋整地，严禁湿整地。要求对麦茬等没有深松基础的实行深松；玉米茬等有深松基础的采用耙茬或旋耕。深松深度 35cm 以上，耙茬深度 15~18cm，旋耕深度 14~16cm。要求整地后耕层土壤细碎疏松，地面平整，达到播种状态。大豆大垄垄上行间覆膜的整地要在伏秋整地后，起宽 1.3m 的平头大垄，并及时镇压。起平头大垄要求垄台高度镇压后应达到 10~15cm，垄台面宽≥90cm，垄台平整，土碎无坷垃，无秸秆，地头整齐，垄距均匀一致，垄向直，有条件的进行秋施肥、秋施药，适时镇压确保土壤墒情好。

（2）品种选择　要根据当地积温或无霜期，选用适宜熟期类型的品种，保证品种在正常年份能充分成熟，又不浪费有效光热资源，一般选用当地主栽品种或与主栽品种熟期相近的、主茎发达、中短分枝、茎秆直立、单株生产力高、秆强抗倒伏品种。

（3）选择地膜　大豆行间覆膜，要选用拉力较强、厚度为 0.01mm、宽度为 60~70cm 的地膜。

（4）种子处理　种子要求进行机械精选，精选后的种子纯度≥99%，净度≥98%，发芽率≥95%，水分<13.5%，粒型均匀一致。精选后的种子要进行包衣，在根腐病发生严重，pH 为 5.5~6.5 的地区土壤选用配方如下：每 10kg 大豆种子用 2.5%咯菌腈乳油 15mL＋益微（有益微生物制剂，主要成分为芽孢杆菌）10~15mL(g)；或每 10kg 大豆种子用 35%多·克·福种衣剂 150mL＋益微 10~15mL(g)；或每 10kg 大豆种子用 2%宁南霉素水剂 100~150mL＋益微 10~15mL。

在 pH 大于 6.5 的地区土壤选用配方如下：每 10kg 大豆种子用 2.5%咯菌腈乳油 15mL＋35%精甲霜灵悬浮种衣剂 4mL＋益微 10~

15mL(g)；或每10kg大豆种子用2％宁南霉素水剂100～150mL＋益微10～15mL；或每10kg大豆种子用35％多·克·福种衣剂150mL＋益微10～15mL(g)。

（5）适时播种　采用覆膜技术种植大豆的地块，可以提早播种。一般可以比正常播种期提早7天。确定播期的原则是：当5cm耕层5天稳定通过5℃或略早时开始覆膜播种。一般黑龙江省东部地区为4月20日～5月1日，黑龙江省西部地区和内蒙古大豆主产区为4月28日～5月5日，辽宁省4月15日～5月5日，吉林省平原区4月15日～25日、山区或半山区4月20日～5月1日。

（6）覆膜标准　要求覆膜笔直，两边压土各10cm，风沙小的地区每间隔10～20m膜上横向压土，风沙大的地区每间隔5～10m膜上横向压土，防止大风掀膜。并要使膜成弓形，以利于接纳雨水。

（7）播种标准　播种采用机械播种。膜外精量点播，要求播量准确，正负误差不超过1％，行要直，苗带间距为65cm。种子距膜3～5cm。种植密度应当遵循"肥地宜稀、瘦地宜密"的原则。种植密度一般因品种而异，主要根据植株的繁茂程度来确定，植株高大繁茂，分枝多的品种，适于较小的密度；植株矮小繁茂性差，分枝差的品种适于较大的密度。因肥水条件而异，一般同一大豆品种，肥水条件好时，植株生育繁茂，密度宜小些；相反，肥水条件差，密度宜大些。因种植方式而异，大豆行间覆膜方式的每亩保苗应在1.6万～1.7万株。

（8）化学灭草　灭草方式以土壤处理为主，茎叶处理为辅。提倡播前土壤处理和秋施药技术。苗前施药比苗后施药药效稳定，成本略低，产量高效益好，秋施药又比春季苗前施药效果稳定、产量高。大豆苗前安全性好的除草剂有丙炔氟草胺、异噁草松、精异丙甲草胺、异丙甲草胺、异丙草胺、唑嘧磺草胺、噻吩磺隆、咪草烟等。具体使用方法参见本书用药疑难解析部分。

（9）中耕管理　在大豆生育期内机械中耕三遍。第一遍中耕在大豆出苗期进行，中耕深度以15～18cm为好，或于垄沟深松18～20cm，要垄沟和垄帮有较厚的活土层；第二遍中耕在大豆2片复叶时进行，深度以8～12cm为宜，这次中耕可以高速作业，以提高用土挤压苗间草的效果；第三遍中耕深度仍以8～12cm为好，要注意防止伤根。

（10）**病虫害防治** 主要有大豆食心虫、大豆蚜虫、灰斑病等病虫害，其防治技术参见本书病虫害防治部分。

（11）**化学调控** 行间覆膜能提墒、增墒、增温，提高肥料利用率，使大豆植株生长旺盛，因此，应视植株生长状况，在初花期选用多效唑、三碘苯甲酸等化学调控剂进行调控，控制大豆徒长，防止后期倒伏。

（12）**残膜回收** 大豆行间覆膜技术的显著特点之一就是它便于残膜回收，可避免白色污染。残膜回收最好在大豆封垄前也就是7月初进行，将残膜全部清理、回收，最好使用起膜中耕机，随起膜随中耕，防止后期杂草生长并接纳雨水，起膜后覆膜的行间进行中耕，可防止杂草后期生长并接纳雨水，防旱防涝。

（13）**收获** 收获时，可采用分段收获和联合收获，当田间植株70%以上落叶，植株变黄时，进行机械或人工割晒。

该套技术适宜干旱地区或干旱年份，要注意在雨水多和低洼地区千万不要采用这种模式。

10. 什么是大豆保护性耕作技术，有何优越性？

大豆保护性耕作技术，又称大豆少耕、免耕技术。保护性耕作是一种新型旱地耕作法，即在满足作物生长条件的基础上尽量减少田间作业，并将秸秆粉碎还田覆盖地表，要求残茬覆盖率≥30%，采用机械化和半机械化措施保证播种质量。该技术主要包括免耕播种施肥、深松、控制杂草、秸秆及地表处理4项内容。其核心是免耕播种，其技术实质是通过残茬覆盖地表和简化耕作，减少水土流失、培肥地力、保护环境和资源。

保护性耕作是相对于传统铧式犁翻耕的一种新型耕作技术，由于保护性耕作使一定比例的残茬覆盖于地表，覆盖层可起到减少水分蒸发、减缓地表水流速和蓄水的作用；不翻地，土壤中的毛细管保持畅通，团粒结构保持完整，土壤持水和蓄水能力大为增强。在降水量相等的条件下保护性耕作的地块越冬后，土壤含水量比对照田高17.4%。

其优越性可概括为：一是可以保护土壤，减少水土流失和地表水分蒸发，提高土壤蓄水保墒能力；二是能够减少地表沙尘飘移；三是增加土壤有机质，培肥地力；四是有效减少劳动力和机械投入，提高劳动生产率；五是可以提早播种，延长大豆生育期，有利于选用中晚熟高产优质的大豆良种，提高产量；六是有利于秸秆还田，增加土壤有机质，减少秸秆焚烧和大气污染。

11. 大豆保护性耕作技术要点有哪些？

保护性耕作技术是对农田实行免耕、少耕，尽可能减少土壤耕作，并用作物秸秆、残茬覆盖地表，减少土壤风蚀、水蚀，提高土壤肥力和抗旱能力的一项先进农业耕作技术。目前主要应用于干旱、半干旱地区。

（1）秸秆覆盖技术 包括秸秆粉碎还田覆盖、留茬覆盖和整秆还田覆盖。

① 秸秆粉碎还田覆盖 如果前茬是玉米，玉米秸秆量一般过大，可将玉米秸秆粉碎还田。还田方式可采用联合收割机自带粉碎装置和秸秆粉碎机作业两种，以后再用圆盘耙进行表土作业；春季地温太低时，可采用浅松作业。

如果前茬是小麦，可用联合收割机收获，同时将秸秆粉碎并抛撒还田，地表不平或杂草较多时可用浅松作业，秸秆太长时可用粉碎机或旋耕机浅旋作业。还田方式可采用联合收割机自带粉碎装置和秸秆粉碎机作业两种。小麦秸秆粉碎还田机具作业要求以达到免耕播种作业要求为准。

② 整秆还田覆盖 一类是玉米整秆还田覆盖，适合冬季风大的地区。当前茬是玉米时，人工收获玉米后对秸秆不做处理，秸秆直立在地里，以免秸秆被风吹走；播种时将秸秆按播种机行走方向撞倒，或人工踩倒。

另一类是小麦整秆还田覆盖，适合机械化水平低，用割晒机或人工收获的地区。其具体操作为：将麦秆运出脱粒，土地进行深松，再覆盖脱粒后的整秸秆。

③ 留茬覆盖 适合风蚀严重、以防治风蚀为主、农作物秸秆需要综合利用的地区。实施保护性耕作技术可采用机械收获时留高茬＋免耕播种作业、机械收获时留高茬＋粉碎浅旋播种复式作业两种处理方法。

留高茬即是在农作物成熟后，用联合收获机或割晒机收割作物籽穗和秸秆，割茬高度控制在玉米至少 20cm，小麦至少 15cm，残茬留在地表不做处理，播种时用免耕播种机进行作业。

（2）免耕、少耕播种技术

① 免耕播种　免耕就是除播种之外不进行任何耕作。用免耕播种机一次完成破茬开沟、施肥、播种、覆土和镇压作业。

② 少耕播种　少耕包括深松与表土耕作，深松即疏松深层土壤，基本上不破坏土壤结构和地面植被，可提高天然降雨入渗率，增加土壤含水量。经必要的地表作业（耙地、浅松）后进行播种。大豆一般亩播种量为 4～5kg。播种深度一般控制在 3～5cm，沙土和干旱地区播种深度应适当增加 1～2cm。施肥深度一般为 8～10cm（种肥分施），即在种子下方 4～5cm。

（3）选择优良品种　选用高产、优质、耐除草剂的大豆品种。对种子进行精选处理，要求种子的净度≥98％，纯度≥97％，发芽率≥95％。播前应适时对所用种子进行药剂拌种或浸种处理。每亩播种量掌握在 5～6kg。

（4）施肥　播种时亩施磷酸二铵 15kg、氯化钾 10kg，或大豆专用复合肥 30kg。注意将种子与肥料分开，肥料深施。也可在分枝期结合中耕培土施肥。

（5）病虫草害防治　应用少、免耕技术要加强田间管理，特别是控制病虫草害的发生，播种前要对种子进行药剂拌种处理，出苗期喷洒除草剂，出苗后期机械或人工锄草。

（6）化学调控　高肥力地为防止大豆倒伏，可采用多效唑等化学调控剂在初花期进行调控。低肥力地块为防止后期脱肥早衰，可在盛花、鼓粒期于叶面喷洒少量尿素、磷酸二氢钾和硼、锌微肥及其他营养剂。

（7）及时排灌　大豆花荚期和鼓粒期遇严重干旱时要及时浇水，雨季遇涝要及时排水。

（8）注意事项　该技术特别适合年降水量 250～800mm 的地区，虽然对土壤类型没有限制，但对黏重、排水性能差的土壤要慎重。应用中要注意如下几点。

① 保证播种质量　由于地表不平整、覆盖物分布不均等，有可能出现播种深浅不一，种子分布不均，甚至缺苗断垄等问题。必须注意从改进播种机性能、改善地表状态两方面来保证播种质量。

② 及时控制杂草　翻耕有翻埋杂草作用，保护性耕作相对来说

失去了一项控制杂草的手段；其次受秸秆遮盖，药液不易直接喷到杂草上，对杀草效果会有一定影响。可通过调整施药时间、加强出苗后田间管理解决。

③ 因地制宜制定工艺　如冷凉风沙区，保护性耕作重点在于控制沙尘暴和农田沙漠化，减少地表破坏，不能采用旋耕等作业。

第二节　南方大豆栽培技术

12. 南方春大豆高产栽培关键技术要点有哪些？

南方春大豆（彩图1）品种包括两个亚型，即长江春大豆生态型和南方春大豆生态型，长江春大豆一般在3月底至4月初播种，7月份成熟，东南、华南等南方春大豆生态型在2～3月上旬播种，多于6月中旬成熟。其栽培技术要点如下。

（1）选用良种　选用耐瘠、抗旱、单产潜力高的优良品种，为避开夏季高温干旱，最好选择早熟或中早熟品种。凡肥力较高，栽培条件较好的，应选择茎秆粗壮、耐肥抗倒的高产品种；凡是地力瘠薄，栽培管理粗放的，则应选择耐瘠、耐旱、生长繁茂、稳产性较好的中、小粒品种。

（2）适时早播　春大豆播种期正值低温多雨季节，播种过早，会受低温、渍水影响，造成烂种、缺苗；播种过迟，营养生长期缩短，产量降低。适期早播可延长营养生长期，有利于高产。南方地区大豆种植制度各异，品种多样，加上春季温度回升快慢不一，因此，不同地区春大豆的适宜播种期差异较大，大致在2月下旬～4月中旬为适宜播种期，用地膜覆盖栽培可提早10天左右播种。长江中下游地区可于3月下旬至4月初播种。

（3）因地制宜，合理密植　种植密度应根据"瘦地宜密、肥地宜稀"的原则。早、中熟品种在中等肥力或中等以上肥力的稻田、旱地种植，单作以每亩保苗2.5万～3万株为好；生育期较长的品种在土壤肥沃的地块种植时，单作则以每亩保苗2万株以下为宜。

南方大豆一般采用穴播，行、穴距根据密度进行调整，每亩保苗2万株以上时，行、穴距为33cm×20cm，每穴播4～5粒，留苗3～

4株;每亩保苗 2 万株以下时,行、穴距为 33cm×33cm,每穴播 4~5 粒,留苗 3~4 株。

(4)精细播种,一播全苗 播种前精细选种,将病斑粒、虫伤粒淘汰,使种子带病少,发芽率高。将小粒、秕粒及破碎粒淘汰,提高整齐度。播种前晒种 1~2 天。当地土温上升到 10℃以上时抢晴天播种。南方春大豆一般采用条播或穴播,不论条播还是穴播,都要浅播。播种深度以 3~5cm 为好,并要薄盖,但盖后不能露籽。丘陵旱土实行浅播浅盖,以避免种子入土过深而造成出土困难。河流冲积土也实行浅播浅盖,轻压保墒出苗。

(5)施足基肥,看苗追肥 大豆根瘤菌虽有固氮作用,但不能满足高产要求。因此,春大豆要获得高产,一般每亩用土杂肥 1500~2200kg、过磷酸钙 25~50kg、硼肥 200~400g,堆沤后作盖籽肥。三叶期以前在雨前或雨后每亩追施复合肥或尿素 7~10kg,始花前追施尿素 3~5kg。在大豆开花至鼓粒期用尿素、硼酸或用其他叶面肥喷施,对增加大豆荚数、粒数、粒重有显著效果,从而提高产量。

(6)加强田间管理

① 移苗补缺 南方春大豆播种出苗期正值雨季,播种以后常因连续阴雨造成土壤板结,水分过多,氧气不足,致使种子窒息而烂种。因此,大豆出苗后要及时移苗补缺。一般缺苗轻微的地块,可就地移苗补栽。移栽时埋土要严密,如土壤湿度小,还要浇水,以保证成活率。为了使移苗补栽的幼苗能迅速生长,在移栽成活后应适当追施苗肥,促使苗齐、苗壮。缺苗严重的则要直接补种。

② 间苗定苗 间苗比不间苗可增产 5%~20%。一般在 2 片单叶平展时间苗,第 1 片复叶全展期定苗。间苗时应淘汰弱株、病株及混杂株,保留健壮株。

③ 中耕除草 大豆幼苗期,生长缓慢,杂草容易滋生,及时中耕、铲除杂草、结合培土,有利于松土透气,促进根系深扎,防风抗倒。中耕的时间:第一次中耕一般在第一复叶出现、子叶未落时进行,第二次中耕在苗高 20cm 左右的时候进行。要求头次浅,二次稍深,结合中耕追肥培土。

④ 及时灌溉 南方地区春大豆整个生育期间雨水充足,但鼓粒期多数年份往往降水少、温度高,并有"干热风",使土壤水分不足,

常引起叶片缺水萎蔫或高温逼熟，灌水能解决大豆对水分的需要，还有降温的作用。南方春大豆在鼓粒期如遇高温干旱，有灌溉条件的应适时灌水，以满足鼓粒期对水分的要求。灌水时以浸润沟灌为宜，防止大水浸灌造成土壤板结和植株倒伏。

（7）抢晴天收获　南方春大豆成熟季节，往往是多雨季节，在大豆叶片落黄后要抢晴天收获，防止雨淋导致种子在荚上霉变，影响品质和产量。

13. 南方春大豆覆膜栽培技术要点有哪些？

在长江流域早春播种大豆，用地膜覆盖栽培，能大幅度提高单产。

（1）增产原理

① 覆膜能提早播种，延长大豆生长期。覆膜栽培播期一般较正常播期早 10～15 天，如适当选用偏晚熟品种，大豆生长期将延长，有利于大豆增产。

② 覆膜可提高土壤温度，保墒蓄水。覆膜后的耕层土壤温度较露地提高 2℃以上，水分增加 1%左右。

③ 覆膜可抑制大豆苗期杂草，避免重复用药。

④ 覆膜能促进大豆营养生长和生殖生长，除了大豆生长速度加快，还能增加主茎节数和分枝数，增加叶面积，推迟叶片衰老。大豆开花与成熟相应提早 2～3 天，单株荚数和粒重都有所增加。

（2）栽培要点

① 选用中晚熟高产品种，一般可选比正常播种品种迟熟 10 天左右的。

② 播后覆膜前进行化学除草。

③ 及时破膜，或扩孔放苗。

④ 重施叶面肥防早衰，一般应在分枝期和花荚期各用一次叶面肥。

14. 南方春大豆间套高产栽培技术要点有哪些？

我国华南地区有大量的丘陵旱地，主要种植玉米、甘薯、甘蔗、棉花、桑树、果树等粮食、经济作物。长期以来，农民为充分利用土地、温、光、水等自然资源，逐渐形成了在以上作物中间套种大豆的种植习惯。其高产栽培技术要点如下。

（1）**选用良种** 间套作选用的大豆品种要因地、因作物种类的不同而有所不同。如甘蔗、玉米、棉花等间种春大豆，为高矮作物间套，特别是种棉花的土地一般土壤肥力与施肥水平较高，因此，应选用耐阴、耐肥、早熟、中矮秆、株型紧凑和抗倒伏的品种。幼龄果园间作春大豆，则要选用中、迟熟，分枝性强，耐肥和丰产性好的品种。红黄壤幼龄茶果园则要选择耐酸、耐瘠、耐旱性强，适应性广，丰产性好的品种。

（2）**适时播种** 间套种春大豆的播种期要因地、因作物制宜。在有效播种期内，应尽可能争取早播，早播营养生长期延长，可以增加主茎节数，争取单株多荚多粒，提高产量。套种的还要考虑前作物的生长情况，共生时间不能过长。大小麦套种大豆的，一般在麦收前7~8天播种；甘蔗间作春大豆的，必须在甘蔗培土前收获大豆，因此，要争取早播；幼龄林、桑、茶、果园间种的，则可以与单作春大豆同时播种。

（3）**合理密植** 间套作大豆的种植密度要根据品种特性、土壤肥力及间套作物的类型而定。如甘蔗间种大豆的，在甘蔗的行间穴播1~2行大豆，每亩保苗1.0万~1.2万株；大小麦套种大豆的，每亩保苗2.0万~2.5万株；幼龄林、桑、茶、果园等间作的，以33cm×20cm或15cm×15cm或20cm×20cm等距穴播，每亩保苗2.0万~3.5万株。此外，还要根据林、桑、茶、果苗的生长情况和土壤肥力适当增减。

（4）**科学施肥** 间套作大豆的施肥要根据前作物生长情况、大豆需肥特性和土壤肥力酌情确定。大小麦套种大豆的，由于无法施用基肥和种肥，大小麦收获后要立即追肥。甘蔗田间作大豆的，要施用种肥和酌施苗肥，促使苗齐苗壮。幼龄林、桑、茶、果园间作大豆的，要特别注意增施磷肥，每亩施钙镁磷肥或过磷酸钙30~50kg、优质农家肥1000kg作基肥。真叶展开后，结合中耕，每亩施尿素5~10kg、氯化钾5~12kg。始花期视苗情酌施氮肥。进入结荚鼓粒期，如大豆植株表现缺肥症状，可采用叶面施肥补充养分。

15. 南方夏大豆高产栽培关键技术要点有哪些？

南方夏大豆一般在5~6月初油菜、麦类等冬播作物收获后播种，

9月底至10月初成熟。部分地区夏大豆可提早至5月上旬播种，8月下旬或9月上旬收获。在云贵高原等地区，4月中旬～5月中旬播种，9月成熟的品种也属于南方夏大豆类型。

典型的南方夏大豆品种对光温敏感，短日性强，光照延长至16小时就不能开花。南方夏大豆生长期正值一年中的高温期，苗期多雨，幼苗生长很快，容易徒长倒伏；在生长后期往往遇到干旱，大豆成熟鼓粒受影响，对产量影响极大，这也是南方夏大豆稳产性差的主要原因。此外，高温高湿、病虫草害多，对夏大豆生长也不利。所以，要种好南方夏大豆，必须在选择适宜品种的基础上，培育壮苗，防治病虫草害，抗旱，排涝。

（1）选择适宜品种，合理密植　种植夏大豆要结合本地雨水条件、品种特性及土壤肥力来选择品种。如干旱少雨地区，宜选用分枝多、植株繁茂、中小粒、无限结荚习性品种；雨水充沛地区，宜选择主茎发达、秆强不倒、中大粒、有限结荚习性品种。

（2）提高播种质量　播前选用粒大，饱满，没有病害、虫口和杂质的种子做种，剔除烂籽、小籽、秕籽、霉籽。种子纯度≥98％，发芽率≥85％，含水量<13％。播种前可用药剂、根瘤菌拌种或进行种子包衣，药剂拌种时，用50％多菌灵可湿性粉剂按种子量的0.4％进行拌种，可防治根腐病，随拌随播，不应过夜。

（3）抢墒播种，合理密植　由于小麦、油菜收获后气温高，跑墒快，为保证大豆出苗所需水分，一般不整地，足墒下种，无墒停播或造墒播种。播种深度3～5cm，均匀下种无断条，力争一播全苗。播种方式可采用耧播、点播、条播或播种机精量播种。每亩耧播与机播用量为：大粒种子5～6kg，中小粒种子4～5kg，人工点播3～4kg。行株距配置以宽行密植为主，一般行宽50cm，株距10～15cm，每亩密度1.3万株左右，少数早熟、矮秆品种，晚播时，密度可加大到1.5万～2万株。肥地宜稀，瘦地宜密。

（4）施足基肥，培育壮苗　大豆幼苗生长需要一定的养分，播种前增施氮、磷、钾作基肥，一般每亩施三元复合肥40kg，或施腐熟有机肥1000～2000kg作基肥。

（5）抗旱防涝，力争全苗　播种后要及时开好田间排水沟，使沟渠相通、排灌顺畅、降雨畦面无积水，防止烂种；遇天气干旱无法耕种时，要及时浇水造墒，使土壤墒情适宜整地播种；若天气持续干旱，播后仍需浇水适期出苗，防止豆芽脱水造成炕芽。抗旱时可沟灌，有条件的可喷灌，切忌大水漫灌，影响出苗。

（6）适期追肥　植株初花期营养生长与生殖生长同时并进，此时植株根系的根瘤菌释放的氮素不能满足其生长需要，初花期追施氮素可促进花的发育和幼荚生长。一般趁雨前每亩撒施尿素 4～5kg。叶面喷肥分别于大豆苗期和开花前期进行，选用钼酸铵兑水稀释为 0.05％～0.1％的溶液或 50kg 水加磷酸二氢钾 150g 和尿素 200g 喷雾，每亩用液量 50kg，每隔 7 天喷 1 次，连续 3 次，正反叶面都喷湿润。大豆初花至结荚鼓粒期，若天气干旱要适期浇水，防止受旱影响产量。

（7）防治病虫草害

① 化学除草　播后 1～3 天芽前进行土壤封闭除草，要求畦面平整，细土均匀，土壤潮湿，每亩用 72％异丙甲草胺乳油 100mL 或 50％乙草胺乳油 100～150mL，兑水 30kg 喷雾；也可在豆苗 1～3 片复叶期，各类杂草 3～5 叶期，每亩用 15％精喹禾灵乳油 75mL 加 25％氟磺胺草醚乳油 50～60mL，若莎草生长多的地块可加 48％灭草松乳油 100mL，兑水 50kg，进行茎叶喷雾。

② 及时防病　大豆苗期极易发生立枯病、根腐病和白绢病。播种前可选用 50％多菌灵可湿性粉剂 500g 或 50％福美双可湿性粉剂 400g，兑水 2kg 搅拌溶解，然后均匀拌种 100kg，晾干后即可播种；亦可在幼苗真叶期，每亩选用 50％硫菌灵可湿性粉剂或 65％代森锌可湿性粉剂 100g，兑水 50kg，茎叶喷雾一次。大豆盛花期再用硫菌灵防治一遍，可有效控制霜霉病和炭疽病的发生。

③ 用药治虫　南方夏大豆的生育期处于害虫多发期，主要有蚜虫、红蜘蛛、造桥虫、大豆卷叶螟、棉铃虫、甜菜夜蛾和斜纹夜蛾等害虫。从 7 月底至 8 月初要特别注意观察田间是否有低龄幼虫啃食的网状和锯齿状叶片出现，一旦发现要及时用药防治，每 7 天喷一次，连续 3 次。前期选用 2.5％高效氟氯氰菊酯乳油，或 2.5％高效氯氟氰菊酯乳油、4.5％氯氰菊酯乳油、5％氟啶脲乳油，均稀释 1500 倍。适宜施用时间为下午 5 时后或上午 6～8 时，每亩喷药液 50L。尽量把药液直接喷洒在虫体上，提高触杀效果。后期防治选用生物杀虫剂，如苏云金杆菌制剂和杀螟杆菌制剂，每克含活菌 100 亿个，兑水稀释 500～800 倍，每亩喷雾 50L。生物杀虫剂切忌与杀菌剂混用，

否则无防治效果。生长后期注意用菊酯类防治豆荚螟等害虫。每次用药时，提倡不同类型杀虫剂混配或交替使用，以免害虫产生抗药性。

（8）**适期收获**　95％豆荚转为成熟荚色，豆粒呈品种的本色及固有形状时即可收获。

16. 南方秋大豆高产栽培关键技术要点有哪些？

南方秋大豆一般在早稻收获后播种，播种期在7月中下旬。农民通常上午割稻、下午种豆，大豆种在稻茬旁或稻茬中，每个稻茬一穴豆，故称"禾根豆"。

（1）**品种选择**　应根据当地自然条件选择品种，目前，南方秋大豆生产上多用春大豆品种代替秋大豆品种。如果选用春大豆品种，应选用中、晚熟类型品种。

（2）**开沟排水**　种植秋大豆的稻田，在水稻沟头撒籽时，要在稻田里开好"边沟"和"厢沟"。边沟是在稻田四周围靠近田埂的一行禾连泥铲起，放在邻近- -行禾的中间，沟宽40cm、沟深20～25cm，沟底要平。在水稻成熟前的5～8天，要将稻田水排干，晒至田面见丝坼时，每隔3～5m开厢沟一条，宽约30cm、深约15cm，有利于稻田土很快晒干，过白开坼，便于在稻蔸边缝眼中点播豆种和播种出苗后田间灌水、排水。稻田土壤通过干、湿交替作用，黏结土壤变成疏松状态。

（3）**及时播种**　秋大豆品种短日性极强，适合南方秋季短日照条件。播种过早，日照较长，秋大豆的营养生长会过于繁茂，导致植株高大，甚至产生顶端蔓化，节间拉长，结荚减少。但如果播种过迟，日照短，发育过快，营养生长量少，产量会降低。一般来说，秋大豆的播种应在立秋前（7月25日～8月5日）完成。播种时，用手攀稻茬，露出裂缝，将种子播入裂缝中，播种深度3～5cm，如果裂缝太小，可用竹片在稻蔸边打小洞点豆入内。播种对出苗影响极大，如果没有点入裂缝，或播种过浅，种子吸水膨大后会露出地面，遇上太阳晒成绉皮豆，影响发芽，将造成大量缺苗。

（4）**合理密植**　秋大豆植株较为矮小，种植密度应适当加大。稻田种植高产秋大豆品种时，一般中等肥力稻田，水稻株、行距为13.5cm×20cm，或为13.5cm×16.5cm，即在水稻株距基础上，隔一行稻蔸种一行大豆，每蔸播种3～4粒，每亩保苗3万～4万株。

在水肥条件较好的山地早播时，可采用宽窄行种植方式，宽行 40cm、窄行 25cm、穴距 15cm，每穴定苗 2～3 株，每亩保苗 2 万株左右。一般生产田每亩保苗可达 4 万～5 万株。

（5）科学施肥　以前南方种植秋大豆时不重视施肥，只施一些草木灰，因而产量不高。要使得秋大豆高产，必须增施肥料。每亩应施用农家肥 1000～1500kg、过磷酸钙 15～20kg、硫酸钾 10kg 作基肥。无法施用基肥的，可在苗期每亩追施尿素 5kg 或复合肥 10kg，开花期和鼓粒期根据苗情追肥，结荚期还可于叶面喷施尿素、磷酸二氢钾和微肥。

（6）中耕除草，防治病虫　秋大豆免耕种植，田间杂草和水稻落粒长出的秧苗较多，要及时铲除，一般在大豆封行前除草 2 次，并同时拔除再生稻苗。初花期注意培土，以防倒伏。秋大豆生长期间主要有蚜虫、造桥虫、豆荚螟、豆秆潜蝇、纹枯病、锈病、花叶病毒病、疫霉根腐病等病虫害发生，要及时防治。

（7）抗旱防早衰　秋大豆是在高温条件下播种，并在高温季节和干旱条件生长发育的，及时灌溉与排水是秋大豆丰产的关键。秋大豆播种时，虽然刚收获的禾蔸边仍然湿润，但在夏季强烈阳光照射下，水分会很快蒸发，不能满足大豆发芽对水分的要求，必须灌水才能出苗。但如灌水不当，种子在水的浸泡下很容易发生蒸煮坏种现象。播种后，首先要灌好催芽水，这次灌水在播种后第二天日落后地面温度下降时进行，土壤吸足水分（浸泡 3～4 小时）后立即排水，切忌久浸，沟中余水要彻底排干，以防太阳暴晒时，水分过多将种子蒸煮坏死。南方秋旱比较严重，并正值大豆结荚鼓粒期，遇干旱应及时灌水 1～2 次，防止出现不鼓粒、早衰现象。

17. 南方田埂豆高产栽培关键技术要点有哪些?

南方因水稻多，大面积清种种植少，但有在田埂种豆（彩图 2）的习惯，播种 1kg 种子可收获大豆 20～25kg，发展前景好。

（1）选用良种　田埂豆应选用早熟、矮秆、高产良种。在湖南，田埂豆品种有春大豆、夏大豆、秋大豆。种植面积以夏大豆最大，其次为春大豆。近年南方水稻机械化收割的发展和普及很快，因此，田埂豆的品种选择必须与水稻机收作业配套，早稻、中稻（或一季晚稻）、晚稻应分别选择春大豆、夏大豆和秋大豆品种，这样，大豆可在收割水稻之前收获，便于水稻的机械化收割。

（2）**适时播种**　应根据当地的气候和农事季节确定播种期，早稻田埂豆一般在早稻抛、插秧后种植，迟播产量不高，过早播种会使大豆开花期遇上高温干旱，落花落荚严重，产量也不高。一般在立夏至芒种播种田埂豆。播种前要进行种子精选，去掉破粒、裂皮和有病斑的并晒种，以提高出苗率。

（3）**培育壮苗，剪根移栽**　早稻田埂豆最好的种植方法是育苗移栽。育苗移栽可以培育壮苗，保证一定密度和一定的穴数，不会种植过稀或过密，也不会产生高脚苗。在管理粗放、种后不间苗、补苗的情况下，育苗移栽更是保证田埂豆高产的有效措施。

育苗移栽的方法是：在早稻抛、插秧前 15 天左右，选择菜园地或砂壤土的田块，将表土锄松 3～5cm，整成宽 1.3m、长 2～3m 的苗床，开沟条播，行距 15～25cm，播种要均匀，密度以豆种不重叠为宜。播后用细沙土或火烧土均匀覆盖，以种子不露为准。最后用门板或木板压面，四周以细沙封密。3 天后当豆苗顶土时要掀开门板，待真叶展开后至 3～4 片复叶时可起苗移栽。移栽时可把豆苗的主根剪去一些，以免主根太长不便移栽。剪断主根还可促进侧根的发展，增强吸肥吸水和抗倒伏的能力。

（4）**合理密植，增施磷钾肥**　种植田埂豆的田埂面要宽，离稻田水面的距离在 20～25cm 之间。这样便于水田操作，也不会因水田耕作而踏伤豆苗，同时为大豆生长创造较好的土壤环境，避免因水分饱和而影响根系生长。移栽前要锄去田埂上和田畔的杂草，预备好土杂肥，一般用火烧土加煤灰、猪牛粪等，充分拌匀，堆制 5～7 天，作穴肥施用。移栽时用小锄挖穴，每穴栽苗 2～3 株，用泥浆压根，上盖经堆制的土杂肥。种植株距依品种而定，主茎型的品种可栽密一些，分枝型的品种要稀一些，一般穴距 25～30cm。苗期要施一次肥，可用有机肥混磷钾肥施用，或施氮磷钾复合肥，或施尿素，穴施，切忌化肥黏附在大豆叶片上，以防止叶片局部烧死。

（5）**加强管理，适时收获**　田埂豆移栽 1 个月后，应及时将田埂上的杂草除净。并施少量磷肥和土杂肥拌泥浆糊苑，以利根系生长。开花期进行第二次除草，并培土，以防倒伏。苗期注意防治地老虎、蚜虫，开花至结荚期防治豆荚螟、斜纹夜蛾、食心虫等。

18. 南方地区如何进行春大豆的秋植繁种?

南方春大豆收获至第二年播种,贮藏期长达 6~9 个月。大豆蛋白质、脂肪含量高,种子的吸湿性强,耐贮藏性较差,特别是粒大、质优的黄种皮大豆,常因贮藏不善,种子生命力不强,加上南方春大豆播种期正值低温多雨季节,往往造成烂种缺苗,这是当前南方春大豆生产上存在的突出问题。6 月下旬至 7 月份收获的春大豆种子,晒干后随即播种,10 月份再次收获的种子留作第二年春播大豆的种子,即为春大豆秋繁留种,或叫大豆翻秋。春大豆秋繁种子生命力强,播种后出苗率高,是保证南方春大豆一播全苗的有效措施。春大豆翻秋种植出苗至开花处于高温强日季节,生长日数大为缩短,以致株高变矮,茎粗变小,分枝数、单株荚数与粒数减少,产量明显降低。为提高秋植大豆产量,提高秋植大豆种植效益,在栽培管理上应注意以下几点。

(1) **土壤选择** 应选择土层深厚,中等以上肥力的壤土或砂壤土作繁种地,同时要求排灌方便,凡是灌水条件不好的高岸田、排水不良的渍水田、土壤瘠薄没有灌溉条件的旱地都不宜作秋繁种子地。秋繁大豆田要进行耕地整土播种。

(2) **提早播种** 秋植大豆较同品种春播的生育期明显缩短(一般可缩短 20 天左右),应尽早播种,延长生长期。长江流域应在 7 月中旬前、华南地区在 8 月中旬前播种。播种太晚,光照太短,营养生长时间短,生长量明显不足,不利于高产。

(3) **重施基肥,早追苗肥** 春大豆秋播,营养生长期仅 20 多天,苗期要猛促早管,争取在较短的时间内,把营养体长好,达到苗旺节多。因此播种前要施用农家肥作基肥,一般每亩施猪粪 1000~1500kg,并在播种时每亩用优质土杂肥 1500~2000kg 作盖种肥。苗期每亩用尿素 7.5~10.5kg,分别于出苗后和一片复叶期进行追施或兑水浇施,促使壮苗早发,争取荚多、粒大。开花后追施 5kg 尿素,花荚期再喷 1~2 次叶面肥。

(4) **合理密植** 秋植大豆的密度一般较同一品种春播大豆每亩高 1 万~2 万株,即将种植密度由春播的每亩 3 万株左右,增加到 4 万~4.5 万株。一般采用穴播,行距 26cm,穴距 17cm,每穴留 3~4 株苗;或采用小畦窄行、畦宽(含沟)90cm 的双行穴播,穴距

15cm，每穴定苗 3 株。

（5）及时灌水 春大豆秋播，正值高温干旱季节，为保证大豆出苗，播种后的第二天傍晚应进行灌溉，待土壤吸足水后，要立即排水，切忌久浸。排水时应将豆田畦沟内的余水彻底排干。为了使肥料能及时分解，供大豆吸收利用，苗期、花期、结荚期土壤干旱时，要及时灌水，特别是结荚初期进行灌溉，有利壮籽，同时又能有效地抑制豆荚螟为害。灌水量以刚漫上厢面为宜，灌后还要及时排干厢沟中的积水。

（6）防治病虫害 秋季气温高，病虫害多，特别是食叶性害虫和豆荚螟为害严重，应注意防治。

（7）及时收获 春大豆品种秋植，成熟时气候干燥，易炸荚，应在大豆叶片还没有完全落光前收获。

第三节　夏大豆机械化、简化栽培新技术

19. 什么是大豆免耕覆秸精量播种，有何好处？

夏大豆免耕覆秸精量播种技术是一项全新的技术，包括"侧深施肥、精量播种、封闭除草、秸秆覆盖"4 个核心内容。

（1）概念 夏大豆免耕覆秸精量播种，就是利用专门的播种机，在不对小麦麦秸、麦茬进行任何处理的条件下，直接进行播种。播种机前部为一个横向拔草装置，在拖拉机牵引播种机前行的过程中，将播种带上的全部秸秆和部分麦茬横向向左边拔出，紧接着进行侧深施肥和精量播种；等播种机回头播种下一行时，将拔出的秸秆均匀地覆盖在已经播种完毕的播种带上。

（2）使用该项技术的原因 夏大豆一般在冬小麦收获后播种。由于麦收后根茬高，秸秆抛在田间，麦茬高度一般在 $35\sim40cm$，秸秆（粉碎或未经粉碎）抛撒在田间，覆盖量达到 $0.4\sim0.5kg/m^2$，严重影响大豆等下茬作物的播种质量。许多农民无奈之下只好将麦茬、麦秸一烧了之，造成严重的空气污染和火灾隐患。各地进行了麦茬免耕播种的多种尝试，如人工清理秸秆及进行复杂的粉碎、旋耕作业等，但效果均不理想。人工清理田间麦秸费时费力，机械灭茬增加

了生产成本且作业环境恶劣，农民不易接受。由于播种质量差，夏大豆生产中普遍存在缺苗断垄问题，大豆产量低、效益差，严重影响农民的种豆积极性。

（3）**主要优点** 实践证明，采用免耕覆秸精量播种技术，不仅减少了用工及动力费用，降低了种子用量，而且由于播种后田间均匀覆盖麦秸，土壤雨后不板结，保墒能力得到提高，大豆出苗整齐，生长苗壮，真正实现了苗匀、苗齐、苗壮。该技术在全面解决小麦秸秆焚烧问题的同时，实现了大豆免耕精量播种，增产增收效果显著；秸秆还田有利于提高土壤有机质含量，为下茬作物的高产奠定基础。

（4）**在播种中用秸秆进行覆盖的好处** 这种播种技术，将所有的小麦麦秸、根茬全部留在大豆田里，并且均匀覆盖，不仅覆盖行间，同时覆盖大豆苗带。

小麦秸秆含有丰富的氮、磷、钾元素和微量元素，通过秸秆还田，秸秆在土壤微生物作用下被分解矿化，释放养分，能有效增加土壤有机质含量，促进土壤微粒的团聚，对改良土壤、培肥地力和协调土壤中氮、磷、钾比例失调的矛盾有很好的作用，对提高农作物产量也有着积极的作用。

小麦秸秆覆盖有明显的保墒节水效应。土壤表层覆盖秸秆，可以减少太阳对土壤的直射，降低土壤表层温度，减少水分蒸发，同时秸秆覆盖可阻挡水汽上升，降低土表风流，使土壤水分蒸发量大大减少，农田保水蓄水能力提高。在自然条件下，土壤表层在雨滴的直接冲击下，土壤团粒结构破坏，土壤孔隙度减小，形成不易透水透气、结构细密紧实的土壤表层，影响降水的渗透。而在土壤表面覆盖一层农作物秸秆，避免了降水对地表的直接冲击，使土壤疏松多孔、导水性强，降水就地入渗快，地表径流减少。

土壤温度的降低、含水量的增加，有利于大豆出苗早、出苗整齐、豆苗健壮，为大豆的高产奠定了基础。据测定，秸秆覆盖使得大豆出苗期间中午温度降低 2～3℃，开花以前大豆土壤含水量较不进行秸秆覆盖增加 3%～5%，大豆出苗较其他播种方式早 2～3 天。

20. 大豆免耕覆秸精量播种栽培技术要点有哪些？

免耕精量播种栽培技术对种子的质量提出了更高的要求，精量播种必须选用有较高发芽率和较强发芽势的种子，以确保不缺苗、不断垄。

（1）品种选择 选用高产、优质的大豆品种。精选种子、确保种子有较高的发芽率和较强的发芽势。每亩播种量 3.5kg 左右。目前机械化收获已经成为夏大豆产区主要的收获手段，品种应该具有以下几个特点：

① 种子大小一致、圆形最佳。

② 底荚高 15～20cm，15cm 以下不利于机械化收割。

③ 株型紧凑，茎秆不易过粗，抗倒伏级别 1～2 级，3 级以上不利于机械化收割，株高 100cm 以下较好。

④ 熟期一致，落叶性好，不炸荚，种皮不易自然爆裂，收获不易形成碎粒、半粒。

这种播种技术因为是精量播种，要求种子质量要高，纯度应该≥98%，发芽率≥95%。另外，在播前一定要进行机械或人工精选，剔除破瓣、病斑粒、虫蚀粒、青秕粒和其他杂质。

（2）播前处理 应该进行晒种和拌种。

① 晒种 在贮藏条件差或种子含水量较高的情况下，播种前应晒 2～3 天。晒种一般能使发芽率提高 13% 左右。注意：要在阴凉处晾晒，切记不要在强阳光下曝晒，因为曝晒会引起种皮破裂，降低种子的发芽率。晾晒后，将种子摊开散热降温，再装入袋子备用。

② 拌种 拌种的主要目的是防治蛴螬。秸秆还田以后，小麦秸秆覆盖于农田表土层，给蛴螬创造了良好的产卵环境，同时蛴螬以没有腐熟的有机质为食物，覆盖的秸秆提供了丰富的食物营养源；秸秆还田改变了土壤结构和性质，提高了土壤的通透性和保水性，十分有利于蛴螬的生长和发育。另外，除草剂的使用，减少了土地中耕次数，给蛴螬提供了相对稳定的生长发育环境，从而导致了蛴螬为害趋势的加重。

每亩可用 100～150g 30% 毒死蜱微囊悬浮剂拌种，试验、示范效果表明，其防治效果非常明显。注意：拌种要在阴凉处，当药液喷洒到种子上时，应立即翻动，充分拌匀后摊开，此时不能再翻动，以免破坏种皮，影响发芽，待药液被完全吸收，种子不皱不粘连后即可播种。

（3）播种

① 适时早播 因为这项技术前期不需要对秸秆进行任何处理，

小麦收获后即可播种。如果干旱，可以播后喷灌，3天后再喷一次。如果没有灌溉条件，需要雨后播种。

②播种　采用2BMF-3B钢齿型大豆免耕覆秸播种机，精量点播，拔秸、开沟、施肥、播种、覆土、覆秸一次性完成，行距40cm，播深3～5cm。

③施肥　每亩施种肥（复合肥氮：磷：钾＝15：15：15）10～15kg，或在前茬（小麦）整地时，在小麦正常施肥的基础上，每亩施磷肥（P_2O_5）10kg、钾肥（K_2O）10kg。注意种子与化肥分层施用，避免烧种。

（4）田间管理　这项技术是一项能显著提高播种质量的技术，田间管理相对较为简单。因为精播，大豆苗齐、苗匀、苗壮，省去了人工间苗、定苗的过程；因为没有疙瘩苗，倒伏相对较轻，一般不用培土扶苗；因为封闭除草效果较好，同时基本上没有缺苗断垄的情况，草害发生相对较轻；因为播种时进行侧深施肥，花荚期可以不施用叶面肥或者少施叶面肥。收获环节没有特殊要求。

①杂草控制　播种后地表比较干净，喷洒除草剂容易在土壤表面形成药层，同时秸秆覆盖增加土壤湿度，提高了除草剂的药效。一般是每亩用50％乙草胺乳油100～130mL，兑水50kg喷洒于地面。出苗后用高效氟吡甲禾灵、氟磺胺草醚等除草剂处理茎叶。

②病虫害防治　做好蛴螬、豆秆黑潜蝇、蚜虫、甜菜夜蛾、食心虫等虫害及大豆根腐病、细菌性斑疹病等病害的防治工作。

③化学调控　高肥地块可在初花期喷施烯效唑等植物生长调节剂，防止大豆徒长、后期倒伏。肥力低的地块可在盛花、鼓粒初期喷施少量尿素、磷酸二氢钾和硼、锌微肥等，防止后期脱肥早衰。

④及时排灌　大豆花荚期和鼓粒期遇严重干旱时要及时浇水，雨季遇涝要及时排水。

（5）适时收获　当叶片发黄脱落、荚皮变干、手摇植株有响声时收获。

21. 夏大豆免耕节本栽培技术要点有哪些？

该技术是在小麦机械收获并秸秆还田的基础上，集成保护性机械耕作、播前或苗后化学除草、病虫害防控化学调控等单项技术的配套栽培技术体系。随着配套农机具的不断完善，大豆免耕栽培技术已经成为冬小麦—夏大豆一年两熟区的主要节本增效栽培模式。与常规技术相比，免耕栽培技术可使大豆增产 10% 左右，水分和肥料利用率提高 10% 以上，也使土壤有机质含量不断增加，肥力不断提高，水土流失减少，避免了焚烧秸秆造成的环境污染。

（1）麦秸粉碎 采用小麦联合收割机收获小麦，并加带秸秆粉碎抛撒装置，可在收获小麦的同时将粉碎秸秆均匀抛撒。小麦留茬高度 20cm 以下，粉碎秸秆长度 10cm 以下。如果小麦联合收割机上未加装秸秆粉碎和抛撒装置，或粉碎不彻底，可用锤爪式秸秆粉碎机粉碎秸秆。

（2）播种

① 选种　选用适合当地种植的高产、优质大豆品种。精选种子，确保种子出芽率。每亩播种量 4.5kg 左右。

② 适时早播　麦收后及时播种，土壤墒情差时造墒播种，首选喷灌造墒，避免因田间地势不平造成积水。

③ 机械播种　精量匀播、开沟、施肥、播种、覆土一次性完成。行距 40cm，播深 3～5cm。

④ 施肥量　播种时，每亩施磷酸二铵 10～15kg，硫酸钾 10kg，或大豆专用复合肥 20～25kg。注意化肥与种子分开施用，以避免烧种。

（3）田间管理

① 杂草控制　播种后、出苗前用异丙甲草胺、乙草胺等化学除草剂封闭土表，或在出苗后用高效氟吡甲禾灵（防除禾本科杂草）、氟磺胺草醚（阔叶杂草）等除草剂处理茎叶。

② 病虫害防治　做好甜菜夜蛾、蚜虫、食心虫等虫害及大豆根腐病、细菌性斑疹病等的防治工作。

③ 化学调控　高肥地块可在初花期喷施多效唑等植物生长调节剂，防止大豆旺长，后期倒伏。肥力低的地块可在盛花、鼓粒初期喷施少量尿素、磷酸二氢钾和硼、锌微肥等，防止后期脱肥早衰。

④ 及时排灌　大豆花荚期和鼓粒期遇严重干旱时要及时浇水，雨季遇涝要及时排水。

（4）适时收获 当叶片发黄脱落、荚皮变干、手摇植株有响声时收获。

22. 夏大豆撒播浅旋简化栽培技术要点有哪些？

小麦机械收获在后板茬的基础上，种子、化肥一起撒播，然后用旋耕机浅旋一遍并镇压，随后喷洒除草剂，这样能节约成本、简化栽培、增加产量。撒播浅旋大豆生长一致，可起到明显的增产作用。

（1）麦茬处理　小麦收获后将秸秆进行打包处理，运出田间，随后粉碎麦茬。

（2）人工播种子、肥料　一般中等肥力地块每亩撒播种子6kg，复合肥（N：P_2O_5：K_2O＝15：15：15）15kg；中上等肥力田块每亩撒播豆种5kg，复合肥（N：P_2O_5：K_2O＝15：15：15）10kg。为了保证均匀，豆种和肥料分两次撒施。

（3）旋耕机浅旋　种子、化肥撒完后，用旋耕机浅旋一遍，深度5cm左右。

（4）镇压保墒　旋耕机后面带镇压器或木板随时镇压，保墒。

（5）喷施除草剂　镇压后用乙草胺等除草剂进行封闭土表，防除杂草。

（6）田间管理　出苗后长出3～4片叶时，一般用2.5％三氟羧草醚对阔叶型杂草进行防治；用1.8％的阿维菌素和高效氯氟氰菊酯防治食叶性害虫，如甜菜夜蛾、斜纹夜蛾等；用吡虫啉防治刺吸式害虫，如豆芽、烟粉虱等。

23. 夏大豆高蛋白保优栽培技术要点有哪些？

高蛋白大豆是大豆种子粗蛋白在45％以上的品种。大豆品质除了与大豆品种本身的遗传性有关外，还与大豆生长的环境条件有关。高蛋白大豆广泛用于食品加工业，应用高蛋白大豆高产栽培技术，每亩可增产大豆5％以上。

（1）品种选择　品种的遗传性决定着大豆的品质，生产高蛋白大豆要选用高产、熟期适宜、抗病、耐逆的高蛋白大豆品种。

（2）选择具有灌溉条件的田块　选择土壤有机质含量在10g/kg以上，速效氮含量在40mg/kg以上，速效磷含量在15mg/kg以上，速效钾含量在80mg/kg以上，土壤pH7.0左右，地势平坦，肥力一致，无严重土传病害，具有灌溉条件的标准化农田种植高蛋白大豆，保证在鼓粒期遇旱的条件下可进行灌溉，有利于保持和发挥高蛋白大豆原品种的高蛋白性状。

（3）增施磷、钾肥　大豆是喜磷、钾作物，施用磷、钾肥除提供磷、钾营养外，还能促进根瘤生长，提高固氮能力，同时对增强大豆抗旱、抗病、抗倒性具有良好的作用。一般每亩施过磷酸钙25kg，硫酸钾7.5kg，与有机肥同时施入作基肥。在大豆结荚鼓粒期，喷施1％的磷酸二氢钾，对增产也有一定的作用。特别是肥力水平低的田块，增施磷肥增产效果更显著。

（4）适期播种　根据大豆蛋白形成对气候条件的要求，夏大豆应争取在麦收后6月15日前播种，9月底成熟，这样有利于保持大豆品种本身应有的蛋白含量。

采用机械条播，等行距播种，行距40～50cm；宽窄行播种：宽行40cm，窄行20cm，播种深度3～5cm，种子落在湿土里，覆土厚度均匀一致，播后镇压。

（5）种子处理

① 播前晒种1～2天，注意防止阳光暴晒造成种皮破裂。

② 种子包衣，采用大豆专用种衣剂包衣。或用微肥拌种，常用微肥有钼酸铵、硼砂、硫酸锰等。按每千克种子用钼酸铵3～4g，将钼酸铵用40℃温水化开，均匀喷洒在种子上，堆放8小时，阴干播种。注意钼肥拌种不能用铁器接触，以免影响肥效。

③ 若施用种肥，种肥以磷钾肥为主，配合少量氮肥，或氮磷钾复合肥，注意与种子分层施。

（6）田间管理

① 杂草控制　每亩用50％乙草胺乳油100mL加48％异噁草松乳油50～67mL，兑水25kg，播种后土表喷雾，对多种杂草都有很强的抑制作用。

② 查苗补苗　出苗后及时查苗，缺苗断垄的应移稠补稀或育苗移栽，严重缺苗的应浸种2～3小时后补种，天旱时带水补种。

③ 间苗、定苗　真叶展开后进行间苗，按计划密度定苗。

④ 中耕培土　真叶展开后，按先浅后深的原则中耕，每隔10～15天中耕一次，最后一次在初花期前结束。培土在最后一次中耕时进行，高度应超过子叶节。

⑤ 旱浇涝排　大豆开花到鼓粒期需水量较大，土壤含水量低于25％时，会导致落花落荚，应及时灌水，以喷灌为宜。雨水过大时，及时排水。

⑥ 追肥　鼓粒初期追施氮肥，即可满足大豆鼓粒对养分的需要，又不会造成旺长，有利于提高百粒重，增加产量。一般开花结荚期每亩施尿素10kg。结合灌溉施于大豆行间。也可喷施叶面肥，一般每亩用肥料量为：磷酸二氢钾150～200g，尿素1～1.5kg，加水50kg喷雾。

⑦ 化学调控　生长过旺的田块可在分枝期到初花期每亩用100mg/kg多效唑溶液50kg喷施。

（7）病虫害防治　坚持"农业防治、物理防治、生物防治为主，化学防治为辅"的原则，选用高效、低毒、低残留农药防治病虫草害，适期对症施药，严格按照使用说明用药。病虫草害常用药剂与防治方法见表1～表3。

大豆病害常用药剂与防治方法见表1。

表1　大豆病害常用药剂与防治方法

病害名称	常用药剂	稀释倍数	施药方法	防治时期
叶斑病	波尔多液	200倍液	喷雾	发病初期
紫斑病	65%代森锰锌可湿性粉剂	400～500倍液	喷雾	发病初期
霜霉病	75%百菌清可湿性粉剂	700～800倍液	喷雾	发病初期

大豆草害常用药剂与防治方法见表2。

表2　大豆草害常用药剂与防治方法

处理方式	常用药剂	药剂用量	防治时期
苗前土壤处理	乙草胺＋异噁草酮	每亩用50%乙草胺乳油67mL，加48%异噁草酮乳油50mL，兑水25kg	播后苗前土壤处理
苗后除草	右旋吡氟乙草灵乳油＋乳氟禾草灵乳油	每亩用10.8%右旋吡氟乙草灵乳油20～30mL，24%乳氟禾草灵乳油25～40mL，兑水30～40kg	茎叶处理

大豆虫害常用药剂与防治方法见表3。

表3　大豆虫害常用药剂与防治方法

虫害名称	常用药剂	稀释倍数或用量	施药方法	防治时期
蚜虫	50%抗蚜威可湿性粉剂 10%吡虫啉可湿性粉剂	1500倍液 800～1200倍液	喷雾	
红蜘蛛	20%双甲脒乳油 1.8%阿维菌素乳油	2000倍液 2000～4000倍液	喷雾	百株螨量150头以上
豆秆黑潜蝇	50%辛硫磷乳油	1000倍液	喷雾	成虫盛发期
造桥虫豆天蛾	50%辛硫磷乳油 BT制剂	2000倍液 300～500倍液	喷雾	幼虫三龄前
豆荚螟	2.5%溴氰菊酯乳油	450～600L/hm²，兑水7.5～9kg	叶面喷洒	幼虫三龄前用
食心虫	80%敌敌畏乳油	每公顷1.5～2L，秸秆灌药，隔6垄插1行，5m远插1根	熏蒸	成虫盛发期
卷叶螟	10%氯氰菊酯乳油 20%溴灭菊酯乳油 1.8%阿维菌素乳油	3000倍液 1500倍液 3000倍液	每隔7～10天喷雾1次，连续2次	在各代发生期，当1%～2%的植株有为害症状时

（8）适时收获　当叶片发黄脱落、荚皮变干、手摇植株有响声时收获。

24. 夏大豆"一三三"高产栽培技术要点有哪些?

（1）一播全苗

① 播种时间　麦收后至6月25日前播种。播种晚了可适当提高密度。

② 适宜土壤墒情的把握　手抓起，握紧能结成团，1m高放开，落地后能散开，土壤含水量19%～20%，过湿过干对出苗均有影响。

③ 播种　用精量播种机，播深3～5cm。

（2）三水

① 播种出苗水　播种时，如果土壤墒情不足，土壤含水量在18%以下时，需浇水造墒播种；也可等雨后抢墒播种。灌水最好是播种后喷灌，可在播种后当天喷灌一次，出苗前（播种后第四天）喷灌

一次，确保出苗。

② 开花结荚水　开花结荚期（播种后 40～55 天）大豆需水量较大，是大豆需水的关键时期。这时要求田间较为湿润。开花结荚期如果出现干旱情况（连续 10 天以上无有效降水），应立即浇水。浇好开花结荚水，可减少落花、落荚，增加单株荚数。

③ 鼓粒水　鼓粒期（播种后 55～90 天）是籽粒形成的关键时期。浇好鼓粒水，可增加单株有效荚数、单株粒数和百粒重。这一时期若干旱缺水，则秕粒、秕荚增多，百粒重下降。如果出现干旱情况（连续 10 天以上无有效降水或土壤水分含量低于 25％）应立即浇水，减少落荚，确保鼓粒。

（3）三肥

① 地肥或底肥　播种时每亩施氮磷钾复合肥 15～20kg。注意：与种子分层施，以免烧种，影响出苗。

② 鼓粒初期追肥　鼓粒初期（播种后 50 天左右）是籽粒形成的关键时期，此时追肥有助于保荚、促鼓粒，增加有效荚数、单株粒数和百粒重，每亩追施氮磷钾复合肥 10～20kg。

③ 鼓粒中后期喷施叶面肥　鼓粒中后期（播种后 70～90 天）对大豆产量的形成至关重要，每 7～10 天于叶面喷施磷酸二氢钾 1 次，可延缓大豆叶片衰老，促进鼓粒，增加百粒重，提高产量。

第四节　菜用大豆栽培技术

25. 菜用大豆高产高效栽培模式有哪些？

菜用大豆是指在豆荚鼓粒饱满，荚色、籽粒均呈翠绿色时采青食用的大豆，也称毛豆、枝豆或鲜食大豆。随着人们健康意识的增强，对食物的要求趋向多样性，对营养、品质、时鲜的要求也越来越高。菜用大豆具有营养丰富、柔糯香甜、可口、味美、食用方便等特点，深受我国、日本和东南亚各国人民喜爱，特别是随着国际市场对菜用大豆消费需求的增长，在以前较少食用大豆产品的美国和其他西方国家，也掀起了大豆食品热，菜用大豆越来越多地摆上餐桌，其发展前景被日益看好。

南方中下游地区是我国菜用大豆主要生产与消费地区。近年通过采用春、夏、秋不同类型的大豆品种合理搭配、设施栽培、分期播种等措施使南方菜用大豆的播种期从原来的2～7月，延伸扩展到现在的1～8月，采收期从原来的6～9月，延伸扩展到现在的5～11月。设施栽培、分期播种可以错开菜用大豆的播种期和采收期，有利于延长菜用大豆的供应期，扩大市场容量，避免菜用大豆集中上市。其主要栽培模式有如下几种。

（1）大棚加小拱棚栽培　1月中下旬至2月上中旬播种，"五一"前后至5月下旬采收鲜荚上市。

（2）地膜覆盖栽培　3月中下旬用地膜覆盖播种，6月中旬采收鲜荚上市，地膜大豆可与小麦、玉米、棉花等间作套种。

（3）露地直播　春大豆于4月上旬至5月上旬播种，7月采收鲜荚上市；夏大豆5月中旬至6月中旬播种，8月或9月采收鲜荚上市，弥补秋淡。

（4）反季节种植　在早稻、地膜花生或春玉米收获后，翻秋种植一季菜用大豆，于国庆节前后采收鲜荚上市。

26. 菜用大豆无公害栽培技术要点有哪些？

菜用大豆无公害生产基地必须远离城市和交通要道，及周围工业的直接污染源和间接污染源。远离高速公路、国道（≥500m），远离医院、生活污染源（≥2000m），远离工矿企业（≥1000m），大气、土壤、灌溉水经检测符合国家标准，土壤质地符合特用粮生长。

（1）品种选择　菜用大豆必须具有易煮易酥、食之鲜糯、鲜荚外观翠绿、荚毛白色、荚大粒壮、多粒荚比例高等特性。因此应选择适应当地土壤和气候条件，并对病虫草害有较强抵抗力的优良品种。利用抗性品种是预防和减轻病虫害最经济有效的办法之一。实际生产中应根据当地茬口和市场情况，实行多品种搭配种植。

（2）播期确定　菜用大豆的价格和上市时间密切相关。根据品种生育期长短，采用相应的栽培措施，提前或延迟播种时间，错开菜用大豆成熟上市期，以期获得较理想的价格。露地栽培的4～7月份都可播种。采用秋大豆品种相应延期播种（最迟可延至8月初），则可使鲜荚市场供应期延长至11月份。采用设施栽培并选用早熟品种，播种期在2月上旬，4月中下旬鲜荚即可上市。如大棚加小拱棚和地膜覆盖栽培的在2月中下旬播种，小棚加地膜覆盖栽培的在3月上中旬播种。具体播种季节如下。

① 春播　特早熟栽培，2月中下旬保护地育苗，3月上中旬植入中小棚，加盖地膜，5月中旬～6月上旬采收；一般春播栽培，3月中下旬保护地育苗，4月上中旬移栽或直播于大棚，定植于地膜的土地上，6月下旬～7月中下旬采收。

② 夏播　选用中晚熟品种，于4～6月直播，8～9月采收。

③ 秋播　选用晚熟品种，于7～8月直播，10～11月采收。

（3）播种育苗　一般直播，最好采用育苗移栽，早春播种，采用冷床或塑料小拱棚育苗。苗床宽1m，长随播种量而定，每亩大田用种2～3kg，播种前先将种子晒1～2天，去除小粒、有病斑、虫蛀种子；然后用菌种粉200g，加水2.5kg，拌种子50kg，先用等量清水化开，再将种子倒入桶内拌匀，同时用1.5%的钼酸铵液拌种，种子阴干后随即播种。播后覆土2cm，不必浇水，早春播种应在畦面再撒一层糠灰，夜间加盖草帘，出苗后注意通风。一般7～8天后出苗，宜控制水分，15～20天后，幼苗第一片真叶由黄绿色转青色而尚未展开时定植，每穴2株，移栽前一天苗床先浇透水。

（4）整地定植　选择排水良好的地块种植，结合耕地每亩施有机肥1500kg，畦宽1.5m。春播宜盖地膜定植，行株距（30～35）cm×（17～20）cm，每穴栽2株，植后覆细土封定植穴。夏、秋播可稍稀，直播，苗期间苗、定苗，夏播大豆可与冬瓜、南瓜、西瓜、薄皮甜瓜等间作，秋播用晚熟品种，密度不宜过高，最好采用条播，及时间苗。

（5）田间管理　苗期追施稀薄粪水提苗，开花初期每亩施尿素5～10kg，或人畜粪尿100～150kg，开花结荚期再追施一次。叶面喷施2次2%～3%的过磷酸钙浸出液，或0.5%的磷酸二氢钾，喷0.01%～0.02%的钼酸铵溶液可减少花荚脱落。若叶片出现边缘发黄的缺钾症状，可在清晨露水未干时，每亩喷草木灰浸出液50kg，连喷3～4次。未盖地膜的大豆，前期要中耕培土。

水分管理要"干花湿荚"，春播大豆重点是排水，夏秋播注意防旱排涝。

春播大豆注意前期保持昼温15℃以上，夜间加盖草帘或在棚内加盖地膜，后期温度高时，应拆棚转入露地栽培。

秋播大豆盛花期后及时打顶，即将主茎顶端摘心 1～2cm。如生长旺盛，可对茎叶喷生长调节剂抑制徒长，封垄前要培土。花期和结荚期缺水、营养不足、光照不足等都可导致落花落荚，应针对原因采取相应措施，此外，还要控制密度，早期间苗，后期摘心，以及用0.02％的三碘苯甲酸喷洒叶面。

（6）病虫害防治　鲜食大豆用于采收鲜荚食用，因此对农药残留的要求更为严格，选用抗病品种和生物防治是减少农药污染的有效途径。主要病害有病毒病、根腐病、霜霉病、白粉病、褐斑病、黑斑病等，主要虫害是蚜虫、地老虎、小造桥虫、豆荚螟、食心虫等。应以防为主，综合防治，不能使用国家明令禁止的高毒、高残留、高三致农药及其混配剂。实行水旱轮作，采用异地繁育的种子，减少重茬，控制地下害虫和土传、种传病害，深沟高畦，降低田间湿度，控制病害发生，推广应用复混肥、配施微肥，促进植株健壮生长，提高抗逆能力，合理用药，掌握防治标准，选用高效、低毒、低残留的农药及时防治。具体方法参见本书病虫害防治部分。

（7）及时采收　不同品种的适宜采收期应根据品种特性及加工利用要求而定。一般在豆荚肥大、尚未转色时采摘。

（8）保藏加工　为延长鲜食菜用大豆的储藏期和货架期，通常采用密封冷藏。塑料袋加乙烯吸收剂或吸收膜的储藏效果优于网袋。最适宜的储藏温度为 0℃。具体为先在 0℃ 的冰水中预冷，然后再包装在加乙烯吸收剂的聚乙烯袋内，这样保藏效果最好。

27. 菜用大豆大棚早春直播栽培技术要点有哪些？

采用大棚内直播、再铺地膜等技术进行早熟菜用大豆的栽培，每亩可产鲜荚 500kg 左右，比露地栽培可提早 20 天上市，经济效益好。

（1）整地施肥　选择不重茬、土层深厚、排水良好、富含钙质和有机质的中性土壤进行大棚提早播种。土壤湿度不宜过大，否则，遇低温易烂种。每亩一般基施腐熟鸡粪 1000kg 左右、三元复合肥25kg，于播前 1 个月施下。施肥后，将土地做成平畦，畦宽 2.1m，畦沟宽 0.3m，沟深 0.2m。

（2）适时播种　选择当地做早熟栽培的菜用大豆品种。在 1 月底至 2 月初，选择无强冷空气影响的天气播种为宜。每亩用种量 5～6kg。采用点播方法播种，株行距为 25cm×25cm，播深 3～5cm，深度要求一致，以利出苗整齐。一般棚内温度 $10\sim25℃$ 时（棚外温度 $8\sim15℃$），10 天左右齐苗。播种覆土后，每亩用 5％乙草胺乳油 $80\sim100mL$，兑水 $30\sim40kg$，均匀喷洒于畦面除草。

（3）生长期大棚管理　前期主要是防冻保温，后期加强通风换气。要求直播前 1 周扣好大棚，播后立即盖好地膜或加盖拱棚膜。出苗后注意选晴天及时破膜放苗。出苗前棚内适宜温度为 $15\sim25℃$，生长期为 $20\sim25℃$，开花期为 $20\sim28℃$。根据各个时期植株生长发育的适宜温度及时闭棚保暖或通风换气。一般苗期不宜施肥，开花期用 0.5％磷酸二氢钾水溶液叶面追肥，隔 $7\sim10$ 天再喷 1 次，如喷后遇雨应补喷 1 次。在水分管理上，播后苗出土前不宜浇水，若苗期遇旱可适量浇水，促进生根。

（4）病虫害防治　大棚菜用大豆因苗期棚内低温多湿，加之施用未腐熟的农家肥，极易引起立枯死苗。因此，苗期棚内每亩可选 30％百菌清烟剂 200g 进行化学防治，尽量少用水剂药物。

（5）适时采收　一般大棚菜用大豆在 4 月底 5 月初进入采收期，应适时分批采摘豆荚，及早上市。

28. 菜用大豆早春保护地育苗移栽技术要点有哪些?

菜用大豆幼苗较耐低温，可用阳畦、温床育苗栽培，育苗时使用营养钵，可达到完全护根效果，防止定植起苗伤根影响缓苗。温室或大棚栽培，比露地栽培可提早 $1\sim2$ 个月，效益可观。

（1）品种选择　选择耐寒性强、适宜当地气候条件的早熟、特早熟菜用大豆品种。

（2）播种时间

①温室早春茬　1 月中旬播种育苗，2 月下旬定植温室，$4\sim5$ 月采收。

②大棚早春茬　2 月中旬播种育苗，4 月上旬定植，$5\sim6$ 月采收。

（3）营养土配制　营养土按肥沃田土 50％＋腐熟栏肥或厩肥 40％＋细沙 10％＋过磷酸钙 0.1％＋草木灰 0.1％配制；或按每立方米床土加磷酸二铵 1kg、硫酸钾 0.5kg，整细过筛混合在一起，掺入 0.05％敌百虫。注意幼苗在营养土过于肥沃时极易烧根。为防止烧根，营养土配成以后，可用几粒白菜类种子试种，$2\sim3$ 天后观察根系，如有根类发黄现象，需再加田土调整。将配好的营养土装入8cm×10cm的营养钵或纸袋2/3处，摆放于铺垫平整的育苗床上备用。要求营养土的pH在5.5～7.5之间，孔隙度约60%，疏松透气、保水保肥性能良好。

（4）种子消毒 首先晒种1～2天，用0.1%硫酸铜水溶液浸种15分钟，或1%甲醛浸泡20分钟，杀死种子表面的病原菌，达到消毒的目的。将种子洗干净后，再在清水中浸种2～3小时，捞出放在容器内催芽20小时，当种子萌动、胚芽露出即可。每亩移栽田播种量为4～5kg，每平方米苗床播种量为100g。

（5）播种 每个营养钵装满土浇水后，每钵播种3～4粒，覆盖细土2cm，再盖一层地膜，保温保湿。尽量让苗床多见光，保持适宜的温度，白天25℃，夜间20℃左右，3～5天出苗，出苗前不宜浇水，以防土壤过湿而烂种。当60%～70%幼芽出土后，及时撤去地膜。

（6）苗期管理 子叶出土后，经1～2天可转变成深绿色，即能进行光合作用。棚室管理适温为20～25℃。此期耐寒能力比真叶展开前弱，一遇霜冻，即会死苗，因此夜间要防寒防冻。

（7）苗期追肥 豆苗幼小时根瘤菌尚未发挥固氮作用，为了促进根系生长和提早抽生花枝，需及时追施氮磷肥，一般每亩施尿素2.5～5.0kg，或腐熟人粪尿100～200kg，肥料要加水稀释，用量不可过多，避免抑制根瘤菌的发育。

（8）定植 棚室栽培要多施有机肥，增加土壤透气性，给根瘤菌提供足够的氧气，深翻土壤，使根系能顺利伸长，达到根深株壮的效果，一般每亩施有机肥5000kg以上为好。菜用大豆对磷钾元素需求量较大，每亩可用磷酸二铵7～10kg、硫酸钾4～5kg，均匀撒施于地面，深翻25～30cm，使肥与土充分搅拌均匀，搂耙平后作畦，畦宽1.2～1.5m，长度随棚室而定。栽培密度按35cm行距开沟，沟深10cm，顺沟每25cm摆一穴苗，浇水后封沟。栽苗时应按大小苗分开栽，使秧苗生长均匀一致，不能大小混栽，防止互相影响。每亩留苗2万～2.5万株。

（9）田间管理 菜用大豆开花结荚期是吸收氮、磷等元素的高峰期，在灌浆鼓粒期，补充氮素化肥，有利于植株快速生长和提高产量。追肥宜在开花初期开始，每亩施尿素15～20kg，7～10天喷水1

次，水量不宜过大。叶面追肥可喷洒 0.3％磷酸二氢钾，隔 10 天喷 1次，连喷 2～3 次；或每亩用尿素 1.5～2.0kg，加磷酸二氢钾 1.5kg，溶于 50kg 水中喷施。微量元素钼有提高菜用大豆叶片叶绿素含量、促进蛋白质合成和增强植株对磷元素吸收的作用，用 0.01％～0.05％的钼酸铵水溶液喷洒叶面，可减少花、荚脱落，加速豆粒膨大，增产效果显著。

在开花结荚期，要求土壤含水量在 80％左右。若此时期土壤墒情不足，就会显著增加落花落荚率，所以要在花荚期灌 1～2 次水。要求水从沟走，不上畦面，渗入土中，速灌速排。

（10）病虫害防治　菜用大豆生育期的病虫害较多，做好除虫防病是促进高产、提高商品率的一项重要措施。菜用大豆病害主要有大豆锈病及褐斑病，这些病害可用抗真菌的药剂防治。其次是病毒病。害虫有豆荚螟、豆秆潜蝇等，可选用触杀性强及灭生性广的农药防治。

29. 菜用大豆早熟露地栽培技术要点有哪些?

在南方菜用大豆产区，早熟菜用大豆采收后，还可以接茬晚稻，是水稻与大豆轮作的好模式，一方面，菜用大豆通过与水稻的轮作，减轻了大豆的重茬障碍，减少了病虫害；另一方面，早熟菜用大豆收获后，通过枝叶和茎秆还田，可作为晚稻的绿肥，而且根瘤菌还能留给土壤 4～5kg 纯氮，作为晚稻茬水稻的氮源。稻豆轮作增加了农田的复种指数，提高了种植效益。

（1）合理轮作　选择光照条件好、排灌方便、土壤肥力中等、土质疏松的地块种植，最好实行水旱轮作，减少重茬，控制地下害虫和土传、种传病害发生。

（2）品种选择　早春露地菜用大豆栽培季节紧，如果后接晚稻，品种应以早熟、苗期较耐寒的品种为宜，同时应注意选用株型紧凑、豆荚成熟一致的品种。

（3）种子准备　因早春露地菜用大豆在没有保温的条件下发芽出苗，对种子质量要求高，应采用高活力的种子播种，播种前晒种 1～2 天，过筛精选，拣除病粒、秕粒、虫伤或破损的种子。为预防褐纹病、白粉病的发生，可用 50％福美双可湿性粉剂和 15％三唑酮可湿性粉剂加少量水拌种，2 种药的用量均为用种量的 0.1％。晾干后播种，效果较好。

（4）**整地施肥**　冬前耕翻冻垡，播前 1 周精细整地，结合整地，每亩施腐熟有机肥 500～1000kg，或每亩施 45％的三元复合肥 50kg 作基肥。整地作畦，畦宽 1.6m（包沟），以备播种。

（5）**适时播种**　早春露地栽培播种应在气温稳定在 12℃以上时进行。南方地区播种时间一般在 3 月 15 日前后。一般亩用种量 6～8kg。行距 40cm、株距 20cm，穴播 3～4 粒，播深 2cm，每穴定苗 2 株，每亩留苗 1.6 万株左右。

（6）**田间管理**　出苗后要勤查看，发现因出苗差或地下害虫为害而造成的缺苗要及时补栽。补苗时最好选用营养袋苗或带土苗，尽量减少根系的损伤，并用细土封严，缩短缓苗期，尽可能使植株生长整齐一致。

开花初期，要控制肥水，以防田间湿度过大，植株徒长，造成落花落荚。结荚期要保持土壤湿润，遇到高温干旱要浇水，但要避免田间渍水。如出现旺长，可在开花初期喷烯效唑加以控制。早春土温较低，豆苗根系弱，根瘤菌活动能力差，不利于早生快发，出苗后 20～25 天，可追 1 次提苗肥，每亩用硝酸铵 5～7.5kg、过磷酸钙 10kg，促进根系生长。开花结荚期需肥最大，视田间长势，每亩用三元复合肥 20kg、硫酸钾 10kg，混合均匀后在株间深施。鼓粒期，一般应保持土壤湿润，遇到干旱应及时灌水，但应速灌速排，同时做好叶面肥喷施，可用磷酸二氢钾加尿素进行叶面喷施，加快鼓粒充实。

（7）**防治病虫害**　早春露地栽培，由于温度、湿度相对较低，病虫害发生较轻，应以预防为主，综合防治。定植后由于地温较低，常有立枯病发生，可用 77％氢氧化铜干悬浮剂 1200 倍液或 75％百菌清可湿性粉剂 600 倍液喷雾防治，间隔 5～7 天喷 1 次，连用 2～3 次，重点喷在豆苗根茎部；开花后由于枝繁叶茂，通透性差，常有白粉病和褐纹病发生，可用 12.5％烯唑醇可湿性粉剂 1200 倍液或 70％甲基硫菌灵可湿性粉剂 500 倍液喷雾防治，间隔 5～7 天喷 1 次，连用 2～3 次。虫害前期主要有蚜虫和跳甲，可用 5％高效吡虫啉可湿性粉剂 1500 倍液喷雾防治，后期主要有豆野螟、斑潜蝇和红蜘蛛等，应及时防治。采收前 10 天禁止使用农药。

（8）**适时采收**　菜用大豆适宜采收期的确定是保证鲜食品质的

关键，并直接影响产量和经济效益。菜用大豆最适宜收获期为豆粒80%充实饱满，成品荚率达80%以上，外观色泽鲜绿、豆粒鲜嫩时，一般在开花后45天左右。过早采收，籽粒太嫩，水分过多，内含物少，口感差，产量低。过迟采收，籽粒老化失水，品质明显下降。采收时应该选择早晨和傍晚，此时气温较低，营养物质倾向于在籽粒集聚，品质最佳。

30. 菜用大豆秋季延后栽培技术要点有哪些？

秋季延后栽培是利用"十月小阳春"的秋季回温，通过延迟播种、施肥等促控技术，使鲜荚上市期延后到10月底、11月初，以弥补秋淡，提高种植效益。

（1）品种选择 应选择苗期生长快、感光性强、后期耐低温的品种，要求荚形阔，荚皮薄，出豆率高，豆粒蒸煮酥糯，内在品质好的品种。

（2）分期播种 宜拉开播种期，实行分期播种，使鲜荚采收期避开10月上中旬的上市高峰。一般从7月上旬开始播种，最迟可播到8月中旬。

（3）菌肥拌种

① 钼酸铵拌种 土壤有效含钼量每千克小于0.15mg时，每千克种子用0.5g钼酸铵，溶于20mL水中，喷洒在豆种上，混拌均匀，阴干后播种。

② 根瘤菌拌种 用根瘤菌拌种，可促使根瘤菌数量增加，茎叶生长健壮，结荚多，产量高。每亩施用根瘤菌10～17g，用种量4～5kg，用少量水拌匀种子，即可播种。

（4）免耕稀植 延后栽培的播种期如遇雷雨季节，易造成播后闷种烂籽，因此一播全苗是成功的关键。采用免耕直播，使土壤保持原有物理性状，可有效减轻雷雨的影响，提高出苗率。种植密度宜根据播种期而定。播种越早，繁茂性越好，种植密度应越低。7月初播种的苗高可达1～1.2m，播种密度要稀，一般行距0.6～0.8m，每畦种植2行，穴距0.25～0.3m，每穴播种2粒，每亩成苗8000株左右；8月中旬播种的苗高仅0.6～0.8m，一般行距缩小到0.4～0.5m，每畦种植3行，穴距0.25～0.3m，每穴播种2～3粒，每亩成苗10000～12000株。播后要覆土2cm。

（5）肥促调控 大豆氮肥用量较低，亩纯氮用量 4～6kg 为宜，同时应增施钾、硼肥。早播田块氮肥宜少，可采用苗肥、分枝肥、花荚肥并重的施肥方法，一般在齐苗时亩施尿素 5kg 促苗，第三复叶期亩用尿素 2.5kg 左右，盛花期亩用高浓度三元复合肥 7.5kg、硼砂 1kg 促进结荚鼓粒。

迟播田块氮肥量宜多，且苗期应重施，促进发苗，搭好丰产苗架，一般在齐苗时、第一复叶期分别亩施尿素 5kg，始花期亩用高浓度三元复合肥 5～7.5kg、硼砂 1kg 促进开花结荚。

秋大豆多为无限结荚习性，在播期偏早、密度偏高、土壤肥沃的情况下容易徒长。对此类田块可在初花期用 15% 多效唑可湿性粉剂 1000 倍液叶面喷雾调控，也可于盛花后期选晴天进行摘心，摘去顶叶 2cm 左右。化学调控和摘心可以抑制徒长，降低株高，增粗主茎，防止倒伏，并能减少花荚脱落，促使籽粒饱满，提早成熟。

（6）抗旱保苗 秋大豆生育期间常遇伏旱和秋旱，应根据大豆生育进程及时灌水抗旱。因大豆种子发芽出苗对水分要求较高，遇伏旱天气，应在播种前 1 天灌一次半沟"跑马水"，等畦面湿润后再播种。出苗后视旱情进行 2～3 次沟灌抗旱。幼苗期叶面积小、根系生长快，比玉米等其他作物耐旱，此期应注意清沟排水，防止田间积水影响根系，造成僵苗。结荚鼓粒期是大豆一生需水量最多的时期，缺水会使花荚脱落，鼓粒不畅，畸形荚和瘪粒增多，荚色褪淡，百荚鲜重下降。因此，如鼓粒期遇秋旱要灌水抗旱，以灌半沟水、水分渗透到畦面为好。

（7）防治病虫草害 秋大豆生育期间病虫发生较多，主要害虫有豆秆黑潜蝇、豆野螟、夜蛾、豆毒蛾、大豆蚜、红蜘蛛等，主要病害有大豆炭疽病、锈病。防治上一要选用抗病虫害品种；二要实行健身栽培，水旱轮作，适当降低种植密度，控制氮肥用量，增施磷、钾肥，注重清沟排水和科学灌水抗旱；三要针对大豆病虫害发生特点，科学合理地开展药剂防治。菜用大豆对农药比较敏感，对大多数有机磷杀虫剂、沙蚕毒系列杀虫剂和硫酸铜系列杀菌剂易产生药害，应选用高效、安全、低残留农药进行防治。

杂草可用化学法结合人工拔除，播后芽前用 25% 噁草酮乳油或 25% 咪唑乙烟酸水剂兑水喷雾防草。大豆出苗后可结合中耕进行除草。

第二章

大豆优质高产疑难解析

第一节　大豆播种育苗疑难解析

31. 怎样进行大豆引种？

大豆可直接引用外地的品种供生产上利用。大豆是短日照作物，对光照反应敏感，品种能适应的地区范围较窄。引种应考虑两地自然条件、耕作栽培条件和大豆本身的遗传特性。主要应考虑以下几个因素。

（1）地理纬度　大豆是短日照作物，对日照长度十分敏感，大豆引种时，在同纬度地区引种容易成功，一般不要跨大纬度。北种南引，大豆开花提前，生育期会缩短，只能通过增加种植密度来获得比较高的产量。南种北引，大豆开花延迟，生育期大大延长，一般不能正常成熟，常常造成绝收。

（2）海拔高度　大豆是对光、温敏感的作物，海拔高度不同，温度及无霜期有很大差别。地理纬度相差较大，由于海拔高低不同，可能形成两地区气候条件相似，引种也可成功。同理，即使两地纬度相近，但海拔高度差异过大，引种也不易成功。

（3）品种的进化程度与两地的耕作栽培水平　大豆对肥水敏感，不同的自然条件和耕作栽培条件，形成了不同进化程度的生态类型（结荚习性、种皮色、脐色、粒大小等）。引入地区耕作栽培水平与原产地品种的生态类型相适应，就可以进行引种。

（4）病虫害及杂草危害情况　大豆病虫害及杂草也有一定的地域性分布。在两地间引种时，要充分了解病虫害及杂草危害程度。对于病害，除深入了解病害种类外，还应考虑病害的生理或株系类型。

32. 大豆品种的选用原则有哪些？

高产型普通大豆品种在审定时必须达到大豆品种审定标准，即产量达到对照品种的105％以上，脂肪、蛋白质总量达58％以上，生育期与对照品种相同或提早，品种对当地主要病害具有较好的抗性。在品种通过审定后，该品种才可以在适宜地区推广应用。因此，在普通大豆生产中，选用品种时必须选用已审定的并适宜当地生态条件的优良品种，才能实现高产、高效。在品种具体选用上，首先应着重考虑大豆的适应性、生育期、结荚习性、粒形与粒大小、种皮色和茸毛色、抗病虫特性等生态性状。

（1）适应性　品种的适应性是指大豆长期受到环境条件的影响，在形态结构和生理生化特性上发生改变而形成的新类型和品种。例如，大豆是短日照作物，缩短日照可加速发育，延长日照则延迟开花。由于长期分布生长在地理纬度不同的地区，形成一些对日照反应不同的类型。一般日照由南向北逐渐加长，因此，在长日照的北方形成了短日性弱的品种；而日照短的南方，形成了短日性强的品种。

（2）生育期　大豆品种生育期长短，是由光、温反应特性决定的。它关系到一年一熟春大豆区的品种能否适应一个地区的无霜期及是否能在霜前正常成熟。对于夏、秋大豆，生育期选用必须考虑复种的要求。

南方大豆区，无霜期在300天以上，可根据复种需要，种植春、夏、秋、冬播大豆。夏大豆于5月下旬～6月上旬播种，9月下旬～10月上旬收获，可选用生育日数110～125天的中早熟或中晚熟品种。春大豆3月底～4月上旬播种，7月中旬～8月上旬收获，选用生育日数100～110天的中熟品种或95～100天的早熟品种。秋大豆多在7月底早稻收获后种植，宜选用生育日数90～115天的中早熟或晚熟品种，总之要根据换茬安排，选用生育期适宜的品种。

（3）结荚习性　不同结荚习性的大豆品种对土壤肥力等栽培条件适应能力不同。有限结荚习性的品种茎秆粗壮、节间短，株高中等，在肥水充足条件下，结荚多，粒大饱满，丰产性能高，适合在多雨、土壤肥沃地区种植；无限结荚习性品种，对肥、水要求不太严格，即使种在瘠薄地区，仍能获得一定的产量。亚有限结荚习性品种对肥水条件的要求介于前两者之间。在亚有限结荚习性品种中，株高中等、主茎发达的品种，适合于较肥沃地种植，植株高大、繁茂性强的，则适宜于瘠薄地种植。

多雨肥沃地区，或稻田的田埂豆，或与玉米间作的大豆，应选用丰产性能高、茎秆粗壮、中大粒的有限结荚习性品种。少雨瘠薄、生长季节短的高纬度地区及冷凉山区，应选用无限结荚习性品种。

（4）粒形与粒大小 大豆品种粒形与粒大小对土壤肥力和栽培条件适应能力不同。性状愈接近野生大豆，其品种抗性愈强。大粒种要求土壤肥沃、水分充足。椭圆、扁椭圆、种粒小的品种，较能适应不良的环境条件。

选用品种粒大小，也因用途需求而定。菜用大豆，百粒重 38～40g；生豆芽用的品种，百粒重只 4～5g；作饲料的秋大豆，百粒重 6～10g。

（5）种皮、种脐色及茸毛色 种皮、种脐色及茸毛色，是代表大豆进化程度的一个指标。种皮、种脐色及茸毛色深是大豆较为原始的类型，种皮色有黄、青、黑、褐、灰等。

（6）抗病虫特性 宜选用抗病虫害的大豆品种。选用大豆品种，除考虑以上生态性状外，还要适应耕作栽培条件。如：大豆机械化栽培地区，应选用植株高大、秆强不倒、主茎发达、株型紧凑、结荚部位高、不易烂荚落粒的品种，以利于机械收割和脱粒。

（7）栽培目的 在生产专用型大豆时，特别要注意选用适宜的品种。在普通型大豆生产中，品种和配套栽培措施的作用各占一半，但专用型大豆生产时，品种的作用约占 70％，栽培措施的作用只占 30％左右。比如，高油大豆的生产，一般要选含油量超过 21％的品种；高蛋白大豆的生产，要选择蛋白质含量超过 45％的品种；菜用大豆的生产一定要选用籽粒大，容易裂荚的专用品种。

🌱 33. 大豆播前种子处理方法有哪些?

（1）质量鉴别 正常的大豆种子，种皮是黄色的，有光泽，两片子叶也是黄色，向种子呵气，种皮上没有水汽黏附。有些走油的大豆种子，已经丧失生活力，不能再做种子使用。

（2）测定发芽率 首先把准备好的种子充分混合，再用四分法取出样品，从中数出 200 粒，平均分成 4 份，分别放在玻璃皿或其他合适的器皿中，接着在皿底铺上吸水力强的纸或脱脂棉，然后洒上水，放在温暖的地方。每天记载各皿种子的发芽数，直到不再发芽时为止。要求种子发芽率在 95％以上。

（3）选种和晒种　首先除去破损粒、虫口粒、杂物等，然后进行晒种，播种前需要晒 2～3 天。晒种切忌在水泥地上暴晒，晾晒时要薄铺勤翻，防止中午强烈的日光暴晒，造成种皮破裂。晾晒后将种子摊开散热降温，再装入袋中备用。晒种是提高发芽率及种子生活力的一项有效措施。

（4）药剂拌种　一般播种前不需要进行药剂拌种，除非有些地块地下害虫严重或缺乏某种营养元素。目前防治地下害虫，多采用 50％的辛硫磷乳油闷种，即用 50％辛硫磷乳油 0.5kg 加 12.5kg 水制成稀释药液，每千克稀释药液可拌种子 10kg，拌药后将种子堆在一起闷 4 小时，晒干后播种。防治大豆根腐病可用种子量 0.5％的 50％多·福合剂或种子量 0.3％的 50％多菌灵可湿性粉剂拌种。防治大豆胞囊线虫可用种子量 2％的大豆根保菌剂拌种，同时兼防根腐病。

34. 大豆怎样进行根瘤菌接种？

（1）根瘤菌接种的方法

① 土壤接种法　从着瘤好的大豆高产田取表层土壤拌在大豆种子上，每 10kg 种子拌原土 1kg。土壤接种法不如根瘤菌剂接种的效果好，因为根瘤菌剂是经过分离培养筛选出的最有效菌株所制成，当然比天然混杂的根瘤菌强得多。

② 根瘤菌剂接种　根瘤菌剂是工厂生产的细菌肥料，包装上注明有效期和使用说明。大豆根瘤菌剂使用方法简单，不污染环境。每亩用根瘤菌剂 250g 拌种。测定证明，接种根瘤菌比不接种的土壤每亩可增加纯氮 1kg，相当于标准化肥硫酸铵 5kg。使用前应存放在阴凉处，不能暴晒于阳光下，以防根瘤菌被阳光杀死。接种方法是，将菌剂稀释在种子重 20％的清水中，然后洒在种子表面，并充分搅拌，让根瘤菌剂粘在所有的种子表面。拌完后尽快（24 小时内）将种子播入湿土中。播完后立即盖土，切忌阳光暴晒。已拌菌的种子最好在当天播完，超过 48 小时应重新拌种，已开封使用的菌剂也应在当天用完。种子拌菌后不能再拌杀虫剂等化学农药，如果种子需要消毒，

应在菌剂接种前2~3天进行，防止农药将活菌杀死。

③ 接种体处理土壤　将根瘤菌用肉汁培养基培养后，制成颗粒状接种体，可直接用于土壤接种。这种方法成本较高，在不宜进行种子接种的情况下使用。

（2）注意事项

① 大豆根瘤菌的发育与环境有密切的关系，根瘤菌生活适应一定的土壤酸度范围，当土壤pH值低于4.6或高于8时，接种效果都不明显；土壤高温干燥也影响根瘤的发育，根瘤菌肥最好施在富含有机质的土壤中，或与有机肥料配合施用，但不能与化肥混播。施化肥时，应将种子与化肥隔开，化肥要施在种子下4cm处为好。氮肥不宜施用过多，但与磷、钾及微量元素肥料配合施用，能促进根瘤菌活性，特别是在贫瘠的土壤上。大豆出苗后发现结瘤效果差时，可在幼苗附近浇泼兑水的根瘤菌肥。

② 种植大豆多年的地块仍要施用根瘤菌肥　种植大豆多年的地块中，田间土壤中会存在相当数量的根瘤菌（一般每克土含根瘤菌10^4~10^5个），但多数是低效或是无效根瘤菌株。另一方面，随着大豆品种更新速度的加快，土壤中与新品种匹配的根瘤菌比例下降。这两个因素均会导致根瘤菌固氮效果下降。因此，多年种植大豆的地块，施用根瘤菌仍非常必要。

35. 大豆怎样进行种子包衣处理？

种衣剂是由农药原药（杀虫剂、杀菌剂等）、肥料、生长调节剂、成膜剂及配套助剂经特定工艺流程加工制成的，可直接或经稀释后包覆于种子表面，形成具有一定强度和通透性的保护层膜的农药制剂。种衣剂在种子播入土壤后，几乎不被溶解，在种子周围形成防止病虫害的保护屏障，并缓慢释放，被内吸传输到地上部位，继续起防治病虫害的作用。种衣剂内的微肥和激素则起肥效和刺激根系生长的作用。种衣剂药效在土壤中可持续45~60天。

在美国等发达国家，大豆播种前一般都进行了包衣，在我国由于技术等种种原因，对大豆种子包衣褒贬不一。从理论上讲，种子包衣是有益的，可以减轻病虫害的为害，或通过包入微量元素解决土壤缺乏某种微量元素对大豆生长发育的不利影响，提高大豆的产量，改善籽粒质量，但如果种子包衣技术掌握不好，比如，包衣剂浓度过大，容易因种子萌发困难造成缺苗断苗，最终影响产量，降低生产效益。因此，种子一旦采用包衣，必须严格掌握其包衣技术。

（1）种子包衣的作用

① 能有效地防治大豆苗期病虫害　如第一代大豆胞囊线虫、根腐病、根潜蝇、蚜虫、二条叶甲等。因此可以缓解大豆重茬、迎茬减产现象。

② 促进大豆幼苗生长　特别是重茬、迎茬大豆幼苗，由于微量元素营养不足致使幼苗生长缓慢，叶片小，使用种衣剂包衣后，能及时补给一些微肥，特别是它所包含的一些外源激素，能促进幼苗生长，使幼苗油绿不发黄。

③ 增产效果显著　大豆种子包衣可提高保苗率，减轻苗期病虫害，促进幼苗生长，因此能显著增产。

（2）大豆包衣种子的质量要求　由于大豆是子叶出土作物，种子萌发时，子叶要从土下伸出地面，种衣剂浓度过高或包衣质量不好，容易造成出苗不好或出苗后因种子不能脱落，致使子叶无法张开。因此，包衣种子质量要求达到表 4 所列标准。

表 4　大豆包衣种子质量要求　　　　　单位:%

作物	包衣合格率	脱落率	破碎率增值	皱皮（有、无）
大豆	≥95	≤1.0	≤0.2	无

（3）种子包衣方法　种子经销部门一般使用种子包衣机械，统一进行包衣，供给包衣种子。如果买不到包衣种子，农户也可购买种衣剂进行人工包衣。方法是用装肥料的塑料袋，装入 20kg 大豆种子，同时加入 300～350mL 大豆种衣剂，扎好口后迅速滚动袋子，使每粒种子都包上一层种衣剂，装袋备用。

（4）注意事项

① 种衣剂的选型　要注意有无沉淀物和结块。包衣处理后种子表面光滑，容易流动。

② 正确掌握用药量　用药量大，不仅浪费药剂，而且容易产生药害，用药量少又会降低效果。因此一般要依照厂家说明书规定的使用量（药种比例）。

③ 用前充分摇匀　使用种衣剂处理的种子不许再采用其他药剂、化肥等混种，不可兑水。

④ 种衣剂含有剧毒农药，使用时应穿戴好劳动保护服。注意防止农药中毒（包括家禽），注意不与皮肤直接接触，如发生头晕恶心现象，应立即远离现场，重者应马上送医院抢救。

36. 大豆怎样进行微肥拌种？

经过测土证明缺微量元素的土壤，或用对比试验证明施用微肥有效果的土壤，在大豆播种前可以用微肥拌种。但生产AA级绿色食品大豆时不宜采用。

（1）钼酸铵拌种　每亩用钼酸铵2g，种子5kg。先将钼酸铵磨细，放在容器内加少量热水溶化，加水0.13kg（注意：水多易造成豆种脱皮），用喷雾器喷在大豆种子上，阴干后播种。注意拌种后不要晒种，以免种子破裂，影响种子发芽。如种子需要药剂处理，待拌钼肥的种子阴干后，再进行其他药剂拌种。

（2）硼砂拌种　在缺硼的地块上，用硼砂拌种具有很好的增产效果。每亩用硼砂8～10g，于大豆播种前，用0.5％硼砂溶液拌种，液种比为1∶6，种子阴干后播种。

（3）硫酸锌拌种　缺锌地区用硫酸锌拌种有显著的增产作用。每千克豆种用硫酸锌4～6g，溶于水中，用液量为种子重的1％，均匀洒在豆种上，混拌均匀。

（4）硫酸锰拌种　在石灰性土壤上往往缺锰，可用0.1％～0.2％的硫酸锰溶液均匀拌种，阴干后播种。

微肥拌种和种子包衣同时应用时，应先微肥拌种，阴干后再进行种子包衣。

37. 大豆怎样用稀土拌种？

稀土是一种微量元素肥料。镧系元素和与其性质极为接近的钪、钇共17种元素，统称稀土元素。农业上施用稀土不仅能供给农作物微量元素，还能促进作物根系发达，提高作物对氮、磷、钾的吸收，提高光能利用率，从而提高产量。用稀土拌大豆种，能促进大豆根系生长，提高光合速率，平均增产8.1％。

拌种方法简便易行，其方法是：用稀土25g加水250g，拌大豆种子15kg。

此外，用稀土在苗期喷洒叶面进行追肥，也有很好的效果。稀土可与多种化学除草剂、杀菌剂和杀虫剂混合施用，无拮抗现象。我国稀土资源丰富，容易取得，在农业上有广泛使用前景。

38. 怎样确定大豆的播种期？

晚春播种的大豆为春大豆，小麦收获后播种的大豆为夏大豆。播种期对大豆产量和品质影响很大。适时播种，保苗率高，出苗整齐、健壮，生育良好，茎秆粗壮。大豆要获得高产，保苗很关键，在适宜的播种期播种对保全苗是十分必要的。在大豆种植面积较少的地区，不少农户不重视大豆生产，大豆播种期忽早或忽晚，造成大豆既不高产也不稳定。大豆播种太早，容易受低温冷害的影响，造成种子腐烂而缺苗断条；播种过晚，出苗虽快，但植株营养生长期太短，干物质积累少，苗不健壮，如遇墒情不好，还会出苗不齐，最终导致减产。

地温与土壤水分是决定春播大豆适宜播种期的两个主要因素。一般认为，北方春播大豆区，土壤 5～10cm 深的土层内，日平均地温 8～10℃，土壤含水量为 20% 左右时，播种较为适宜。所以，东北地区大豆适宜播种期在 4 月下旬～5 月中旬，其北部 5 月上旬播种，中、南部 4 月下旬～5 月中旬播种；北部高原地区 4 月下旬～5 月中旬播种，其东部 5 月上中旬播种，西部 4 月下旬～5 月中旬播种；西北地区 4 月中旬～5 月中旬播种，其北部 4 月中旬～5 月上旬播种，南部 4 月下旬～5 月中旬播种。

黄淮海区和南方区大豆种植区，大豆的播期受茬和后期低温的制约。黄淮海区夏播大豆 6 月中下旬播种。南方区，长江亚区夏播大豆 5 月下旬～6 月上旬播种，春播大豆 4 月上旬～5 月上旬播种；东南亚区，春大豆 3 月下旬～4 月上旬播种，夏大豆 5 月下旬～6 月上旬播种，秋大豆 7 月下旬～8 月上旬播种；中南亚区，春大豆 3 月下旬～4 月上旬播种，夏大豆 6 月上中旬播种，秋大豆 7 月中旬～8 月上旬播种；西南亚区，春大豆 4 月份播种，夏大豆 5 月上中旬播种；华南亚区，春大豆 2 月下旬～3 月上旬播种，夏大豆 5 月下旬～6 月上旬播种，秋大豆 7 月份播种，冬大豆 12 月下旬～翌年 1 月上旬播种。

夏播和秋播大豆由于生长季节较短，适期早播很重要。另外，播种期也可根据品种生育期类型、地块的地势等加以适当调整。晚熟品种可早播,中、早熟品种可适当后播。早熟品种春播,地温、地势高的,可早些播种,土壤墒情好的地块可晚些播,岗平地可以早些播种。

39. 为什么大豆要适时早播?

① 春大豆适时早播,有利于第二造及第三造作物按时抢上季节,不违农时。

② 春大豆适当早播,可以相对早收,避开第二代豆荚螟为害高峰期。

③ 春大豆早播可以相对早收,避免与水稻"双抢"在季节上产生矛盾。夏大豆和秋大豆适当早播也可对早收、对避过或减轻秋旱危害有利。

④ 适当早播的春大豆,前期气温较低,植株生长稳健,矮壮节密,花荚多,产量高。夏大豆和秋大豆适当早播可适当延长营养生长期,使植株生长繁茂,"骨架"长得壮,花荚多,产量自然较高。

基于以上原因,播期强调一个"早"字的好处是很明显的。

40. 大豆播前如何进行整地?

大豆对土壤要求不严,适应性比较广。大豆高产要求的土壤状况是:活土层较深,既要通气良好,又要蓄水保肥,地面应平整细碎。合理深翻,细致整地,能改善土壤环境,熟化土壤,蓄水保墒,提高土壤肥力,并能减轻杂草和病虫为害,是大豆苗全苗壮的基础,是大豆高产的前提。

有机械耕翻条件的地区,秋季在前茬收获后,用除茬机将茬子打碎,进行秋翻,秋翻深度16~20cm,接着进行耙地、整压。耕、耙、压作业后,地表要平整,土壤要细碎,耕层要上松下实,无大土块和暗坷垃。拟实行平播的土地,秋季耕、耙、压连续作业后即可留待翌年春直接播种;或者再次春耙后播种。拟实行垄播的土地,在秋季耕、耙、压之后还需打垄、镇压以待翌年春垄上播种。若来不及打垄,则在土地耕、耙、压之后越冬,翌年早春在地表扬粪,而后顶浆打垄并镇压,以待垄上播种。打垄时,垄要直,50m垄长直线误差应小于5cm,垄距误差应小于1cm。

无机械耕翻条件的地区，秋季在前茬收获后，应将垄上茬子清除，翌年早春用畜力顶浆打垄。打垄时边在原垄沟内撒粪，边破旧垄起新垄。起垄后需镇压，使土壤达到适宜播种状态。

大豆根瘤菌最怕渍水，因此，整好地后要开好排水沟，防止田间渍水。

41. 大豆生产上常用的播种方法有哪些？

目前在生产上应用的大豆播种方法有：窄行密植播种法、等距穴播法、60cm双条播、精量点播法、原垄播种、耧播、麦地套种、板茬种豆等。

（1）窄行密植播种法　缩垄增行、窄行密植，是国内外都在积极采用的栽培方法。改 60～70cm 宽行距为 40～50cm 窄行密植，一般可增产 10%～20%。从播种、中耕管理到收获，均采用机械化作业。机械耕翻地，土壤墒情较好，出苗整齐、均匀。窄行密植后，合理布置了群体，充分利用了光能和地力，并能够有效地抑制杂草生长。

（2）等距穴播法　机械等距穴播提高了播种工效和质量。出苗后，株距适宜，植株分布合理，个体生长均衡。群体均衡发展，结荚密，一般产量较条播增产 10% 左右。

（3）60cm 双条播　在深翻细整地或耙茬细整地基础上，采用机械平播，播后结合中耕起垄。优点是：能抢时间播种，种子直接落在湿土里，播深一致，种子分布均匀，出苗整齐，缺苗断垄少。机播后起垄，土壤疏松，加上精细管理，故杂草也少。

（4）精量点播法　在秋翻耙地或秋翻起垄的基础上刨净茬子，在原垄上用精量点播机或改良耙单粒、双粒平播或垄上点播，能做到下籽均匀，播深适宜，保墒、保苗，还可集中施肥，不需间苗。

（5）原垄播种　为防止土壤跑墒，采取原垄茬上播种。这种播法具有抗旱、保墒、保苗的重要作用，还有提高地温、消灭杂草、利用前茬肥和降低作业成本的好处，多在干旱情况下应用。

（6）耧播　黄淮海流域夏播大豆地区，常采用此法播种。一般在小麦收割后抓紧整地，耕深 15～16cm，耕后耙平耱实，抢墒播种。在劳力紧张、土壤干旱情况下，一般采取边收麦、边耙边灭茬，随即播种。播后再耙耱 1 次，达到土壤细碎平整以利出苗。

（7）**麦地套种**　夏播大豆地区，多在小麦成熟收割前，于麦行里套种大豆。一般 5 月中下旬套种，用耧式镐头开沟，种子播于麦行间，随即覆土镇压。

（8）**板茬种豆**　湖南、广西、福建、浙江等南方地区种植的秋大豆多采用此法。一般在 7 月下旬～8 月上旬播种。适时早播为佳，在早稻或中稻收获前，即先排水露田，但不能排得过干，水稻收后在原茬行上穴播种豆。一般每亩 1 万株左右，每穴 2～3 株，播完后第二天再慢灌催芽，浸泡 5～6 小时后，将水排干。

42. 如何确定大豆播种密度？

种植密度与产量有密切关系。所谓合理密植是指在当地、当时的具体条件下，正确处理好个体和群体的关系，使群体得到最大限度的发展，个体也得到充分发育；使单位面积上的光能和地力得到充分利用；在同样的栽培条件下，能获得最好的经济效益。因此，适宜的密度不是一成不变的，不能简单地讲"肥地宜稀，瘦地宜密"。由于豆科作物对自然条件的要求不一样，合理密植受多种因素的影响。

（1）**影响密度的因素**

① 土壤肥力　土壤肥力充足，植株生长繁茂，植株高大，分枝多，如果密度过大，则封垄过早，郁闭严重。株间通风透光不良，容易引起徒长倒伏、花荚脱落，最后导致减产。土壤瘠薄，植株发育受影响，个体小，分枝少，应加大密度，以充分利用地力和光能，达到增产目的。即"肥地应稀，瘦地宜密"。

② 品种与播期　品种的繁茂程度，如植株高度、分枝多少、叶片大小等与密度的关系密切。凡植株高大，生长繁茂，分枝多、晚熟的品种，种植密度要小些；植株矮小、分枝少、早熟的品种，种植密度要大些。播种期早，种植密度应当减小，播种期延迟，种植密度应加大。

③ 气候条件　高纬度、高海拔地区，气温低，植株生长量小，密度应大些。

④ 品种类型、种植季节　一般夏大豆生育期较长，植株高大，种植密度宜稀；春大豆生育期较短，秋大豆生育期最短，植株也较矮小，宜适当密植。

⑤ 栽培方式　采用机械化栽培管理时，栽培密度与用人工、畜

力管理的不一样。加大播种密度可以显著提高底荚高度，分枝少，便于用机械收割。采用窄行播法时，可以稍加大密度。大豆玉米间作时，大豆密度要稀些。密度是确定大豆播种量的主要因子，同时也要考虑种子发芽率和百粒重等。通常田间损失率按 7%～10% 计算。

（2）几个不同地区的参考密度

① 北方春大豆的播种密度　在肥沃土地，种植分枝性强的品种，亩保苗 0.8 万～1 万株为宜。在瘠薄土地，种植分枝性弱的品种，亩保苗 1.6 万～2 万株为宜。高纬度高寒地区，种植的早熟品种，亩保苗 2 万～3 万株。在种植大豆的极北限地区，极早熟品种，宜保苗 3 万～4 万株。

② 黄淮平原和长江流域夏大豆的播种密度　一般每亩 1.5 万～3 万株。平坦肥沃，有灌溉条件的土地，亩保苗 1.2 万～1.8 万株。肥力中等及肥力一般的地块，亩保苗 2.2 万～3 万株为宜。

（3）注意事项　合理密植的基础是苗全苗匀；合理密植必须与良种良法相结合；加强间田间管理是充分发挥合理密植增产作用的关键。

43. 大豆出苗不好的可能原因有哪些，如何预防？

（1）症状表现　大豆播种后，部分种子萌发出苗时间长，出苗率低，甚至不出苗，造成田间缺苗断条。

（2）产生原因　气候条件、土壤状况、耕作质量、播种质量、播种期、病虫害等因素均会导致大豆出苗不好，缺苗断条。这些因素可以单一影响大豆出苗，多种因素也会综合影响大豆出苗。

① 品种特性　大豆是子叶出土的作物，籽粒萌发时的拱土能力会影响品种的出苗率。籽粒大的品种和蛋白质含量高的品种，萌发时需要的水分较多，不容易萌发。籽粒大的品种，拱土力弱，如果播种深度不适宜，或土壤整地不好，出苗较差。

② 种子质量　国家规定合格大豆种子的发芽率不能低于 85%，但当大豆收获期间遇到天气急剧变冷，造成种子冻害，或者脱粒后种子储藏条件不当、储藏过期等，发芽率就会急剧下降，甚至完全没有发芽率。毫无疑问，采用发芽率低的劣质种子播种，必然会造成出苗不好。另外，有些脱粒时受到伤害或储藏过期的陈种子，往往会因发芽势差，拱土力弱，出苗不好。

③ 播种时的气象条件　大豆要获得高产，保苗很关键，在适宜

的播种期播种对保全苗十分必要。大豆播种太早，容易受低温冷害的影响，从而使得种子腐烂而缺苗断条；播种过晚，容易因植株营养生长期太短，干物质积累少而减产。

④ 土壤条件　在盐碱地上种植大豆时，由于土壤盐分浓度过高，渗透压高，造成种子吸水萌发困难；即使种子已萌发，由于其超出幼根、幼芽对盐分的忍受力，也会使植株生理脱水，在出土前幼苗就萎蔫死亡，严重影响出苗。土质黏重，播后降雨易造成土壤板结，影响大豆子叶拱土出苗。大豆种子萌发需吸收种子干重120%的水分，耕作层土壤含水量过低，墒情不好，种子吸水不充分就难以萌发出苗。北方大豆种植地区春旱发生频繁，土壤墒情往往是影响大豆出苗的关键因素。南方地区，播种时如果水分过多，也会因阻碍种子正常呼吸，导致种子霉烂而降低出苗率。

⑤ 整地质量和播种质量　整地不细，土坷垃多而大，土壤容易透风跑墒，导致土壤水分满足不了种子萌发需要影响出苗。另外，土坷垃多而大会导致播下的种子不能与土壤密切接触，影响种子吸水萌发。土地不平，墒情不均，也会给种子吸水萌发带来很大影响，降低出苗率。播种深度也是影响出苗的重要因素。播种太浅，种子落在干土上；播种太深，子叶拱土困难。整地不平，导致机播时种子入土深浅不一，浅处种子播不到湿土上，影响发芽。另外，土坷垃盖种、返田秸秆翻入土壤中没有腐解的根茬、秸秆等也会影响播种质量，或阻碍根系下扎，或影响子叶拱土，最终出现缺苗断条现象。

⑥ 机械伤害、病虫害和药害　大豆种子脱粒、加工时受机械伤害，仓储时种胚被害虫、老鼠啃食受损，播后种子易霉烂。药剂拌种或包衣时，用药过量或拌种前药不匀，产生药害。受药害的种子可能不发芽，或使幼苗生长受到抑制，出苗质量降低。播种时化肥与种子直接接触、施肥过多或不均等会引起烧苗，导致幼苗死亡。地下害虫如蝼蛄、蛴螬等可在土中取食种子，咬断幼芽，造成缺苗断垄；出苗后在低温高湿条件下，不抗病的品种幼苗易遭受病菌侵袭而发病死苗，也会造成缺苗断垄；如果是种子伤害和农药药害引起的出苗不好，往往同一批种子都会发生，而化肥烧苗、病虫鼠害危害会因种植地块不同而出苗情况有别。

（3）预防措施

① 根据品种特性，掌握品种的适宜播种深度、土壤条件和播种

时期，这样可以有效防止因品种特性带来的出苗不好问题。

② 选择健康良种。种子的发芽率不能低于 85%。

③ 适期播种。一个地区，一个地点的大豆具体播种时间，需视大豆品种生育期的长短、土壤墒情而定。早熟的品种可稍晚播，晚熟的品种宜早播；土壤墒情好的，可稍晚播，墒情差的，应抢墒播种。

④ 精细整地，严把播种质量关。机械播种时要求达到如下标准：总播量误差不超过 2%，单口排量误差不超过 3%，播种均匀，无断条（20cm 内无籽为断条），行距开沟器间误差小于 1cm，往往综合垄误差小于 5cm；播深 3~5cm，覆土一致，播后及时镇压。

🌱 44. 大豆苗期的管理技术要点有哪些？

（1）搞好田间排灌工程 我国大豆生长处于多雨季节，全年的降水大部分是在大豆生长期间发生的，特别是黄淮海的夏大豆，北方的春大豆，大豆生长期的降水量占全年的 60% 以上，且降水不均衡，时多时少，时旱时涝，不利于大豆的良好生长。故各种类型的大豆产区，都要搞好田间排灌工程，防旱防涝，利灌利排。完成大豆播种作业后，要立即清理厢沟、腰沟、围沟，以防突降暴雨时水漫地造成土壤板结。土质较黏重的田块在雨过天晴之后，轻松表土以助出苗。在清理三沟时，要注意腰沟深于厢沟，围沟深于腰沟。

（2）间苗定苗 大豆高产栽培，不仅要合理密植，而且植株长势要均匀，整齐度要高，因此间苗是十分重要的栽培技术环节，特别是没有采用精量点播的地区，间苗的增产作用是不能忽视的。

① 间苗 间苗应在大豆齐苗后，于两片对生真叶展开到第一片复叶全部展开前进行。间苗时，要按规定株距留苗，拔除弱苗、病苗、杂苗和小苗，并结合第一次中耕，进行松土培根。间苗只是拔去丛生苗，留苗数量还要多于计划苗数，防止幼苗期虫害或人工操作损苗后达不到计划苗数。

② 定苗 第一片复叶展开，幼苗生长进入稳定生长期，这时候可以按计划留苗数和株行距定苗。定苗密度要区别不同的品种和不同的土壤肥力：上中等肥力、植株高大的中晚熟品种，每亩留苗 1 万~1.2 万株；中等肥力地每亩留苗 1.25 万~1.35 万株；旱薄地、早熟品种，每亩留苗 1.4 万~1.6 万株。定苗时在基本保持苗匀的前提下，去除小苗、弱苗。使总苗数与计划密度一致。

（3）查苗补苗　大豆出苗后，及时查看田间缺垄、断垄情况，刚出苗可以补籽，没有种子时可以进行幼苗移栽。

①借苗　借苗可以通过充分发挥植株的自动调节能力，一方面拔除病苗、弱苗等，减少病害苗带来的潜在危害；另一方面，在遇到缺苗断条时，通过借苗，保证种植密度，增加产量。大豆的生长发育具有很强的自动调节能力，在大豆群体中，因种种原因造成缺苗断条时，在缺苗的地段，大豆单株生长相对繁茂些，可补偿缺苗处的生长量。但如果缺苗较多，超出了大豆的自我补偿能力，则会造成减产。在间苗时，如果遇到断空的地方，可在断空的一端或两端"借苗"，补种1～2株苗，以增加大豆群体的补偿能力，保证群体能形成高额的生物产量和经济产量。

②补苗　在大豆生产中，由于播种质量差、苗期病虫危害严重或自然条件恶劣，有时会出现较严重的缺苗断条现象，此时应先弄清原因，然后根据不同情况及时补苗。

墒情较好，但播种较浅，豆种尚未吸水膨胀，可以将豆种重新埋入湿土。播种深度合适但墒情较差，有浇水条件的地方可以喷灌一遍。由于喷灌后表层容易板结，3天后如果不下雨应该再喷一次，可以保证正常出苗。如果缺苗比例很小，可以人工浇水。

由于播种机下籽不均匀造成缺苗时，如果墒情好，应该及时人工点播补籽。由于地老虎等地下害虫造成的缺苗，应该先用敌百虫拌麸皮治虫，同时及时补籽。

如果墒情不好，豆苗又长到2片真叶以上，可以移苗补苗，移苗应该选择在下午4点钟以后。一般做法是，在播种时适当在边垄和地头多播一些种，或在垄沟中播一些种，长成的幼苗用来补苗。如果没有准备足够的幼苗作为补苗，可以采取补播的办法，补播头一天傍晚用水浸种，补播时宜适当增加播种密度。若补播早，可以用同一品种，否则必须用生育期较短的品种。值得注意的是，补苗时应带土移苗，移栽深度应与幼苗移栽前生长的深度相一致。补苗后或补播后都应及时浇水，以增加成活率。

（4）中耕松土　中耕的作用，一是可疏松表土层，有利于根系和根瘤的生命活动，促进根系生长和根瘤形成及共生固氮；二是防除杂草，杂草同大豆幼苗争夺土壤养分、水分，若杂草旺盛生长还会荫蔽大豆植株，妨碍大豆叶获取阳光，降低光合作用，所以大豆田块一定要防除杂草，尽量减轻杂草的危害，中耕松土是防除杂草的主要措施；三是有利于吸纳雨水，减少雨水以地面径流的形式流失。

大豆地中耕2~3次，第一次中耕宜早，第一片复叶长出时即可进行第一次中耕，以后隔10~15天再进行第二次、第三次。第二次中耕深度应比第一次深，第三次又比第二次深，逐次加深中耕深度会促进大豆根系向深层伸展，增加根系营养吸收面积，增加结瘤和共生固氮。第二次、第三次中耕依次在分枝期、初花期进行。

（5）**化学除草**　大豆播种后出苗前3~4天，每亩用50%乙草胺乳油100~150mL，兑水30~40kg进行土壤封闭；若大豆已经出苗，来不及土壤封闭，可亩用10%喹禾灵乳油60~75mL，或15%精吡氟禾草灵乳油60~75mL，或12.5%氟吡甲禾灵乳油60~75mL，兑水40~50kg进行茎叶处理；如果单、双子叶杂草混生，每亩可选择上述药剂之一与40%克莠灵水剂80~100mL，或25%氟磺胺草醚水剂80~100mL混合施用。

（6）**苗期追肥**　在大豆播种时若未施种肥，则应视土壤肥力状况施苗肥。土壤肥沃能满足大豆幼苗期的养分需求，可以不施苗肥；如果土壤肥力较低，速效养分供应能力较弱，播种时又未施种肥，则应施用少量氮肥和磷肥，满足大豆苗期生长的需要，并促进根系发育和结瘤固氮。苗期追肥可以是充分腐熟的粪肥或矿质磷肥和氮肥，施用量前者每亩500~1000kg、后者每亩施五氧化二磷4~8kg、纯氮3~4kg。施肥结合中耕松土进行。

（7）**治虫**　苗期虫害有地老虎、蛴螬、蚜虫、菜青虫、棉铃虫等，应及时防治。

45.大豆幼苗发黄的可能原因有哪些，如何防治？

（1）**症状表现**　大豆上部新叶片出现不久，逐渐由淡绿色变成黄色，田间保苗困难或植株生长发育不良，造成产量和品质下降。

（2）**产生原因**

①播种深度不适宜　大豆适宜播种深度为3~5cm，播种过浅时土表墒情满足不了种子萌发的需要，不易出苗，播种过深会出现苗弱，苗黄现象。

②种植密度不适宜或间苗不及时　欲保证大豆幼苗健壮生长，必须根据品种特性进行合理密植，如果播种地过密或间苗不及时会

因幼苗拥挤，互相争光、争肥、争水，造成弱苗、病苗、黄苗。大豆适宜间苗时间为第一片复叶展开前后。

③ 土壤水分不适宜　大豆播种后，土壤墒情不佳，达不到种子萌发所需的墒情，造成种子萌发困难不能正常发芽出苗；出土时间过长造成弱苗、黄苗。大豆苗期若降雨过多，低洼地块容易因排水不良，带来水渍而出现黄苗现象。

④ 病虫危害　大豆平播时，如果选用的品种不抗病，当苗期遇到阴雨连绵天气时，就会因根部出现病害而带来黄叶现象。

⑤ 除草剂药害　当大豆与玉米轮作时，少数农民随意加大玉米除草剂用量，造成莠去津除草剂残留过大，给后茬大豆幼苗带来伤害，出现黄苗、死苗现象。

⑥ 施用未充分腐熟有机肥或大豆重茬地，易受豆秆蝇为害，植株表现为下部叶片正常，上部叶片全部黄化。剥开根茎，秆内可见有豆秆绳蛆和蛆粪。

⑦ 营养失调症　在土壤贫瘠地块，或偏施、单施某一种化肥的地块，或严重干旱的地块，常常会发生大豆幼苗营养失调症。大豆植株发生不同程度的叶片黄化、皱缩、生长迟缓。

（3）预防措施

① 播深以 3～5cm 为宜，避免过深过浅。

② 适宜密度　种植密度要根据品种的特点和当地的土壤和生态条件灵活掌握，大圆叶类型品种宜适当稀植，披针形叶或小圆叶类型品种可适当密植。土壤肥沃地块应适当稀植，反之要适当密植。降水量大的地区宜适当稀植，干旱少雨地区应适当密植。

③ 适墒播种。

④ 有效防治病虫害　选用抗病品种；增施有机肥，适时灌水，增加土壤湿度，大豆苗期受地下害虫为害时，要及时用 40% 辛硫磷乳油 500～1000 倍液，或其他内吸性杀虫剂 500～1000 倍液喷施于大豆幼苗茎基部或灌根。豆秆蝇为害一般用 40% 辛硫磷乳油 1000 倍液，于苗期及花期各喷 1 次进行防治。

⑤ 合理使用除草剂　农户使用除草剂时盲目与其他农药混用、用药浓度过高、喷雾器互用、假冒伪劣除草剂等均会不同程度地对幼苗造成危害。发现药害后应及时浇水，并喷施叶面肥或植物生长调节剂。

⑥ 培肥土壤，科学水肥管理　出现营养失调时，可采用喷施叶面肥的方法进行防治。

46. 为什么干旱地大豆不能留种？

干旱地种植的大豆由于缺少水分，多数会长成硬实粒。硬实粒主要表现为种皮蜡质积累过多，影响水分吸收而不易膨胀。据分析，百粒重在13g以下，硬实率达20%～30%的大豆种子，用水浸泡7天不能膨胀，甚至个别严重的硬粒浸泡一个月也不膨胀。用含有硬实粒的大豆作种子，发芽势明显降低约40%，发芽率降低25%。这样的种子将导致出苗不齐、不全。因此，干旱地种植的大豆不能留作种子，宜作商品大豆出售。

47. 大豆良种退化的原因有哪些？

（1）退化表现　种子纯度降低，整齐度降低，特别是成熟期不一致，抗病性减弱，产量降低。

（2）退化原因

① 机械混杂或人为混杂　在大豆种子生产、运输、贮藏和销售过程中，随时随地都有可能发生品种混杂，特别是在同时种植、运输、贮藏两个或两个以上品种时，极易造成机械混杂。

② 生物学混杂　虽然大豆天然异交率低，但某些昆虫如蓟马发生严重时，仍有一定的天然异交机会，因天然杂交而产生的杂交种，会使变异株增多，使一个优良品种成为混杂品种。

③ 不良环境的影响　不良环境会使大豆产生不良变异，使优良大豆品种变劣。

48. 如何进行大豆品种提纯复壮？

为防止大豆品种退化，保持大豆良种的纯度和种性，必须严格遵守大豆良种繁育制度，严格选种、留种，经常换种，农户少留或不留种子，防止人为品种混杂，对于栽培年限较长的品种，还要进行提纯复壮，恢复新品种的增产潜力。大豆品种提纯复壮的方法如下。

（1）株系选择　大豆提纯复壮常用的方法是由单株选择、株系鉴定、混合高倍繁殖三个步骤组成。分设单株选择圃、株系比较圃、混合繁殖圃3个场圃。

① 单株选择圃　选择典型优良单株进行脱粒。淘汰与原品种粒色、粒形、脐色等性状不一致的单株。

② 株系鉴定圃　每1单株种成1行（株系）。淘汰与原品种不一致的株系。种植设计可采用每隔10～20行种1对照行（原品种）的方式。入选株系，作下一年繁殖种。

③ 混合繁殖圃　把上述经株系鉴定、混合收获的种子等距稀植点播，进行高倍繁殖。

经以上3圃产生的种子，称作提纯复壮的超级原种。

（2）混合选种　在大豆成熟时，选择一定数量具备该品种典型性状的健壮优良单株，再经室内严格复选，混合脱粒，单独保存，作为下一年繁殖田用种。繁殖田采用先进栽培管理措施，并严格去杂去劣。

（3）一株传　选择具有原品种典型性状的优良单株，对其后代作精细培育繁殖。此法由单系收获种子扩大繁殖，年限较株系选择法稍长些。

通过提纯复壮获得的大豆超级原种，由于种子量很少，需建立种子田，大量繁殖生产用种。种子田的面积大小由播种种子数量和种子田的亩产量来确定。一般种子田面积为生产田或上一级种子田面积的4%～5%即可。种子田应选用地势平坦，排水良好，地力均匀，不重茬、迎茬的地块。增施农家肥，并按氮、磷配比施用化肥。加强田间管理，及时间苗，适时中耕、除草、培土，使土壤疏松无杂草。开花鼓粒期间，追肥1～2次，干旱时及时灌水，及时防治病虫害。在整个生育期间，根据形态性状，在苗期、花期、成熟期，严格去杂去劣。成熟后，适时收割，严格抓好收获、脱粒等易造成机械混杂的几个环节。

第二节　大豆田间管理疑难解析

49. 什么叫转基因大豆，目前的生产形势如何？

转基因大豆就是利用现代生物技术手段，将其他生物的单一或一组基因（即目的基因）有目的地转移到我们需要改良的大豆（即目标品种）中，获得的表达目的基因的品种。转基因有很强的目的性——只转移需要的基因，如高产、优质、抗病虫、抗逆或抗除草剂等，而将不需要的或有害的基因统统拒之门外，这就大大加快了大豆品种改良的进程。同时，现代的生物技术还可以将亲缘关系较远的生物中的基因，甚至是人工合成的基因转移到需要的大豆品种中，把自然的和传统的人工杂交做不到的事情变成现实。

目前，国际市场上转基因大豆主要有两种，分别是抗除草剂转基因大豆和抗虫转基因大豆。应用面积较大的是抗草甘膦除草剂的转基因大豆。草甘膦是一种高效、低毒、广谱除草剂，大大降低了除草剂的使用量和成本，同时，配合轮作、窄行密植、深松、秸秆还田等节本增产技术，使农民获得丰厚的经济效益，深受农民欢迎，它对所有的绿色植物都有毒，能杀死所有的绿色植物（作物、杂草）；但对动物、微生物是无毒的。

据报道，目前美国种植的大豆有 70%～80% 是转基因的，阿根廷的大豆生产 98% 以上采用转基因品种，巴西在 60% 以上。转基因大豆的推广，使美洲大豆主产国在较短时间内实现了耕作栽培制度的变革，大幅度降低了大豆生产成本，提高了生产效益，扩大了种植规模，提升了大豆产业的国际竞争力。巴西原来限制转基因大豆的生产，但最终还是因农民增收和国家大豆产业竞争力提升的迫切需求而改变了政策。事实证明，转基因大豆的推广大幅度提高了美国、阿根廷、巴西等国大豆产业的市场竞争能力，强化了美洲作为世界大豆生产和出口基地的垄断地位，成为"一个基因带动一个产业"的典型范例。

50. 食用转基因大豆安全吗？

转基因技术是现代生物技术的一个突破。通过转基因技术，可以提高作物的产量，改善产品的品质，增强作物的抗性（抗旱、抗虫等），有时还可以降低生产成本。不过，随着转基因作物的陆续出现和应用，不少科学家和消费者对这些转基因产品的安全性，包括食品安全性、植物安全性、环境安全性，产生了疑虑。

我国有几位科学家提出，转基因食品并不是"洪水猛兽"，可以放心地正常食用。一个转基因大豆品种在投放市场前，都要进行严格的食物安全评估。第一，所转基因必须来自对人畜无毒和过敏史的生物；第二，转基因产生的蛋白与已知毒素蛋白或过敏原的结构上没有相似性；第三，在转基因作物可食部分中表达水平不高；第四，在胃中能迅速分解；第五，在加热或正常烹饪条件下能被分解；第六，在急性和慢性毒性试验中没有明显的副作用。只有通过了这些评估，才能认为是安全的。因此，商业化转基因大豆是无毒的。自1996年转基因大豆商品化种植以来，至今未发现一例因食用转基因大豆中毒的案例。但其对人体健康及生态环境的长远影响仍待进一步研究。

51. 大豆为什么要与其他作物合理轮作，怎样轮作？

（1）轮作的意义 轮作是在同一块地上，每年或几年内接茬轮番种植两种以上作物的栽培制度。它具有合理利用土地、提高土壤养分利用率、改善土壤理化性质、防治病虫害和消灭杂草等作用。

不同作物从土壤中吸收养分的种类和数量是不同的。如禾谷类作物从土壤中吸收的氮、磷和钾较多；油料作物吸收的磷较多；薯类作物吸收的钾较多；而大豆吸收大量的氮、钙和较多的磷，同时大豆本身又能通过根瘤菌固定空气中的氮，一般认为豆科作物吸收氮素的40%～60%是由根瘤菌固定的。另外，豆科作物和十字花科作物又能靠根的分泌物溶解土壤中的磷化合物，使土壤有效磷增加。

不同作物根系的分布层次也不一样，吸收养分的土层范围各异，对深层土壤养分的吸收能力也不同，所以不同作物进行合理轮作，能最大限度地发挥全耕作层土壤养分的作用。

在轮作中加入大豆茬可以使后茬作物获得丰产，一般可增产20%左右。这是因为豆科作物的根系属于直根系，可以吸收利用土壤深层的水分和养分，并留下较多的有机质。

（2）大豆轮作方式 大豆的生态类型和栽培条件有着明显的差异，所以轮作方式也有所不同。当前，大豆与其他作物轮作的方式主要有以下几种。

① 冬小麦－夏大豆－冬小麦－夏玉米；

② 冬小麦－夏大豆－冬小麦－夏甘薯；

③ 冬小麦－夏大豆－冬菠菜－春马铃薯－夏玉米；

④ 冬小麦－夏大豆－春棉花；

⑤ 大豆－小麦－小麦；

⑥ 大豆－亚麻（小麦）－玉米；

⑦ 玉米－玉米－大豆。

（3）注意事项　由于大豆的轮作方式较多，在配置轮作方式时应注意：第一，尽量避免与其他豆科作物如花生、绿豆、红小豆、豌豆等，搭配在同一轮作周期内，否则影响轮作的效果。第二，注意因地制宜，兼顾各个方面，做到既能满足对商品粮和其他经济作物的需求，又能满足对大豆的需求；既能考虑到前作与后作的关系，又能考虑到水分、养分、土壤结构、杂草与病虫害的影响，解决用地与养地的矛盾。第三，注意是否适合规模种植和集约化经营。

52. 大豆重茬减产的原因有哪些？

大豆重茬是指第一季大豆收获后，下一季继续种大豆。迎茬是指第一季大豆收获后，第二季种植非豆科作物，第三季再种大豆，即隔季种植大豆。大豆是最忌重茬、迎茬的作物。大豆重茬、迎茬时，植株生长迟缓，矮小，叶色发黄，易感染病虫害，致使大豆荚小，粒小，产量低，一般重茬减产 11.1%～34.6%，迎茬减产 5%～20%。如果连续 5 年以上将带来毁灭性灾害。在大豆产区土地有限，不重茬、迎茬很难，因此，利用科学技术，分析重茬、迎茬减产原因，防治或减轻重茬、迎茬减产是唯一的出路。减产的原因有如下几点。

（1）营养元素亏缺　在同一地块上，连年种植大豆，每年都吸收相同养分，因而造成营养元素片面消耗，不能满足大豆生育期对土壤养分的需求。随着重茬、迎茬年限的增加，土壤中全氮、全磷和全钾的含量变化不大，但水解氮、速效钾含量降低，微量元素有效锌、硼含量大量减少。豆茬土壤的五氧化二磷含量比谷子茬、玉米茬少，这样的土壤再种大豆，必然影响产量的形成。

（2）病虫草害加剧　大豆重茬、迎茬的地块，由于以大豆为寄生传染的细菌性斑点病、根腐病、黑斑病、立枯病、胞囊线虫病及菌核病等越冬基数较高，并获得继续发病的环境和条件，因而危害越来越重。为害大豆的害虫如食心虫、蛴螬等也愈加猖獗。重茬、迎茬使豆田的杂草种类和数量明显增多，稗草、鸭跖草、蓼、苣荬菜、灰菜、龙葵数量较正茬高。

（3）土壤生物活性变化 大豆连作 3 年以上，土壤微生物种群数量有很大变化，即腐败菌较多，其中有的会降低大豆发芽率，有的会浸染根部，导致根腐病。连作大豆土壤细菌减少、真菌增多。真菌数量增加与细菌数量下降标志着土壤肥力的下降，而且某些真菌可产生毒素，阻碍大豆生长。真菌对重茬大豆的生长发育障碍很大，镰刀菌可侵染根部，导致根腐病等，这是连作障碍产生的主要原因之一。对不同重茬年限耕层土壤酶的活性分析，认为重茬可使磷酸酶、脲酶活性下降，蔗糖酶活性有所增强，转化酶活性只有在连作年限超过 5 年后才表现出明显的减少趋势，而过氧化氢酶则表现出年际间的差异。脲酶和磷酸酶活性降低，则尿素水解反应及有机磷化合物分解反应弱，为作物提供的氮、磷营养元素就相应减少。从对不同重茬根际土壤微生物区系的分析结果可看出，重茬使根际土壤微生物区系由高肥型的"细菌型"向低肥型的"真菌型"土壤转化。

（4）植株因素 重茬大豆导致土壤养分单一，物化性状及生物活性改变，病虫草害严重，大豆植株生长发育不良，植株矮小、瘦弱，冠层分布不合理，中层叶面积较小，叶面积指数小，叶片黄萎，功能期持续时间短，功能弱，同化产物积累少，产量低。

（5）土壤理化性状变差 重茬使耕层土壤的物理性状改变。非毛管孔隙表层增大，大孔隙多，三相比不协调。说明土壤紧实板结而缺少团粒结构。重茬地块 10～20cm 耕层土壤土体垒结较紧密，简单团聚体居多，孔隙均为裂隙状和囊状，彼此连通性差。而正茬土壤土体结构疏松，土体通透性好，彼此连通好，团聚体内部孔隙较多，有利于根系的穿插作用。重茬土壤 pH 下降，表明大豆根系每年会向耕层土壤中分泌酸性物质。大豆根系分泌物产生的原因与其自身代谢及外部环境有关。大豆根系分泌物（如脱落酸）对其根系的生长有强烈的抑制作用，重茬阻碍了大豆根系的正常生长和根瘤的发育，导致根干重和有效根瘤数减少。另外，还导致单株根瘤体积变小。最近研究表明，大豆根际土壤环境中存在紫青霉，紫青霉分泌的毒素会抑制大豆种子萌发和根系生长。

53. 如何防止大豆重茬导致减产？

（1）合理轮作 建立合理的轮作制度，这是解决大豆重茬减产的最有效措施。把大豆面积控制在粮食面积的 1/3 之内，并进行合理轮作，在土壤耕作上以深松为主体，松、翻、耙起相结合，改善土壤理化性能，促进大豆良好生长发育。在地块选择上不种重茬，选肥不选瘦，避开病虫害严重地块。大豆对前茬作物要求不严格，一般谷类作物，如春小麦、玉米、高粱、谷子、马铃薯、亚麻等都是大豆的适宜前作。不适宜种大豆的前茬作物有荞麦、甜菜、向日葵、油菜等，因为荞麦和甜菜吸肥量大，导致大豆产量较低，而向日葵为前作，会使大豆土传病害如菌核病较重。

（2）选用抗逆品种 选育、引用大豆良种是减轻大豆重茬危害的重要措施。实践证明：在同一地块上，不仅更新品种可以起到缓解重茬危害的作用，就是同一品种，及时更换也能起到减轻重茬危害的效果。

（3）合理耕作 大豆重茬、迎茬，尤其是连年重茬，将导致土壤紧实板结，团粒结构减少，肥力下降。进行合理的土壤耕作，可以破除板结层，为大豆根系生长创造良好的土壤条件，并可有效地减轻病虫为害。在土壤耕作上要坚持以深松为主的松、翻、耙、旋结合的土壤耕作制，大力推广深松耕法。

（4）接种大豆根瘤菌 在重茬、迎茬大豆地一定要接种大豆根瘤菌。应用表明，中低产田接种根瘤菌的大豆产量可提高 8%～20%，高产田虽增产效果不明显，但可确保稳产。

（5）适当增加播种密度 由于重茬、迎茬地块病虫害加重、土壤环境恶化，对大豆生长极为不利，容易造成缺苗现象，因此，对于重茬、迎茬地块，要适当增加播种量，一般可比正茬大豆增加8%～10%。此外，还要提高播种质量，减少缺苗断垄，避免稀密不均。

（6）合理施肥 增施有机肥和生物肥是减轻重茬减产的关键所在，因此要多积、多造、多施有机肥。科学施用生物菌肥，能够培肥地力，消除板结，活化土壤，使地块营养元素齐全，促进大豆良好发育，增强抗逆性，促进早熟，提高产量，改善品质。施用有机肥要强调质量，有机质含量要达到 8％以上，一般亩施 1000～1500kg，结合整地一次施入。应用微肥，补充重茬、迎茬地块微量元素的不足，是减缓重茬、迎茬危害，增加产量行之有效的途径。如钼酸铵拌种（每千克豆种拌钼酸铵 2～5g）、叶面喷施钼酸铵（常用浓度 0.1％）、硼砂拌种（每千克豆拌硼砂 2g）、叶面喷施硼砂水溶液（浓度 0.1％～0.3％），均可收到良好的增产效果。

（7）喷施营养调节剂　营养调节剂包括大豆保产剂、增效剂，是针对作物生理营养特点研制的。保产剂有颗粒剂和粉剂两种剂型，可与基肥、化肥拌匀后一起施用，每亩用 1.5kg；增效剂也有颗粒剂、粉剂两种剂型，也可与基肥、化肥拌匀后一起施用，每亩用量 2～2.5kg。增效剂营养全，适用广，增产效果明显，优于保产剂。

（8）加强病虫防治　大豆重茬使某些病虫害加重发生，因此要有针对性地采取防治措施。大豆收获后要及时耕翻，使有害生物和有害物质减少；用含有杀虫剂、杀菌剂和微量元素的种衣剂包衣；要搞好病虫测报，准确掌握病虫发生动态，及时作出预测预报，指导好防治工作；抓住主要矛盾，进行综合防治；备好药械、农药，训练好防治员，一旦发生，及时防治。

（9）栽培防治　进一步完善推广大豆增产的各种栽培模式，把种子、施肥、耕作、植保等各种行之有效的增产措施合理地组装起来，科学地加以运用，是减轻大豆重茬、迎茬危害，促进大豆生产发展的一项主要措施。适时灌溉，重茬、迎茬大豆发生危害严重的地块多易受旱，通过灌溉，特别在盛花期灌水，人工调控土壤水分，保持土壤相对含水量在 60％～80％之间，可有效降低胞囊线虫的密度，减轻病虫为害。

54. 大豆茎秆蔓生的可能原因有哪些，如何防止？

（1）症状表现　植株生长较弱，茎、枝细长爬蔓，呈强度缠绕，匍匐地面。

（2）产生原因　野生大豆多生长于杂草之上或攀于大型杂草之上，茎秆蔓生。栽培大豆品种是经过漫长的自然和人工选择从野生大豆中演变而来的。如果栽培条件恶劣，光照不足，栽培大豆品种往往会出现植株返祖肥蔓现象。一旦出现植株蔓生现象，常常会引起植株倒伏，降低产量和品质。

（3）预防措施　在大豆与玉米间作、套作种植时，除选择株型收敛、叶片上举的玉米品种和耐阴能力强的大豆品种外，一定要注意大豆的种植行比，保证大豆不受玉米遮蔽而出现茎秆蔓生现象。

55. 大豆长势过旺如何调控？

有些早播的大豆由于底肥中氮肥施用偏多或前茬作物施氮较足尚未用完，若遇雨水较多，气温稳定在25～30℃之间时，大豆长势较快，茎秆嫩绿，叶片较大，有些农户又未及时间苗除草，使田间透光性差，大豆明显旺长，若不加强管理，势必造成花荚大量脱落，茎秆倒伏，减产减收。为了使长势较旺的大豆能够做到迅速转化，控旺求稳，茎矮节密，荚多饱满，在田间管理上要采取以下措施。

（1）补施磷、钾肥　对于底肥中偏施氮肥的大豆，每亩应补追磷肥20～25kg、钾肥15kg，这对减少花荚脱落、促进籽粒饱满、提高蛋白质及含油量都有很好的作用。

同时，在开花结荚期，还要叶面喷施0.2％的磷酸二氢钾溶液2～3次，每次肥液50～60kg，同时可单喷或混合喷施钼酸铵25～50g。

（2）化学调控　一是在初花期每亩用三碘苯甲酸5g，溶于适量酒精中，待呈黄色后兑水50kg喷施，能促进分枝、矮化株型、控制徒长，使叶片变小增厚，叶色深绿，光合作用增强，提高结荚率，有利于早熟增产。

二是可在初花期用丁酰肼（比久）喷施，浓度为1000mg/L，每亩用药液50～60kg，盛花期的药液浓度可加大到2000mg/L。据调查，喷施比久后，单株结荚数比对照多4～7个，植株矮7～10cm，百粒重高0.6～0.8g，亩平均产量增10％～15％。

三是在大豆4～6叶期或初花期，用浓度为200～250mg/L的多效唑，每亩用药液50kg喷施，能抑制株高，增加茎粗，抗倒伏能力明显增强。

四是可在盛花及结荚初期，用光呼吸抑制剂亚硫酸氢钠连喷2次，可降低植株的呼吸强度。每亩用亚硫酸氢钠5～8g，兑水50kg喷雾。

（3）保持田间墒情适度　大豆丰产的水分管理经验是"干花湿荚"，即在初花至盛花期，要做到大雨速排，小雨速滤，雨住田干，田间透光性好，有利于开花授粉，田间湿度过大易引起落蕾落花。在结荚期，要保持土壤有充足的水分，有利于豆荚生长，使荚多荚饱。

56. 大豆开花结荚期田间管理要点有哪些？

大豆开花和结荚两个时期叫花荚期（彩图3），时间约需35～40天。这一时期是营养生长和生殖生长同时并进的时期，是植株生长最快最旺盛的时期，也是养分、水分需求量最大和干物质形成积累最多的时期。

（1）中耕除草　中耕可疏松土壤，清除杂草，有利于大豆根系的继续生长和新老根系的更替，可增强根系对土壤养分、土壤水分的吸收能力；同时可减少株行间的水分蒸发丢失，增强吸纳降雨的能力。中耕清除杂草，可以避免或减轻杂草对土壤水分、养分的争夺，减少株行荫蔽，提高光合作用效率。这个时期中耕除草宜在大豆封行前进行，要避免封行后的中耕措施导致伤花、伤荚。此期中耕不宜过深。

（2）巧施花荚肥　开花结荚期是大豆吸肥最多时期，仅靠原来施入的基肥和种肥，往往不能满足要求，巧施花荚肥具有明显的增产效果。因此，应根据前期施肥情况和豆苗长势施肥，以满足花荚期及其以后的养分需求。一般在大豆初花期，每亩用稀人粪尿500kg，加尿素2.5～5kg混合穴施（土壤较肥沃、植株生长茂盛的应少追或不追肥，以防疯长倒伏）。配合追氮肥，叶面喷施磷、钾肥和硼、钼等微肥，有更好的增产效果。一般喷2次，每次每亩用磷酸二氢钾100g、钼酸铵25g、硼砂100g（先用少量温水溶解），兑水50kg，均匀喷洒于植株的茎叶上。

（3）及时灌溉　大豆花荚期需水量大，且对水分特别敏感，遇干旱易造成大量落花、落荚。因此，如发现植株早晨叶片坚挺，中午叶片有萎蔫表现就应及时灌水，灌水应在傍晚进行。以小水沟灌至土壤湿润即可，切忌大水漫灌，否则易使根系窒息腐烂，退水后土壤板结、龟裂而损伤根系，或导致植株倒伏。有条件的地方最好采用喷灌，每次灌水量为30～40mm。

（4）排涝降渍　大豆植株的耐涝渍性能比较差，花荚期雨水过多，会引起叶片落黄、花荚大量脱落。因此，大雨后应注意及时排涝降渍。

（5）应用植物生长调节剂　花荚期如高温、多雨，若土壤肥力较高，管理措施却未能跟上，很容易造成徒长。对这类豆田，应在初花期喷多效唑，抑制生长，促进发育。多效唑的最佳使用期为大豆始花期后 7 天，适宜浓度为 100～200mg/kg（无限结荚品种浓度可稍高），每亩使用量为 15% 多效唑可湿性粉剂 50～100g，兑水 75kg，均匀喷于叶片的正反面。并在初花期和盛花期各喷 1 次亚硫酸氢钠，每次每亩 10g，兑水 75kg，选择在下午阳光不太强烈时喷叶。

（6）及时防治病虫害　大豆开花结荚期的病虫害较多，如大豆蚜虫、大豆灰斑病等，应及时采取有效措施进行防治。

57. 大豆鼓粒成熟期如何加强管理？

大豆进入鼓粒期（彩图 4）以后，根、茎、叶等营养器官的成长逐渐停滞，根系吸收作用减弱，共生固氮活动逐渐停止，而植株内的物质运转活动极为活跃，营养器官积累的有机物质和矿质养分不断流向结实器官——豆荚、籽粒，叶片的光合作用仍在继续进行，是大豆干物质积累最多的时期，时间约 50～60 天。这个时期的发育正常与否，将决定着每荚粒数的多少、百粒重的高低及其种子品质。该阶段的主攻目标是保荚增粒促饱满，管理措施是防止植株倒伏和早衰。

（1）适时叶面喷肥　在鼓粒初期，如果发现有早衰现象，应及时进行叶面喷肥，每亩用尿素 300～500g、磷酸二氢钾 150g、钼酸铵 15g，兑水 40～50kg。

（2）及时灌好鼓粒水　鼓粒期是大豆需水最多的时期，此时如果供水不足，会影响植株体内活跃的生命过程，影响根系对土壤养分的吸收利用，造成籽粒小而减产。故应做好鼓粒期的水分管理。有条件的地方，如鼓粒前期遇旱，灌鼓粒水可显著提高粒重和产量，改进大豆品质。鼓粒后期减少土壤水分，促进黄荚早熟，防止早霜危害。

（3）拔除田间大草　在杂草种子未成熟前，人工拔除田间大草。

（4）防治荚粒虫害　鼓粒期的虫害如大豆食心虫和豆野螟等严重，要做好预测预报工作，及早防治。

58. 大豆花荚脱落的主要原因有哪些？

花荚脱落是指落蕾、落花、落荚的总称。落蕾是指自花蕾形成至开花以前的脱落。落花是指自花朵开放至花冠萎缩但子房尚未膨大的脱落。落荚是指自子房膨大至豆荚成熟以前的脱落。

落花落荚是制约大豆产量的一个重要因素。经田间调查，一般大豆花荚脱落率在 45%～70%。开花后 3～5 天落花最多，开花后 7～15 天落荚最多。大豆花荚脱落的过程是：大豆花受精以后，在子房下面花柄的基部，从外到里形成离层，随后花柄基部与花轴逐渐分离而脱落。花荚脱落延续的时间一般达 30～40 天。

花荚脱落的趋势为：开花早的部位，花、荚脱落也早；开花晚的部位，花、荚脱落也晚。开花早的部位，花荚脱落率低，结荚多；开花晚的部位，花荚脱落率高，结荚少。花序的长短不同，花荚脱落率也不同。一般花序越长，花荚脱落率越高；花序较短者，花荚脱落率越低。在同一个较长的花序上，上部花荚脱落率较高，中部次之，下部较少。同一品种中，主茎花荚脱落较少，而分枝花荚脱落较多。大豆落花落荚与品种、密度、营养、机械损伤和病虫为害有密切关系。

（1）品种原因 落花落荚与品种类型有关，一般有限结荚习性或生育不繁茂的品种脱落率较高，无限结荚习性和生育繁茂的品种下部叶片因受光不足，光合作用弱，导致营养不足而花荚脱落；无限结荚习性和生育不繁茂的品种开花结荚后期营养不足，植株中上部有部分花荚脱落，但比前者落花落荚率低。

（2）种植密度过大 栽培密度过大，易引起徒长，过早封垄，枝叶荫蔽，湿度大，光照强度低，植株下部受光条件差，致使叶片黄化脱落。由于叶片减少，营养供不应求，造成花荚大量脱落。

（3）通风透光不良 群体结构对通风透光有直接影响。群体结构合理的重要指标之一就是充分利用日光能。日光不仅是有机营养制造和积累的主要能源，也是促进植株迅速发育、抑制徒长的主要因素。大豆通风透光良好，可使株间气候与植株上部气候一致，降低株间湿度，增加光照与温度，加速叶面积蒸腾作用，加快营养物质运输速度。

（4）氮肥施用不合理 氮肥施用量适合，能促进大豆根瘤菌的发育，增加单株固氮量，对提高大豆产量是有益的。如果盲目过量施用氮肥，不仅抑制固氮作用，而且往往造成大豆营养过度，植株徒长，郁闭和倒伏，致使花荚脱落。

（5）生长发育失调　大豆花荚阶段是需要养分最多的时期。大豆出苗到开花一般需 40 天。开花期营养生长和生殖生长并进，在苗期生产过旺的情况下，到开花结荚期营养生长仍占优势，仍是养分分配的中心，这致使植株生殖生长受到抑制，从而出现花荚脱落现象。大豆既要进行植株体的生长，又要进行开花结荚期的生殖生长，两者互相争夺营养，如果养分供应不足或失调，会造成花荚大量脱落。因此，植株在瘠薄土壤较肥沃土壤上花荚脱落的数量多。植株徒长、枝叶荫蔽的大豆较植株生长正常、通风透光的大豆花荚脱落得多；后形成的花荚比早形成的花荚容易脱落。一般情况下，大豆生殖器官与营养器官之间，有机物绝对含量（N、P）的比值愈近于 1 则花荚脱落率愈低，比值越大则花荚脱落率越高。

（6）水分供应不合理　充足的水分不仅可以加速营养物质运转的速度，调节植株的温度，还可以直接参加新陈代谢作用。因此，适宜的水分有利于大豆的正常生长发育。大豆开花结荚阶段，若高湿、多阴、多雨，土壤水分过多，不但减少日照时数，还使地温下降，相对湿度增加，致使植株徒长，荫蔽程度增加，光合作用减弱，影响有机养分的合成与运输，使花荚脱落增多。如果水分过少，植株由于得不到充足的水分供应而凋萎时，对土壤养分吸收相应降低，水分养分代谢不平衡，也会造成花荚大量脱落。

（7）机械损伤、病虫为害与自然灾害的影响　暴风雨、病虫害、田间管理不当等都可能造成大豆茎秆折断，枝叶脱落，花荚损伤和落花落荚。病虫滋生，有的直接为害花荚器官，造成脱落，有的破坏植株，影响叶面积的机能，降低光合作用强度，减少养分制造和分配，因而造成花荚脱落；由于多年重茬等土壤病毒基数大，花叶病毒病或其他病毒致使大豆不结荚或大量落荚；花荚期遭受紫斑病和豆野螟的危害，也会引起落花落荚；暴风雨使枝叶摩擦、碰撞，造成大豆花荚脱落。

59. 大豆花荚脱落的防止措施有哪些？

　　大豆的花荚脱落与植株生长发育前期的营养状况、群体结构等有密切关系，花荚脱落的预防要早着手，减少花荚脱落的措施与增加大豆产量的措施是一致的，如进行合理密植，根据需水、需肥规律来进行肥水管理，使植株稳健生长，降低因营养因素而造成的花荚脱落率等。

（1）选好良种　培育和选用光合效率高、叶片透光率高、株型收敛的多花多荚的高产良种。

（2）搞好苗期管理　精细整地，细致整地，提高播种质量，及时间苗、定苗，中耕除草，使幼苗生长健壮，植株积累充足的养分，以供应花荚发育的需要，减少脱落。

（3）施足基肥　既要保证大豆生育期间有足够的营养供应，又要合理搭配肥料供应的种类、比例、时期等，使大豆开花前生长发育健壮，有一定的叶面积指数，使之积累较充足的有机物，促进多开花。开花后花荚生长的营养得到保证，防止贪青徒长，减少花荚脱落，增加籽粒质量。在施肥种类上，应以农家肥为基肥，尤以猪粪、鸡粪等含磷、钾元素较高的农家肥为佳。结合施用磷肥，在施肥时期上应以基肥和种肥为主，根据大豆的生长发育表现，始花期或结荚期叶面喷肥也有增花保荚的效果。

（4）合理追肥　大豆刚开花时，对瘠薄土壤中豆苗生长瘦弱的，每亩追硫酸铵 7.5kg，可起到增花保荚作用，基肥苗期充足。豆苗生长正常的不必追施氮肥，以防徒长，施用磷肥，可促使植株生长健壮，根系发达，根瘤多，荚积累营养物质多，有利于营养生长正常进行，同时还能促进生殖生长，加速花荚粒的正常发育。

（5）根外喷肥　在花荚期一般每亩用尿素 0.5kg、过磷酸钙 1.5kg、硫酸钾 0.25kg、硼砂 25g，加水 50kg 提取浸出液，喷洒于叶片上，宜于阴天或下午 4 时后喷施，有利于保花，增荚增粒，减少瘪粒，增加粒重。根外喷肥可以和防病治虫相结合，以提高劳动效率。

（6）合理密植　合理密植是保证群体和个体协调生长，改善植株间通风透光，减少落花落荚的有效途径。按照"肥地宜稀、薄地宜密""分枝多的品种宜稀，主茎结荚为主的品种宜密"的原则，采用等距点播，创造合理的群体结构。在肥力水平高的地方，每亩应留苗1.2万～1.8万株；肥力中等的每亩留苗1.5万～2.5万株，肥力水平低的每亩留苗密度可比肥力高的增加1万～1.2万株。

（7）**抗旱排涝**　大豆苗期要进行蹲苗，花荚期是大豆生长发育最旺盛和需水最多的时期，此时气温高，蒸发量大，如遇干旱天气，应采取勤灌细灌的办法，一般要灌水 2～3 次；每 5～7 天浇灌 1 次，切忌大水漫灌。大豆耐涝性差，被水淹没过顶即死亡，水淹到植株的某一部位，这一部位的腋芽就不能分枝和结荚，即使已开的花荚，也容易掉落。因此，要及时排涝，防止田间积水。

（8）**化学调控**　大豆使用多效唑有壮株、增加分枝、塑造理想株型、增加产量的作用。在高产田块于初花期每亩用 15% 多效唑可湿性粉剂 20g 兑水 50kg 喷施，可以改善大豆株型，延长叶片功能期，改善田间通风透光条件，优化大豆的生长环境，从而促进生长，减少脱落。

（9）**花期摘心**　摘心可以控制大豆的营养生长，促进养分重新分配，集中供给花荚，有利于增花保荚，控制徒长，减少花荚脱落；使大豆叶片增厚，株高降低，单株结荚量增加，促进早熟，提高产量和品质。据试验，在大豆盛花期至终花期进行摘心，效果最为显著，一般可增产 10%～15%。一般摘去大豆主茎顶端 2cm 左右即可。但对于地力瘠薄、水肥条件较差、大豆生长势弱、有早衰现象的不宜摘心，防止增加花荚脱落的数量。

（10）**预防病虫草害**　大豆花荚期主要有灰斑病、紫斑病、病毒病、蚜虫、大豆食心虫、豆野螟等病虫害，必须勤加检查，施药防治。并消灭杂草为害。

60. 大豆花而不实是怎么回事？

生产上往往会出现大豆有花无荚的现象，叫"花而不实"。花而不实的原因可能有三。

（1）**病虫害较多**　连年种植大豆的地块，地下害虫、根部病害发生严重，使大豆吸收肥料的能力变差，无法生长健壮，没有足够的营养供给花来形成荚。

（2）**缺硼**　大豆正常的生长发育及籽粒的形成，需从环境中吸收多种元素，不可缺少、不可代替。其中，硼促进花、荚的形成和发育，缺硼的大豆植株花蕾不能正常发育，有的花蕾早期死亡，有的是花萼内的花瓣、雄蕊、雌蕊死亡，不能完成花粉发育和受精过程，造成花（荚）脱落。

（3）**日照过长** 大豆是短日照植物，要形成花、荚，必须在短日照下。南方的大豆到北方，白天光照时间长，因而不能正常开花结实。夏大豆春播，出苗后白天比较短，大豆会提前开花，后来白天时间长，花坐不住，造成花而不实。

61. 大豆空秕粒的原因有哪些？

大豆成熟后，常有籽粒发育不完全，甚至只有一个小薄片，这样的豆粒称为秕粒，或瘪粒。大豆秕粒的数量，直接影响产量和品质。其发生原因有以下几点。

（1）**品种选用不当** 大豆秕粒与品种对气候条件的适应性有很大关系，一般三四粒荚多的品种、荚数多的品种，秕粒较多。引入品种也可能因为不适应引入地的气候而产生大量秕粒。大豆如果选用偏晚熟的品种，由于鼓粒时温度已较低，严重影响鼓粒速度，因此诱发空秕粒。一般早中熟品种发生空秕粒的现象较轻。

（2）**不良气候条件影响** 生长发育期间的旱、涝灾害是造成高秕率的关键因素。大豆花荚期降水量以180mm为最佳。在大豆花荚期，涝害比干旱危害更大，尤其是内涝灾害，空秕率、倒伏率均高。另外，如果播种期干旱，就推迟播种，使出苗期延后，减少了大豆生长发育期间能量的积累，也会造成大豆空秕粒。而后期如遇低温，影响大豆灌浆速度，同样会造成较高的空秕率。在低海拔地区，7月中旬至8月中旬正处在长日照高温条件下，长日照延缓大豆籽粒发育，而高温则促进豆荚迅速发育老化，结果使大豆多花多荚而不实。

（3）**后期营养不足** 大豆开花后养分消耗多，有的农民间套作大豆时不施肥，也不追肥，导致大豆盛花后营养不足，叶片过早退黄，株矮、茎细、叶小，使晚荚或同节花簇的弱荚不实。常发生在坡瘦地、多花多荚品种中。

（4）**土壤营养元素比例失调** 土壤缺硼和钼是大豆空秕的另一主要原因，硼和钼是大豆发育必需的微量元素，与荚果形成关系密切。如土壤耕作层硼和钼的含量低，种植大豆时不追肥，势必增加大豆的空秕率。特别是重茬种植大豆，单株空秕率逐年增加。氮肥过量，田间荫蔽，植株高、节间长，营养生长过旺，花荚稀少，形成空荚、半瘪荚，且成熟期推迟。在多雨、日照不足的年份尤为严重。

（5）**田间管理不善** 土壤板结、氮肥过量、草荒苗弱、密度过大，均会影响大豆植株的通风透光，从而减弱光合作用，导致荚而不实。大豆开花后，若遇到较长时间的干旱伏旱，会使大豆叶片萎蔫、枯黄，幼荚停止生长，甚至全株死亡。在耕层浅、缺乏水源浇灌的地块，大豆荚而不实更为严重。

（6）晚秋冷害　由于晚播或播种晚熟品种，在9月下旬～10月上旬，尚在开花的地块，因秋风秋雨，气温下降，大豆叶片光合作用减弱，幼荚发育缓慢或停止。高寒地段常有发生。

（7）病虫为害　夏秋季大豆发生病毒病使叶片皱缩、幼荚畸形不实，大豆食心虫为害造成虫眼空瘪荚。

62. 怎样预防大豆空秕粒？

（1）选用良种　选用高产质优、低空秕率、综合性好的良种。根据不同种植制度和不同地区大豆生育所处时段的光温变化，选用相适应的光温生态型品种，如春大豆需光钝温敏型，夏大豆需光敏温钝型，秋大豆需光温均敏型。在选用良种的同时，要合理密植，建立高光效群体，防止过密过稀，以充分利用土地，提高效率。

（2）合理轮作　建立合理的耕作制度，避免重茬种植，可防止土壤养分失调。轮作的大豆地块要比大豆重茬的地块空秕率减少28.4%以上。

（3）合理种植　低热地区应积极发展早熟春大豆或晚播中熟夏大豆，以及在河谷低热地区发展秋大豆，以避开7月中旬至8月中旬的长日高温，利用6月中旬和8月中旬至9月相对短日低温，使大豆顺利进入鼓粒期，防止荚而不实。

（4）适时排灌　大豆花荚期需水量大，满足这一时期需要的水分是大豆高产的重要条件。因此，应在大豆播种后，及早挖好田间排水沟，做到涝能排、旱可灌，排灌自如。

（5）及时补充养分　对于来不及施基肥的田块，在大豆出苗后，每亩追施有机肥2000kg，初花期后用钼肥、硼肥等进行叶面喷施，每隔7～10天喷洒1次，连续喷洒3～4次，不仅可防止脱肥，也可增粒增重，减少空秕率。若中后期表现缺肥者可适当喷施0.1%～0.2%的磷酸二氢钾溶液，补充营养，避免中后期缺肥而早衰。

（6）喷施植物生长调节剂　使用生物化学制剂，可以降低株高，增粗茎秆抗倒伏，也可以增加单株荚数、粒数、百粒重。一般在初花期每亩用 15％多效唑可湿性粉剂 40g，加水喷施，空秕率可降低 7.2％，增产 17.2％。

（7）及时防治病虫害

63. 怎样进行大豆收获?

大豆收获是保证大豆丰产丰收的重要环节。收获的质量关系到大豆产量损失和大豆的外观品质与化学品质。

（1）成熟期标准　大豆进入鼓粒期以后，大量的营养物质向种子中运输，种子中干物质逐渐增多，当种子的营养物质积累达到最大值时，种子含水量开始减少，植株叶色变黄，此时即进入生理成熟期。

当种子水分减少到 18％～20％时，种子因脱水而归圆，从植株外部形态看，此时叶片大部分变黄，有时开始脱落，茎的下部已变为黄褐色，籽粒与荚皮开始脱离，即为大豆的黄熟期。

继而植株叶子大部分脱落，种子水分进一步减少，茎秆变褐色，叶柄基本脱落，籽粒已归圆，呈现本品种固有的颜色，摇动植株时种子在荚内发出响声，即为完熟期。

以后茎秆逐渐变为暗灰褐色，表示大豆已经成熟。

（2）收获时间　大豆收获时间的要求很严格，收获过早或过晚对产量、品质皆有不利影响。收获过早，籽粒尚未充分成熟，百粒重、蛋白质和油分的含量均低，在进行机械收获时还会因茎秆含水量高，造成泥花粒增多，影响外观品质；收获太晚，籽粒失水过多，会造成大量炸荚掉粒。

一般情况下，大豆黄熟期收获最为适宜，但由于此时籽粒含水量较高，要注意防止霉变。完熟期过后进行收获，虽然对脱粒和贮藏有好处，但由于成熟过度，往往炸荚严重，造成产量损失。

成熟时期遇干旱的地区和年份，可以适当早收，黄熟期即可收获；成熟期降水较多的地区和年份，要适当晚收，以降低收获、晾晒、脱粒的难度。人工收获应在黄熟末期进行，以大豆叶片脱落 80％、豆粒开始归圆为标准开始收获；机械收获应在完熟初期进行，以叶片全部脱落，籽粒呈品种固有形状和色泽为标准开始收获。

（3）收获方法　有人工收获和机械收获。机械收获又分为联合收割机收获和割晒机收获。人工收获机动灵活，收获质量好，产量损失少，籽粒商品性好，但效率低下，不能满足集约化生产的需要。联合收割机收获工作效率高，适合大面积作业，但产量损失较大，籽粒商品性降低。用联合收割机收获时，为了提高收获质量，应针对不同品种和不同收获时期，适当调整收割台的挡风板、木翻轮、滚筒转速、凹板齿数和筛孔大小等，以减少收割和脱粒损失。割晒机收获的工作效率较人工收获有很大提高，同时又可保证籽粒的商品品质，但工作效率大大低于联合收割机。

南方收获大豆，一般都是人工用镰刀收割，即当大豆成熟以后，在上午收割。上午收割，一方面植株不是很刺手，便于收割，另一方面也不容易炸荚，可减少损失。

（4）及时晾晒 大豆收回后，摊场晒两天，或先跺几天再晒。晒到荚皮焦脆，容易裂开时可打场脱粒。种子扬净后，要摊晾风干至含水量13%以下才可入库贮藏，尤其是下年留种用的种子更应注意。简易办法可用牙咬一下豆粒，如果咬着格崩响，两豆瓣迅速分开，说明含水量不高。含水量高的大豆容易丧失发芽力。含水量10%以下的大豆，在10℃下保存10年以上仍可发芽；含水量12%~13%的大豆在常温下保存2年仍能发芽；含水量18%的大豆在20℃下5~9个月丧失发芽力，在30℃下1~3个月丧失发芽力。脱粒后的大豆不可在烈日下暴晒，这样种皮容易破裂，并且粒色变差，影响商品价值。

（5）注意事项 不管是人工收割还是机械收割，都要注意脱粒不损伤、不压碎大豆种子，要扬净晒干后入库，切实保证种子质量，不能有杂质杂粒。

大豆收获还要注意不同品种分收、分晒、分开脱粒、分库存放。入库种子要有品种名称标记，还要注明经过测定的种子含水量，以确保大豆种子的商品质量。因为现有的大豆品种不仅是植株性状、生长发育性状不同，且种子蛋白质、脂肪含量也有较大的差异，加工利用也不相同，蛋白质含量高的大豆品种适宜做食品利用，脂肪含量高的品种宜用作榨油。而若将蛋白质、脂肪含量相差较大的大豆品种混种混收，则达不到优质优用的目的，降低了大豆的商品价值，影响大豆产品的市场竞争力。

64. 夏大豆"症青"的发生原因有哪些，如何预防？

大豆症青可以说是大豆的"癌症"，只要发生了，来年一定会有，因此一定要掌握好预防措施，及时预防，避免因大豆症青而造成不必要的损失。

（1）症青现象　大豆品种正常生长发育期结束时，植株仍然叶绿、枝青（彩图5），有荚但荚而不实或者籽粒瘪烂的现象。

（2）发生原因

① 大豆病毒病引起　大豆症青主要原因是病毒病引起的，发病以后植株叶片黄绿斑驳，但仍然正常生长，不过因为叶部的光合作用等非常弱，产生的能量不足以供给正常的花芽分化，从而导致后期出现花而不实，果实干瘪空荚等现象。

② 虫害引起　大豆症青主要是蜂缘蝽、飞虱、蓟马等引起的。这些害虫在花朵上活动取食会引起花朵凋落，结荚期吸食幼荚汁液，导致豆荚凋落，或者果实畸形。另一面，这些害虫因为迁飞性比较强，虫口基数比较大，也传播病害，包括病毒病等，使得大豆症青发生概率大大提高。

③ 营养元素不均衡引起　相关中微量元素缺失也能引起大豆后期结果少或者瘪荚，比如硼元素，其对植物的生长有明显的调节作用，可以促进植物开花结果，使果实饱满，而这种元素经常被种植户忽略。随着种植年代的增加，土壤中硼元素越来越少，那么自然有可能出现症青。在实际农业生产中发现，通过给大豆补充硼肥，可以明显降低症青出现概率。

④ 气候问题引起　根据历年来大豆症青发生的情况来看，高温干旱年份症青出现概率很大，因为干旱高温年份，如果管理不好，作物长势弱抗逆性差，很容易出现各种不良反应。

（3）预防措施

① 防止重茬　与花生、玉米、辣椒等大田作物轮作，每隔3～5年轮作一次，可以明显降低大豆症青发生概率。

② 补充营养物质　尤其是硼肥，建议在大豆初花期、膨果期喷施2～3次硼肥，可以明显提高坐果率，在喷施的时候搭配芸苔素内酯、磷酸二氢钾等效果更好。

③ 预防病毒病　主要通过叶部喷施一些营养物质如氨基酸、氨基寡糖、香菇多糖、鱼蛋白等，增强植物自身抗逆能力。

④ 预防病虫草害　一是大豆种植前进行拌种，可以使用吡虫啉、噻虫嗪、噻虫胺等种衣悬浮剂，通过拌种降低后期的虫口基数，用

29%噻虫·咯·霜灵（先正达艾科顿）或根腐宝＋吡虫啉进行种子包衣可防治大豆根腐病、根结线虫、花叶病和蚜虫。

二是齐苗后用精喹禾灵＋氟磺胺草醚喷雾除草；用高效氯氟氰菊酯＋吡虫啉＋戊唑醇喷雾。防治点蜂缘蝽、蚜虫、飞虱、蓟马和叶斑病等。

三是初花前用高效氯氟氰菊酯＋吡虫啉＋戊唑醇喷雾，防治点蜂缘蝽、蚜虫、盲蝽象、大青叶蝉、豆天蛾和叶斑病等。

四是花荚期用 22%噻虫·高氯氟（先正达阿立卡）＋18.7%丙环·嘧菌酯（扬彩）＋含氨基酸水溶肥料（益施帮）喷雾防治大豆造桥虫、食心虫、豆荚螟和炭疽病、紫斑病等。

⑤ 平衡施肥，适时浇水，及时排水 七月中下旬，连续 10 天没有 10mm 以上的有效降水，应及时浇水补墒；初花前每亩追施氮磷钾复合肥 15～20kg；可以补施硼肥、钼肥和铁肥；结荚鼓粒期遇 100mm 以上的大暴雨，应及时排涝。

⑥ 适时机收 大豆落叶、植株黄化后收获。收获早了，植株水分含量高，机收易产生水花粒、泥脸粒；收获晚了，炸荚落粒，破碎率增高、损失大。

65. 有哪些改进栽培方式可使春大豆高产？

春大豆其实是高产作物，但是过去由于栽培技术管理方式粗放，产量较低，一般亩产只有 70～80kg。近年来，农科专家经过研究试验发现，采用如下方法可提高春大豆产量。

（1）摘心促分枝 当春大豆长出 2 片子叶时，将上部未展开的真叶摘除（又称幼苗摘心）。摘后可在茎基部节位上很快长出双主株。同时，摘心能使营养集中转移到新枝上，使其加速生长，茎秆粗壮，枝叶繁茂。经摘心处理后一般可增产 20%左右。

（2）施石灰增加花荚数 钙是大豆生长发育中不可缺少的营养元素。增施石灰能有效地促进植株健壮生长，增加花荚数量，一般可增产 15%以上。在开花前亩施石灰 25～30kg，雨后畦面泥土湿润时施下。

（3）增施磷钾促粒重 磷、钾素能辅助大豆正常开花授粉，促进籽粒饱满，提高百粒重。在开花至结荚期，亩施过磷酸钙 20kg、氯化钾 6kg，或亩用磷酸二氢钾 120g，兑水 70kg 喷洒。若叶片过黄，每亩加尿素 0.5kg 混合喷施。每隔 5~7 天喷一次，连喷 2~3 次，一般可增产 25% 左右。

（4）喷施钠素促高产　春大豆于始花期用亚硫酸钠 300g，兑水 60kg 喷雾，可抑制呼吸作用，减少光合产物的过多消耗，增加干物质积累。此法一般可增产 30% 以上，并能提早成熟 3~5 天。

66. 夏大豆增产的关键环节有哪些？

为加快推广夏大豆绿色高产高效生产技术，提升大豆综合生产力和市场竞争力，促进大豆增产、农民增收，夏大豆生产要重点抓好"宽幅间作、优质品种、免耕精播、节水省肥、绿色防控、机械收获"六个关键生产环节的提质增效技术推广。

（1）大力推广玉米大豆宽幅间作技术　玉米大豆宽幅间作具有高产高效、共生固氮、改良土壤、增强群体抗逆性、便于机械化生产等优点，能够大幅度增加单位面积作物产量，显著提高玉米大豆综合种植效益，因此要大力发展玉米大豆宽幅间作。

① 种植模式　主要推广适合机械化作业的玉米-大豆 3∶4 模式。带宽 3.5m，玉米行距 55cm，大豆行距 40cm，玉米大豆间距 60cm。玉米选用紧凑或半紧凑型品种，大豆选用耐阴、抗倒品种。

② 规范播种　玉米、大豆都采用机械播种。要适墒播种，越早越好，最迟不晚于 6 月 20 日。玉米播深 3~5cm，株距 13~14cm；大豆播深 3cm 左右，株距 10cm 左右。播后，亩用 96% 精异丙甲草胺乳油 75~100mL，兑水 30~35kg，均匀喷雾除草。

③ 加强管理　玉米大喇叭口期，在玉米行 10~15cm 处，亩追施纯氮 8~12kg。大豆鼓粒初期，亩追施氮磷钾复合肥 5~10kg；大豆鼓粒中后期，每 7~10 天叶面喷施 0.1%~0.2% 磷酸二氢钾 1~2 次。生长较旺的半紧凑型玉米，在 10~12 叶展开时，亩用 40% 玉米健壮素水剂 25~30mL，兑水 15~20kg，喷洒玉米上部叶片控制旺长。大豆分枝初期或初花期，亩用 5% 烯效唑可湿性粉剂 24~48g，兑水 40~50kg，喷洒茎叶控制旺长。

（2）注重选用优质专用新品种　良种是高产高质的基础。要合理选用品种，注重选用优质专用品种，做好种子处理，打好大豆增产增收基础。

① 合理选用品种　根据不同区域的自然条件和种植水平，合理

选用熟期适宜的大豆新品种。

② 选用优质专用品种　注重选用高蛋白、蛋白脂肪双高、抗病性好、适合机械化收获的大豆新品种，显著提高夏大豆品质，满足食用大豆消费市场需求，促进大豆机械化生产。

③ 做好种子处理　种子工厂化生产能够提高种子生产效率，确保种子质量。要精选种子，剔除病粒、残粒、虫食粒及杂粒，确保种子饱满、均匀、活力强，种子质量达到种子分级二级标准以上。针对大豆种植常见的大豆根腐病、蛴螬等病虫害，可选用26%多·福·克悬浮种衣剂1∶60或15%福·克·酮悬浮种衣剂1∶60，进行种子包衣处理，预防苗期主要病虫害的发生。微肥拌种和种子包衣同时应用，要先微肥拌种，阴干后再进行种子包衣。根瘤菌应避免与酸性农药同时应用。

（3）着力推广免耕机械精播技术　播种是夏大豆生产最关键的环节，要在抓好"适墒播种、抢时早播、增施肥料"等关键播种技术的基础上，着力推广免耕机械精播技术，切实提高播种质量，打好苗全、苗匀、苗壮的基础。

① 适墒播种　土壤相对含水量为70%～80%时，最有利于大豆种子萌发和出苗。6月20日前，要密切关注降雨预报，雨后适墒即可播种。墒情不足，要先浇水后播种，或播后微喷或滴灌，确保适宜的土壤墒情。采取播后喷灌时，要浅播种，少喷水，不积水，以免土壤板结，造成出苗困难。

② 抢时早播　夏大豆生长发育期较短，是影响大豆产量的主要因素之一。播种过晚，将严重影响大豆产量。小麦收后，适墒就要抢时播种，越早越好，最迟6月25日前结束播种。

③ 增施肥料　大豆苗期根瘤不能固氮，还需从土壤和植物体中吸收养分。播种时，适量增施肥料，有利于壮苗和根瘤生长。要结合机械播种，亩施大豆专用复合肥10kg，注意种肥分离。

④ 免耕精播　免耕机械精播是抢时早播、增施肥料、提高播种质量最有效的途径。无论采用何种机型，免耕播种都要严格机械精播程序，行株距、播深、喷药量等指标都要达到农艺要求。种子间距要均匀一致，播种深度2～4cm。根据地力和品种特性，选择合理的株行距。一般中上等地力采用40cm或50cm等行距，或50cm×33cm宽窄行，亩播大豆种子4～6kg，亩留苗12000株左右。中下等地力

亩留苗 15000 株以上，上等地力亩留苗 10000 株左右。

（4）推广节水省肥高产高效栽培技术　夏大豆水肥管理要着力抓好"中耕培土、经济灌溉、叶面喷肥"等节水省肥关键技术措施，提高水肥利用率，在资源节约的基础上，充分改善大豆营养状况，增强大豆群体光合生产能力和物质积累能力，充分挖掘夏大豆高产潜力。

① 中耕培土　中耕培土是提高水肥利用率的有效途径，要按先浅后深的原则，在真叶展开后，抢晴及早进行第一次中耕。最后一次中耕在初花期前进行，培土在最后一次中耕时进行，高度为 10～12cm。

② 经济灌溉　夏大豆主要生长发育阶段正值雨季，要积极采取"三沟配套"等措施，提高水分利用率，充分利用自然降水，满足夏大豆生长发育对水分的需求。如夏大豆生长发育关键时期遇旱，要采用喷灌或滴灌等经济灌溉方式浇水，重点浇好开花结荚水和鼓粒水，有效增加单株荚数、粒数和粒重。

③ 叶面喷肥　大豆中后期固氮，减少了对氮肥的需求。土壤肥力不足的地块，可追施鼓粒肥。在鼓粒初期（播种后 60 天左右），亩追施氮磷钾复合肥 10kg，保荚、促鼓粒，增加单株有效荚数、单株粒数和百粒重。一般地块要在鼓粒中后期着重进行叶面喷肥，每 7～10 天叶面喷施 0.1%～0.2%磷酸二氢钾 1～2 次，延缓大豆叶片衰老，促进鼓粒，增加百粒重，提高产量。对旺长田块，于初花期叶面喷施 5%烯效唑可湿性粉剂 600～800 倍液或 15%多效唑可湿性粉剂 1000～1500 倍液，控制基部节间伸长和旺长，防止倒伏。要严格控制烯效唑、多效唑等生长调节剂的施用量和使用时机。

（5）推广绿色防控病虫害技术　大豆病虫害防控要坚持"预防为主，综合防治"的方针，着力推广绿色防控病虫害技术，加强农业防治、生物防治、物理防治和化学防治的协调与配套，重点推广低毒、低残留、高效化学农药防治病虫害技术，在有效控制病虫为害的基础上，改善生态环境。

① 病害防治　苗期重点防治根腐病，可选用噻虫·咯·霜灵或噻虫嗪·咯菌腈等兼顾杀虫杀菌的药剂拌种防治。开花期重点防治病毒病，可用 10%吡虫啉可湿性粉剂、2.5%高效氯氟氰菊酯乳油 2000～3000 倍液，喷雾防治。结荚鼓粒期重点防治紫斑病和灰斑病，

用 70%甲基硫菌灵可湿性粉剂 800 倍液，或 250g/L 吡唑醚菌酯乳油 1000 倍液，喷雾防治，每隔 7～10 天喷一次，连续防治 2～3 次。

② 虫害防控　蛴螬、金针虫、地老虎、蝼蛄等地下害虫防治，可用 30%多·福·克种衣剂，药种比例 1：50，进行种子包衣。苗期可用 3%辛硫磷颗粒剂直接撒施，喷施 10%吡虫啉可湿性粉剂等，防治成虫。甜菜夜蛾、斜纹夜蛾、棉铃虫、豆荚螟、卷叶螟、食心虫等鳞翅目害虫防治，可用甲维盐、茚虫威、虱螨脲、虫螨腈、高效氯氰菊酯、氯虫苯甲酰胺等的复配制剂，如甲维盐·茚虫威（虫螨腈、虱螨脲）＋高效氯氰菊酯＋有机硅助剂，喷雾防治。

③ 防除杂草　田间杂草的防治应以农业措施除草为主，化学除草为辅。苗期中耕培土可有效预防杂草。由于大豆对许多化学除草剂非常敏感，因此应该谨慎使用。化学除草有播前土壤处理、播后苗前封闭、苗后茎叶喷施等方式，应正确选择高效低毒的除草剂，并严格按照说明书推荐剂量使用，避免造成当季大豆药害或影响后茬作物生长。田间秸秆量大的地块，可根据土壤情况、杂草种类和草龄，选择除草剂进行苗后除草。

（6）抓好机械收获技术　当籽粒含水量降至 15%以下时，为适宜的机械收获时期。对不裂荚、抗倒伏、底荚高度适中的大豆品种，提倡采用机械收获。机械收获最好选用大豆专用收割机，要调整好收割机的拨禾轮转速、滚筒转速、间距以及割台的高度，降低大豆籽粒的破损率，减轻拨禾轮对植株的击打力度，减少落荚、落粒损失，降低破碎率。机收时应避开露水，清除杂草，防止籽粒黏附泥土，影响外观品质。

67. 大豆机械收获不当可能造成的影响有哪些，如何防止？

（1）症状表现　在机械收获过程中由于籽粒硬度不适宜，或收割机参数设置不当造成籽粒表面明显破碎，严重影响外观品质而造成经济损失。另外虽未造成种子外观明显破损，但内部可能出现子叶破裂、胚轴损坏等损伤，显著降低种子发芽率。

（2）预防措施

① 选择适宜时期和时间收获可降低机械破损率，避免由于收获过早或豆荚潮湿致使籽粒硬度不够、揉搓性能过大，造成籽粒变形；或者由于收获过晚、空气湿度过小致使籽粒硬度过大、揉搓性能不

足，造成籽粒破损。

② 根据大豆茎秆湿度调整滚筒转速和间隙：早期收获大豆茎秆湿度大、籽粒含水量较大时，应将滚筒转速调大，入口和出口间隙调小；晚收获大豆茎秆干燥、籽粒含水量低，应将滚筒转速调小、入口和出口间隙调大。

③ 调整喂入链耙、籽粒升运器、杂余升运器等刮板链条紧度，以及升运器刮板与升运器壁的间隙，避免链条与链齿磕碎籽粒，避免脱粒滚筒、复脱器、籽粒及杂余据推运搅龙等输送部位的堵塞造成籽粒破碎。

68. 为什么收获大豆最好不要连根拔？

很多农户在收获大豆时，习惯用手把秆连根拔起。其实这种收获方法很不科学。

大豆是一种固氮作物，其根部的根瘤菌具有从空气中固定游离态氮的本领。据测定，一亩大豆能从空气中固氮 $7.5\sim10kg$，相当于 $35\sim50kg$ 硫酸铵。大豆自己不能完全吸收消化，就储存在根瘤里，如果在收割大豆时连根拔掉，就会带走储存氮素的根瘤，等于挖去了地里一大部分自然氮肥，是一个很大的损失。因此，农民收获大豆最好用镰刀割，切莫连根拔，为下茬粮食增产奠定基础。

69. 大豆炸荚的可能原因有哪些，如何预防？

（1）症状表现　成熟的大豆荚沿着荚的背缝线和腹缝线裂开，并且散出种子的现象称为炸荚。当荚果的水分含量相对较低时，荚的内生厚壁组织层细胞的张力不同，荚皮围绕着与内生后壁组织层的纤维方向平行的轴呈螺旋的扭转而卷曲，将连接背、腹缝线的薄壁组织拉裂，荚皮开裂。炸荚（裂荚）是大豆的一种自然属性，一般而言，进化程度低的品种类型，炸荚严重，比如芽用的小粒大豆、纳豆和菜用大豆品种，炸荚现象尤为普遍，炸荚会严重影响大豆的收获与产量。

（2）产生原因　大豆品种不同，其豆荚的形态特征有着显著差异，炸荚性表现也不同。炸荚与荚本身的组织结构有着密切联系。低湿、高温、快速的温度变化和交互的干湿影响是导致大豆炸荚发生的普遍因素。

（3）预防措施

① 选育抗炸荚的品种　这是减少大豆炸荚最有效的方法。

② 注意大豆收获时间　在大豆成熟收获的季节，及时把握收获时间，减免大豆炸荚，可一定幅度地提高收获产量。大豆生长发育后期转凉后豆荚易炸裂，会增大炸荚损失，可选择早、晚或夜间空气潮湿时收获。机械收获时大豆籽粒湿度越小，炸荚越严重，收获损失越大，因此避免在成熟后期进行收获，应在大豆茎湿度降至50％或更低时用联合收割机进行适时收获。当大豆含水率在25％以下，豆壳含水量15％以下时会发生大豆炸荚，大豆的炸荚与品种含水率有很大的关系，大豆的顶部、中部和底部豆荚炸荚率无显著的区别。

③ 注意大豆联合收获机械装备的改进　联合收割机的发明与改进加速了大豆机收的发展进程。为了减少大豆炸荚的产量损失，既要保证割刀锋利，间隔符合要求，也要减轻拨禾轮对豆秆、豆荚的打击和刮碰等。

70. 大豆脱粒的方法和标准有哪些？

除用联合收割机收获能实现收割脱粒一次完成外，人工收割和割晒机收割都需要单独脱粒。脱粒质量也会影响大豆的产量和品质。脱粒净、破碎率低、杂质少是脱粒的基本要求。目前，多采用以下3种脱粒方法：一是动力谷物脱粒机脱粒；二是畜力或拖拉机牵引镇压器打场；三是人工敲打脱粒。用脱粒机进行脱粒，效率高，但破碎率也较高，适于大面积种植户选用；用牵引的镇压器打场，破碎率少，效率也较高，适于较小种植规模的农户选用；人工敲打脱粒，破碎率低，但效率也低，只适于南方地区小面积种植户采用。在生产出口纳豆（小粒豆）时，为了防止机械脱粒造成破瓣超标或机械收获脱粒时泥花率超标，建议采用畜力或拖拉机牵引镇压器打场和人工敲打脱粒的方法。

脱粒后要求优质的无公害商品大豆达到如下标准：破碎率不超过2％；杂质率不超过1％；虫口率不超过1％；青豆率不超过2％；含水量在15％以下。对于高油、高蛋白等加工专用型大豆的生产或绿色食品大豆的生产，要做到单收、单运、单脱粒、单贮存，确保不与其他大豆混杂，保证大豆产品能达到相应标准的要求。

71. 大豆的等级规格是如何划分的?

中华人民共和国农业部 2010 年发布的农业行业标准 NY/T 1933－2010，规定了大豆的等级规格。

（1）等级

① 等级基本要求　每个等级大豆应符合下列基本条件：具有大豆正常的色泽、气味；杂质含量≤1.0％；水分含量≤13.0％。

② 大豆等级划分　在符合等级基本要求前提下，大豆依据完整粒率和损伤粒率分为 1 等、2 等、3 等、4 等、5 等共五个等级，大豆的等级划分应符表 5 的规定。

表 5　大豆等级划分　　　　　单位：g/100g

等级	完整粒率	损伤粒率	
		合计	其中，热损伤粒
1 等	≥95	≤1	≤0.2
2 等	≥90	≤2	≤0.2
3 等	≥85	≤3	≤0.5
4 等	≥80	≤5	≤1
5 等	≥75	≤8	≤3

③ 高蛋白大豆等级划分　在符合等级基本要求前提下，高蛋白质大豆依据粗蛋白质含量、完整粒率和损伤粒率分为 1 等、2 等、3 等共三个等级，高蛋白质大豆的等级划分应符表 6 的规定。

表 6　高蛋白质大豆等级划分　　　　　单位：g/100g

等级	粗蛋白质含量（干基）	完整粒率	损伤粒率	
			合计	其中，热损伤粒
1 等	≥44			
2 等	≥42	≥90	≤2	≤0.2
3 等	≥40			

（2）规格

① 规格基本要求　每个规格大豆应符合下列基本条件：粒型基

本一致；体积大小基本一致。

② 规格划分 在符合规格基本要求前提下，大豆依据百粒重分为小粒、中小粒、中粒、中大粒、大粒、特大粒 6 个规格。大豆规格的划分应符合表 7 的规定。

表 7 大豆规格划分   单位：g

规格	小粒	中小粒	中粒	中大粒	大粒	特大粒
百粒重	≤10	10.1～15	15.1～20	20.1～25	25.1～30	＞30

第三节 大豆用肥技术疑难解析

72. 大豆施用有机肥有哪些作用？

（1）提供多种养分，肥效长 有机肥为大豆植株生长发育提供丰富的有机质和氮、磷、钾及各种微量元素，并可以持续满足大豆生长发育中后期开花、结荚、鼓粒对大量养分的需要。

（2）改善土壤结构，培肥土壤 有机肥中的有机质能使板结的黏土得以疏松，又可使松散的砂土得以团聚，为大豆根系生长发育创造良好的水分、通气、温度条件，促进植株地上部分生长发育。

（3）缓解或控制重茬、迎茬危害 有机肥不但可以随时补充土壤养分，改善土壤结构，培肥土壤，还有消除土壤中毒害物质等功能，从而减轻重茬、迎茬危害。

（4）增产作用 生产实践证明，施用有机肥可以显著提高大豆产量，增产幅度一般为 10%～20%，而且越是瘠薄土壤，施用有机肥增产效果越明显。

（5）有利于根瘤固氮 大豆的生长期比较长，施用肥效较长的有机肥料作基肥能起到培肥改土和提供养分的作用，对促进大豆的生长发育及根瘤固氮有极其重要的意义。大豆的生长发育情况在很大程度上取决于根瘤的固氮能力，而根瘤的固氮能力与土壤肥力水平有密切关系。在土壤肥力较高的条件下，大豆甚至可以只施有机肥料而不施化肥就能有较高的产量，其原因在于肥力较高的土壤由于常年施用有机肥，有较高的供磷和供钾能力，还能提供各种微量元素，从而为根瘤固氮创造良好的条件。根瘤固氮能力的提高明显改善了大豆的氮营养状况。

73. 大豆生产如何施基肥？

基肥是指在秋翻或播种前进行的施肥。基肥多以农家肥为主，化学肥料为辅，重施基肥、增施农家肥作基肥，是保证大豆高产稳产的重要条件。

（1）基肥的种类和作用 基肥主要以有机肥（农家肥）为主，适当配合化学肥料。作为基肥施用的有机肥种类很多，如厩肥、堆肥、腐熟草炭、绿肥、土杂肥等。有机肥是完全肥料，它不但含有氮、磷、钾三要素，同时还含有钙、镁、硫、铁和各种微量元素，以及刺激植物生长的一些特殊物质如胡敏酸、维生素、生长素和抗生素等。因此，施用有机肥作基肥，可以为大豆生长发育提供各种营养元素。有机肥还具有种类多、来源广、数量足、成本低、肥效长等特点。在有机肥料中，以猪粪对大豆的增产效果最好，其次是堆肥，土杂肥的效果较差。

（2）基肥的施用量 基肥的使用量取决于肥料种类、土壤肥力水平、大豆的需肥特性和肥料数量的可能性。由于各地生产条件不同，很难确定出一个统一的施肥量。一般肥力中等或低下的地块，每亩施腐熟有机肥 1000～1500kg，肥力较高的地块，每亩施 500～1000kg，并与下列化肥配方之一充分混拌后施用。

① 磷酸二铵 8～10kg 加硫酸钾 10～12kg 或氯化钾 8～10kg。

② 尿素 3.5～4kg、三料过磷酸钙 8～10kg 加硫酸钾 10～12kg 或氯化钾 8～10kg。

③ 硫酸铵 7～8kg、过磷酸钙 25～30kg 加硫酸钾 10～12kg 或氯化钾 8～10kg。

瘠薄地和前作耗肥大、施肥量少的地块要注意多施粪肥。如果来不及施用大量有机肥，也可用饼肥和少量氮肥作基肥，每亩用饼肥 35～40kg、磷肥 20～25kg、尿素 1.5～3.5kg。另外要根据需要在基肥中施用硼、锰、锌等微量元素肥料。

（3）基肥的施用方法 大豆施用基肥的方法，因耕地和整地的方法不同而异，一般可分为耕地施肥、耙地施肥和条施基肥三种。

① 耕地施肥 在翻地或犁地前，把有机肥均匀撒于地表，通过耕地将肥翻入耕层，并使之与土壤融合。深施基肥，对保证大豆生育

后期，特别是结荚鼓粒期的养分供应起很大作用。这种施肥方法在东北地区普遍采用，其他地区也有采用此法进行基肥施用的。耕地施肥法的优点是肥料翻入土层的部位，恰好位于大豆根系密集区，便于大豆在各个生育时期吸收利用，同时也为大豆创造了疏松而深厚的耕层，施肥的深度随耕地的深度而定，一般深度为15～20cm。

② 耙地施肥　先把有机肥均匀地撒于地表，通过圆盘耙细致耙地，把有机肥耙入10cm以内的土层中，与土壤充分混合。这种施肥方法在夏大豆、秋大豆产区，由于复种指数较高，在种大豆前，一般不耕翻地而采用耙地施肥；在东北地区的秋耕地，一般采用耙地施肥。耙地的机具以圆盘耙或灭茬耙效果较好，耙地的方法可以采用纵横交叉耙法，做到细致耙地，土肥相融。

③ 条施基肥　把少量的有机肥料集中施在播种沟下面，使大豆根系能充分地吸收利用养分，既能保证幼苗生长良好，也能在大豆后期生育中陆续供给大量需要的养分。这种施肥法的优点是肥料集中，肥效较高。

（4）注意事项

① 肥料要撒施均匀，不积堆。

② 耕翻和耙地的深度要保持一致，使肥料和土壤能互相均匀混合。

③ 要根据播种当时的土壤水分情况进行施肥，特别是在易受干旱威胁的地区，更应做到因地、因时制宜。

74. 大豆生产如何施用种肥？

大豆苗期生长缓慢，根系不发达，根系少，根表面积小，摄取养分的能力较弱，但大豆苗期对土壤养分反应敏感，若此时土壤养分供应不足，则不仅影响苗期生长和分枝期的花芽分化，还会影响根系生长和结瘤固氮。施用少量种肥，提高土壤养分浓度，可以避免大豆苗期饥饿的出现，促进根系和结瘤的发育，增加结瘤数和结瘤量。

（1）种肥类型　作种肥的农家肥有腐熟发酵的猪圈肥、鸡鸭粪、人粪尿及饼肥等。含氮的化肥有硝酸铵、尿素、碳酸氢铵等，含磷的化肥有过磷酸钙、磷矿粉和钙镁磷肥等，含钾的化肥有硫酸钾、氯化钾等。目前生产上多使用复合肥。

（2）种肥用量　种肥用量需根据土壤供肥性能、当地施肥习惯、基肥种类及其用量以及大豆品种特性而定。在多数情况下，以磷肥作大豆种肥可以获得明显增产效果。一般每亩施过磷酸钙 10～15kg。如果需要，每亩可施氯化钾或硫酸钾 4～6kg 或草木灰 40～80kg。种肥一般不用氮肥，但对瘠薄地、地力差或早熟秆强的大豆品种，需施少量氮肥，一般每亩施硫酸铵约 5kg。如果以氮、磷肥配合作种肥施用，氮、磷比例以 1∶2 效果较好，或每亩用 5～10kg 磷酸二铵。

（3）种肥施用方法 种肥施用方法依播种方式、播种机具及肥料种类而定。人工点播地区，挖穴后将肥料施于穴底覆少许土后播种，或在挖穴播种后以混合土肥盖种。穴施的肥料应当是充分腐熟的农家肥，且在肥料中拌有细土，未充分腐熟的有机肥及硫酸铵、硫酸钾、磷酸铵和过磷酸钙，不能与种子直接接触，以免造成烧种、伤苗。大豆集中产区采用机械条播或畜力机械条播，一次性完成开沟、施肥、播种、覆盖作业。

北方大豆区机械播种施肥时，采用分层施或侧面深施肥，将肥料施于种下或种侧 5～8cm 处，以满足大豆苗期的养分需求。

（4）微肥拌种 播种前可根据需要对大豆种子用钼、硼、铁、锌等微量元素肥料浸种或拌种。钼能促进根瘤的形成和增长，用钼酸铵拌种的方法可参考问答 36 相关内容。

大豆播种前接种根瘤菌有明显增产效果，增产幅度为 10%～15.9%。尤其是新垦地或缺少大豆根瘤菌及根瘤菌活力低的土壤，施用根瘤菌肥料是大豆增产的经济有效手段。方法有根瘤菌剂拌种、根瘤菌接种、客土法等三种。以根瘤菌拌种法的效果最好。在根瘤肥供应不足的地方，可采用根瘤法和客土法接种，也有一定的效果。

（5）种衣剂拌种 种衣剂有杀虫灭菌的保苗作用和加强营养的壮苗作用。种衣剂有药肥型、药肥激素型。其成分有农药、高浓度化肥和生长调控剂等。各地根据当地生产中存在的问题，确定种衣剂的组成及制作方法。

（6）石灰调酸 大豆是需钙较多的作物。在一些呈微酸性和缺钙的土壤上施用石灰作种肥是大豆增产的一项重要措施。因为施用石灰能够中和土壤酸性和补充钙素的不足。试验证明，施用石灰可增产 7%～12%。一般是条撒到垄沟（行间）中，用量视土壤具体情况而定，每亩施 15～25kg 即可。

75. 大豆生产如何进行追肥?

大豆的需肥规律表明，大豆从花芽分化到始花期是营养生长和生殖生长并进时期，也是大豆植株需要大量营养的时期。在高产栽培条件下，仅靠原来的土壤肥力和已施用的基肥和种肥，往往不能满足要求。实践证明，在大豆的分枝期到初花期进行一次追肥，有明显的增产效果。特别是土壤肥力低，大豆前期长势瘦弱，封不上垄的地块，根部追肥效果更显著。但在土壤比较肥沃，或施基肥、种肥较多的情况下，大豆植株生育健壮、比较繁茂时，就不宜进行根部追肥，更不宜追施氮肥，否则，将造成徒长倒伏而减产。

（1）追肥种类　大豆追肥以硫酸铵、碳酸铵、尿素等氮肥为主，同时配合磷、钾肥。

（2）追肥方法

① 苗期追肥　春大豆幼苗期以根系发育为主，在施用基肥和种肥后，一般不必追施苗肥。但若豆田地力贫瘠，未施基肥和种肥，幼苗叶片小，叶色淡而无光，生长细弱，每亩可追施过磷酸钙 $10\sim15kg$、硫酸铵 $10kg$ 左右，对促进幼苗生长健壮和花芽分化有良好的作用。若地力中等，播前未施肥料，幼苗生长偏弱，也可酌情隔行轻施肥。若地力肥沃，幼苗健壮，苗期不可追肥，以免引起徒长，导致减产。

② 花期追肥　是大豆生产中的一个重要环节。追肥时间以始花期或分枝期效果较好。这个时期的养分供给直接影响分枝与花芽的分化，所以植株瘦弱地块要适量追施适宜的化肥以保证大豆的分枝数和花数。追肥数量一般每亩追施硫酸铵 $5\sim10kg$ 或尿素 $2.5\sim5kg$，磷酸二铵 $5\sim7.5kg$ 或过磷酸钙 $7.5\sim10kg$。这次追肥一般结合中耕除草，即除草后在垄侧开沟（距大豆植株 $5\sim10cm$）将肥料施入，然后中耕培土，将肥料盖上。追肥不宜乱撒乱扬，否则既浪费肥料，又容易烧伤豆叶。

③ 叶面施肥　大豆在盛花期前后也可采用叶面喷施的方法追肥。这个时期是大豆植株生理活动旺盛时期，需要大量的营养元素，以满足花荚营养需要。如只喷施一次叶肥，以初花至盛花期为宜；喷施两次，则第一次在初花期，第二次在大豆终花至初荚期。

叶面追肥可用尿素、钼酸铵、磷酸二氢钾、硼砂的水溶液或过磷酸钙浸出液。一般每亩用尿素 500～1000g、钼酸铵 10g、磷酸二氢钾 75～150g、硼砂 100g，喷施浓度为尿素 1％～2％、钼酸铵、硼砂 0.05％～1％、磷酸二氢钾 0.1％～0.2％、过磷酸钙 0.3％～0.6％。根据具体需要选择肥料单施或混施。叶面追施应于无风晴天的下午 3～6 时进行，既要避免喷后太阳暴晒导致叶面溶液水分快速蒸发，又要避免喷后遇雨淋洗损失。喷肥可以是人工或采用机引喷雾作业，大规模生产的大豆田可以采用飞机喷洒作业。

76. 大豆施用有机肥惠满丰有哪些效果，怎样施用？

（1）惠满丰的效果

① 缓解药害，降低农药残留　惠满丰的核心物质是有机矿化剂，与腐植酸配合，能够缓解阿乙合剂残留造成的药害，并可减少土壤毒素、降低产品农药残留，生产出安全、无毒、营养丰富的绿色食品。当玉米田施用除草剂的地块改种大豆时，喷施惠满丰 400 倍液进行土壤处理，即可缓解药害。当大豆遭受杀虫剂、杀菌剂、种衣剂等药害时，喷施惠满丰 400 倍液，一周内可得到缓解。

② 改良土壤，培肥地力　将惠满丰施到地里后，能在极短的时间里，把土粒团聚起来，形成团粒结构，给作物的根部创造一个良好的生长环境；能促进作物直接吸收利用土壤中营养物质，调整土壤的酸碱度，使有机质和养分不断释放，不断积累起来，对改良沙荒地和盐碱地也有很好的效果。

③ 提高产量，增加收益　施用惠满丰的大豆幼苗健壮、叶色深绿、主根长、须根量多、秸秆增高增粗、结荚多，提高了百粒重。平均亩增产 14.8～48.6kg，增产率 10.9％～26.2％。投入产出比为 1：（5.6～13.8）。

④ 改进品质，促进早熟　大豆上施用惠满丰，能够对作物体内物质的合成进行调节，明显改善外观品质和内部质量，粒大饱满青眼粒少，增加大豆的含油量和蛋白质含量；并且能促进作物根系生长，增加根瘤菌数，增强抗逆性，抗旱能力明显提高，达到了高产、早熟的目的。

（2）施用方法和注意事项　结合机械起垄，每亩用惠满丰液肥 200mL（2 瓶）兑水 60kg 喷施于土壤表面，随后起垄。如用惠满丰颗粒肥作基肥，每亩一次性用 20～25kg，施用方法同普通化肥；在

大豆初花期进行一次茎叶喷施，每亩用 100mL（1 瓶）兑水 40kg；结荚期进行一次茎叶喷施，每亩用 100mL 兑水 40kg。使用本产品后，可酌情减少化肥用量，并可结合浇水，喷施后第二天浇水效果更佳。喷施时间最好在早晨或傍晚，避开高温和烈日。尽量避开盛花期喷施，以免影响作物授粉。

77. 大豆鼓粒期怎样进行根外喷肥？

大豆进入鼓粒期，营养生长已经基本停止，生殖生长处于旺盛期，植株体内有机营养大量向籽粒运转，籽粒逐渐膨大，是大豆积累干物质的时期。

此期大豆对磷、钾肥料的需要量较多，这些养分由根系从耕层以下土壤中吸取，而耕层以下土壤中的养分转化释放能力弱，这就导致了大豆对养分的需求与土壤供肥能力不协调，容易出现营养不足而早衰，成为限制大豆高产的主要因素。

在大豆鼓粒期的管理上应进行根外喷肥，缓解大豆需肥与供肥的矛盾，加速同化产物的积累、转化和运输，可促进养分向籽粒转运，减少和避免秕粒，促进籽粒饱满，增加粒重，提高产量。

大豆开花期开始，对磷素吸收加强，一直持续到成熟期。钾素主要能调节植物生理生化机能，在大豆生育后期与磷素配合，加速物质转化为贮藏形态，促进籽粒膨大。硼能促进豆荚发育，减少落荚、秕荚。因此，在大豆鼓粒期根外喷施 0.5% 尿素、0.3% 磷酸二氢钾、0.1% 硼砂，隔 7 天再喷一次，对减少秕粒、增加粒重、提高产量有显著效果。

78. 夏大豆科学施肥技术要点有哪些？

（1）基肥　夏大豆播种时间紧迫，大多数地区很少施用基肥。因此，前茬作物增施有机肥料、培肥地力，就可为夏大豆健壮生长发育打下基础。这也是解决夏大豆播种季节劳力紧张、时间紧迫的好办法。如果劳力充足或机械化水平高，并具备灌溉条件的地区，一般每亩施有机肥 1000～3000kg，或再加施过磷酸钙 20～30kg，将肥撒施于地表，然后进行浅耕或用圆盘耙耙地后播种。

（2）种肥　夏大豆如没有施用基肥或在缺乏肥料的情况下施用

种肥，增产效果更加显著。种肥要用优质有机肥和速效氮、磷、钾肥。有机肥每亩用量100～200kg，其中，速效肥的种类及用量根据土壤肥力决定。一般每亩纯氮的用量不超过1.5kg（折合尿素3.2kg）、磷肥（五氧化二磷）不超过1.8kg（折合过磷酸钙12.5kg）。

（3）追肥 夏大豆播种时间紧，往往不施基肥，到大豆开花结荚时，很容易出现脱肥现象，造成叶片黄、长势弱、花荚少、脱落多。夏大豆开花期是其生长发育最旺盛的阶段，株高、叶面积系数和干物质的增长均较快，所需营养物质也较多。但这个时期植株内糖、氮的含量较前期低，土壤中可利用养分（主要指氮、磷、钾）的数量通常下降到最低值。当土壤中有效养分不足时，追施速效肥料增产显著。

① 追肥时间和方法　应根据植株的长势和土壤肥力情况灵活掌握。土壤瘠薄，追肥时期应适当提前。苗期已追肥的地块，开花期植株仍缺肥，可及时补追1次。若大豆生长健壮，叶面积系数过大，初花期就不必追氮肥。因生长不佳，鼓粒期需补追氮肥的地块，追肥量可少些。追肥数量以每亩尿素10～15kg为宜，薄地弱苗可适当增加。追肥以沟施为宜，尿素亦可撒施于行间。施肥最好结合灌溉，促使其及早发挥肥效。

② 磷肥　宜作夏大豆基肥施用。如"板茬"播种，基肥无法施用，土壤又严重缺磷，苗期可开沟增施磷肥。追施磷肥数量，一般以每亩施过磷酸钙25kg左右为宜。磷在土壤中移动范围小，易被土壤所固定，因此必须施在地下耕层内，以用耧串或开沟撒施为佳。

③ 钾肥　应早追，以幼苗至初花期为宜。每亩可追硫酸钾7.5～10kg，开沟施入地下耕层内。

④ 根外追肥　夏大豆结荚期根外追肥的比例，一般是尿素0.5kg、过磷酸钙1.5kg、硫酸钾0.25kg的浸出液，兑水50L，喷洒于叶片上。宜于阴天或下午4时后喷施。

⑤ 微肥拌种　在缺钼、硼和石灰性土壤中，分别用钼酸铵、硼砂和硫酸锰拌种，有明显增产效果。钼酸铵拌种，每亩用钼酸铵2g，兑水130mL，种子4kg。硫酸锰拌种，溶液浓度为0.1%～0.2%。硼砂拌种，溶液浓度为0.5%（液种比为1：6）。溶液同种子拌匀，阴干后即可播种。

⑥ 根瘤菌拌种　在播前 1 天或数小时，把根瘤菌剂倒入盆中，加水 500～1500mL，均匀混拌 3～5min，使菌液沾在种子上，经风干后，即可播种，根瘤菌怕阳光照射，拌种时要遮光，播后立即覆土。

79. 大豆施肥有哪些注意事项？

在田间栽培条件下，影响大豆施肥与产量关系的条件很多，主要有品种株型类型、栽培密度、水分供应状况、土壤肥力、施肥时间、肥料种类等。如果施肥时不综合考虑这些条件的影响，将会导致施肥不增产，或者造成倒伏减产。因此，大豆施肥必须注意以下几个问题。

（1）大豆施肥量不能过多　若基肥施用过量，会严重影响出苗生根。种肥对大豆的胚根和胚轴会造成严重伤害，甚至致使有些种子不能萌发，播种时不能把化肥和种子同时播入土壤。由于基肥或追肥过量后，都会造成大豆徒长，甚至倒伏，造成减产，因此，大豆施肥不可过量。

（2）大豆施肥后，必须保证水分供应　如果施肥后水分供应不及时，深施者会造成伤根；表面撒施者，经日晒逸散，对大豆不起作用。

（3）大豆施肥必须充分考虑品种株型类型　对于植株高大的品种，若进行大肥大水栽培，必须适宜稀植。否则，轻者造成空秆增加；重者造成倒伏减产。

（4）施肥要考虑土壤肥力　土壤肥力很高时，少施或不施基肥，同时，对植株高大的品种，也应稀植栽培，可在结荚末期追肥。

（5）选好肥料的种类　夏大豆适量施有机肥和磷、钾肥，对培育强大的大豆根系、增加根瘤非常有利。因此，大豆应多施有机肥和磷、钾肥。最好将有机肥与磷、钾肥配合作基肥施入，既壮根、增瘤、强秆，又使花繁荚多、籽粒饱满。

（6）注意施肥时间　在一般土壤肥力下，大豆分枝期前后不要施氮肥。分枝期施氮肥不仅抑制根系、根瘤生长发育，而且使花芽变为叶芽，造成旺长减产。在一般土壤肥力条件下，花期最好不施氮肥。若土壤肥力不足，花期施氮肥，量也宜少。因为花期施氮肥会引起蕾、花严重脱落。蕾、花脱落后，再长出枝芽，会造成叶繁荚稀的结果而减产。因此，在正常生长情况下，追肥期应适当推迟。

结荚末期追施氮肥，可减少秕荚，大幅度提高百粒重，并可使少部分植株再现蕾花而成荚，提高产量 20％～40％。因为结荚末期营养生长基本停止，根系、根瘤生长速度大大降低，到鼓粒期根瘤菌固氮能力逐渐下降。而鼓粒期大豆吸收的氮、磷量分别占全生育期的 60％和 65％左右，所需氮的绝对量是磷的 8～9 倍。因此，大豆鼓粒期常感氮素供应不足。结荚末期追施氮肥既满足大豆鼓粒的需要，又不会造成植株旺长，能大幅度增加籽粒产量。缺磷地区，也可氮、磷配合追施。氮、磷的适宜比例为 9：1。追肥后，一定要注意及时灌溉。

80. 为什么大豆能固氮还需要施肥？

在当前农业生产上，种大豆基本不施肥（尤其夏大豆产区）。主要原因是多数人认为大豆能固氮，种大豆不需施肥，还能为后茬作物留下一定量的氮。正是由于这种错误的认识，导致生产上大豆产量较低，一般维持在亩产 150kg 左右。实际上，当前推广的大豆品种产量水平一般在亩产 225～275kg，高产品种接近每亩 300kg。由于不施肥和管理粗放，造成每亩少收 70～100kg 大豆。

大豆能够固氮，但固氮量是有限的，而且其作用主要在开花期至鼓粒期，开花以前约 40 天左右的时间，根瘤小而少，固氮作用很小；鼓粒后期根瘤衰老，固氮作用迅速下降。一般大豆固氮作用提供的氮，仅占大豆生长所需氮量的 30％左右；在适宜条件下，可以达到 50％左右，目前大豆产区大都受大豆胞囊线虫病、根腐病等病害的影响，其固氮作用受到影响。此外，在磷素不足的情况下，根瘤数量和固氮能力下降。即使固氮作用能够提供大豆生长所需 100％的氮，大豆生长还需要磷、钾及微量元素。

据测定，每生产 100kg 大豆籽粒，约需吸收纯氮 8.25kg、有效磷 1.75kg、有效钾 3.60kg。按当前大豆实际产量水平亩产 250kg 计，大豆要发挥出正常的产量水平，仅籽粒每亩需氮、磷、钾量分别为 20.63kg、4.38kg、9.00kg。除籽粒需较多养分外，其茎秆所含氮、磷、钾也比其他粮食作物高得多。大豆茎秆含氮为 1.3％、含磷 0.3％、含钾 0.5％。大豆经济系数一般在 0.25～0.50 之间，每亩按 300kg 大豆秸秆计算，秸秆含氮、磷、钾约分别为 3.90kg、0.90kg、1.50kg。

以上分析可以看出，大豆是需肥较多的作物。即使固氮作用能够提供给大豆所需氮量的 50%，要达到它应有的产量，每亩还要提供大豆 13.90kg 的纯氮、5.28kg 的磷、10.50kg 的钾及各种微量元素，这还不包括叶、荚皮等对养分的消耗，实际上大豆对营养的需求要大于这一数据。一般的土壤肥力，在不人工施肥的情况下，很难满足大豆正常生长的需要，也就难以发挥出大豆的产量水平。

大豆虽然需肥量比较大，但大豆是深根作物，能够吸收较深土壤的养分。在生产中，一般肥力的地块，通常施肥量为氮 2～4kg/亩，磷 5～8kg/亩，钾 4～9kg/亩及适量微量元素，就能获得较为理想的产量。

大豆对氮肥的需求大致是在开花前和鼓粒后期，各占全生育期的 20%左右，开花到鼓粒期中期占全生育期 60%左右；对磷肥的吸收是开花前吸磷占总量的 15%，初花到结荚期吸磷占 60%，结荚到鼓粒期吸磷占 25%；对钾肥的需求是开花前占 30%多，开花到鼓粒期占 60%多，鼓粒到成熟期占不足 10%。从大豆需肥规律来看，大豆对氮肥需求量是中期最大，对磷、钾肥需求量则是前期大。因此，磷、钾肥应早施为好，最好作基肥。

夏大豆种植多以小麦为前茬，为了争时间，多数地块来不及耕翻贴茬播种，这就为大豆施基肥带来困难。在这种情况下，大豆应结合中耕除草、培土来施肥，一般在开花前施三元复合肥，用量根据前茬施肥量和地力情况适当增减。磷、钾要一次性施入，氮肥可分两次施入，苗期施 1/3，花期施 2/3。花期以后由于操作困难，后期脱肥以叶面施肥为主。叶面喷肥每亩可用磷酸二铵 1kg 或尿素 1kg 加过磷酸钙 1.5kg（过磷酸钙要预浸 24 小时后过滤再喷），兑水 50～60kg；或 0.3%磷酸二氢钾和 0.2%尿素的混合液，每亩用液量 50kg，从结荚开始于晴天傍晚喷施，每隔 7～10 天喷 1 次，连喷 2～3 次。

81. 大豆怎样施用氮肥？

（1）缺氮症状　由于蛋白质形成少，使细胞小而细胞壁厚，特别是细胞分裂减少，生长缓慢，植株生长缓慢，分枝减少，成龄植株矮小；由于大豆体内的氮素化合物有高度的移动性，能从下部老叶转移到幼叶，因此缺氮症状通常先从老叶开始，从下向上黄化，直至顶部新叶。在复叶上沿叶脉产生平行的连续或不连续铁色斑块，从叶尖向基部逐渐褪绿，直至全叶呈浅黄色，叶脉失绿。叶小而薄，易脱落，茎细长。

（2）大豆施氮方法 根据测土配方施肥确定科学、合理的氮肥用量和施用时期。施肥量见表 8。

表 8　春大豆氮肥推荐总用量

土壤有机质含量/（g/kg）	春大豆不同目标产量的施氮量/（kg/亩）		
	150	200	250
＜25	3	3.67	—
25～40	2.33	3	4
＞40～60	1.53	2.33	3.33
＞60	—	2.33	2.67

在增施有机肥的基础上，施用化肥。氮肥应分次施用，并适当增加生育中期施用比例。

一般初花期是大豆生育期中吸氮高峰的开始期，因此，大豆初花期补施速效氮肥往往增产明显。一般每亩用尿素 3～5kg，或硫酸铵 6～10kg，撒于大豆植株一旁，随后结合中耕培土将其掩埋。大豆出现缺氮症状时，应追施氮肥，可用 1％～2％的尿素水溶液进行叶面喷施，每隔 7 天左右喷 1 次，共喷施 2～3 次。

（3）注意事项 因氮素化肥对大豆根瘤的形成和根瘤菌的固氮有抑制作用，因此，大豆施氮素化肥应注意以下几点。

① 重视有机肥的施用　经过腐熟的有机肥料中的氮素，适于大豆缓慢地持续吸收利用。在大豆的前茬作物上施用多量的有机肥料，大豆利用前作施肥的后效，也有明显的增产效果。

② 大豆植株积累氮素最多最快的时期是在开花结荚期，因此，大豆施氮肥以花期追肥效果好。

③ 在土壤中有效氮含量低，不能保证大豆生长发育达到正常的繁茂度，或早熟秆强的大豆品种，幼苗期需要促进营养生长时，需用氮素化肥作种肥，增产效果好。

④ 氮、磷、钾肥配合施用，效果比各自单独施用效果好。

⑤ 大豆不宜施用氯化铵，因为氯化铵会明显抑制根瘤菌供氮。大豆宜施用尿素、硫酸铵、碳酸氢铵等氮肥。

82. 大豆怎样施用磷肥?

（1）缺磷症状 大豆植株早期缺磷，会导致细胞发育不良，使叶绿素密度相对提高，从而表现为叶色深绿，以后在底部叶的叶脉间失绿，最后叶脉缺绿而死亡；叶形小，有的呈纺锤形，尖而狭，且能向上直立，叶边缘向上卷曲；植株生长发育受到阻滞，植株细弱、瘦小，根系不发达，生长缓慢，根瘤数量减少。严重缺磷时，茎可能出现红色。开花后缺磷，花期和成熟期推迟，叶片上出现棕色斑点，严重时茎变红色。

（2）大豆施磷方法 根据测土配方施肥技术确定合理施磷量，具体用量可参考表9。

表9　东北地区土壤有效磷分级及春大豆磷肥用量

产量水平/(kg/亩)	肥力等级	有效磷（P）/(mg/kg)	磷肥用量（P$_2$O$_5$）/(kg/亩)
150	极低	<10	3.67
	低	10~20	3
	中	20~35	2.33
	高	35~45	1.67
	极高	>45	1
200	极低	<10	4.33
	低	10~20	3.67
	中	20~35	3
	高	35~45	2.33
	极高	>45	1.53
250	中	20~35	3.67
	高	35~45	3
	极高	>45	2.33

　　磷肥一般作基肥，宜早施，有利于根系吸收和减少土壤对磷肥的固定，提高磷肥利用效率。磷肥在土壤中移动性小，容易被吸附固

定，因此磷肥应该与有机肥混合堆沤后，采用沟施、穴施等集中施用方法为好。可每亩施用过磷酸钙 15～25kg，缺磷严重的土壤，用量可适当增加。大豆播种时可用少量过磷酸钙拌种，以满足苗期生长和根瘤菌繁殖对磷的需要。

大豆出现缺磷症状时，也可用磷酸二氢钾进行叶面施肥，浓度为 0.1%～0.2%，在初花期和终花期各喷 1 次，每次用 100g 左右，有一定增产效果。

83. 大豆怎样施用钾肥？

（1）缺钾症状　在大豆生育期间，如果钾素供应不足，常在大豆的老叶片上发现缺钾症状。大豆缺钾下层叶的小叶边缘出现不规整的黄斑、逐渐皱缩向下卷缩，叶中心部分仍为深色，叶尖及叶缘黄色部分逐渐向内发展，叶片脉间凸起皱缩，叶片前端向下卷曲，最后变成棕色而枯死。根系发育不良。生育后期缺钾时，上部小叶柄变棕褐色，叶片下垂而枯死。缺钾的植株大多数柔嫩多汁，细胞壁薄，大豆容易感染病害。缺钾大豆结荚少，荚小而不饱满，豆粒大小不匀，皱缩呈畸形，秕粒多，籽粒蛋白质含量降低。

（2）施钾方法　根据测土配方施肥技术确定合理施钾量，具体用量可参考表 10。

表 10　东北地区土壤有效钾分级及春大豆钾肥用量

产量水平 /(kg/亩)	肥力等级	有效钾（K） /(mg/kg)	钾肥用量（K₂O） /(kg/亩)
150	极低	<70	3.33
	低	70～100	2.67
	中	100～150	2
	高	150～200	1.53
	极高	>200	0
200	极低	<70	4
	低	70～100	3.33
	中	100～150	2.67
	高	150～200	2
	极高	>200	1.53

产量水平 /(kg/亩)	肥力等级	有效钾（K） /(mg/kg)	钾肥用量（K_2O） /(kg/亩)
250	极低	<70	5
	低	70～100	4.33
	中	100～150	3.67
	高	150～200	3
	极高	>200	2.33

　　钾肥一般分两次施用。钾肥宜作基肥或种肥施入土中。用量一般为每亩硫酸钾 10～12kg 或氯化钾 8～10kg。大豆出现缺钾症状时，每亩可追施氯化钾 4～6kg，或每亩用磷酸二氢钾 0.1～0.2kg 进行叶面喷施，每隔 7 天左右喷施 1 次，共喷 2～3 次。

84. 大豆怎样施用钙肥？

　　（1）缺钙症状　大豆幼苗期缺钙，胚叶基部出现大量黑斑、胚叶边缘出现黄色，顶芽坏死，子叶变厚、卷曲。初生叶叶缘收缩，叶成杯状，叶尖出现黑斑。开花前 1 个月内缺钙会引起基部三出叶边缘出现带有蓝色的斑点，叶深绿色，整个叶片斑纹密集成皱（彩图 6），茎秆木质部分软化。在结荚期缺钙，叶黄绿，并带有红色或淡紫色，荚果深绿或褐绿色，带有斑纹，叶子脱落延迟。缺钙植株长势弱，易于发病。

　　（2）施钙肥方法　在缺钙的酸性土壤上施用石灰，在黄泛石灰性冲积土上施石膏，都有显著增产效果。钙肥可作基肥，也可在初花期追施。在酸性土壤上宜施用碱性的石灰，一般每亩施 15～25kg。在盐碱土、石灰性土上宜用生理碱性肥料石膏，一般每亩施 20～30kg。

　　（3）注意事项　对于土壤含钙过多、石灰性丰富、呈碱性反应的地区，或经常施用过量石灰的地块，钙肥应少施或不施，否则会影响多种微量元素的有效性，使大豆出现缺铁、缺锰、缺镁、缺硼的现象。

85. 大豆怎样施用硫肥？

（1）大豆缺硫症状　大豆缺硫时，症状类似缺氮，叶片失绿黄化，植株矮小。但发病叶片不同于缺氮，症状首先在植株顶端和幼芽出现，生长发育前期新叶叶片失绿黄化，茎秆细长，根系长而须根少，植株瘦弱，根瘤发育不良，染病叶易脱落，叶脉、叶肉均生米黄色大斑块。一般晚熟，结实率低，产量和籽粒品质下降。

（2）施硫肥方法　缺硫的土壤，可施用石膏或硫黄等硫肥。可以和氮、磷、钾等肥料混合作基肥施用，也可拌细土或化肥撒施，也可拌种或施入种沟旁作种肥。大豆生长发育过程中缺硫，可用浓度为 0.5%～1% 硫酸钾喷施 2～3 次，每 7～10 天喷施 1 次，可以缓解缺硫症状。

86. 大豆怎样施用钼肥？

（1）大豆缺钼症状　缺钼时，由于氮素代谢失调而叶变成浅绿色，叶片厚而皱，生长不良，严重时叶片出现斑点，边缘焦枯向上卷曲，呈杯状的畸形叶，生长不规则，类似缺氮的症状。根瘤发育不良，数量少或几乎没有，体积小，固氮酶活性降低，固氮量减少。大豆缺钼的症状是从新生组织开始，先新叶片出现症状后，如果不能获得钼的补充，老叶上也会出现缺钼症状。缺钼的植株不会出现生长点坏死，这和缺硼植株易发生生长点坏死是有区别的。根据症状不同能把它们区别开。

（2）施钼肥方法　大豆对钼的需要量是很低的，每生产 100kg 大豆只需吸收 308mg 左右的钼。由于钼在土壤中不容易淋溶损失，如果经常施用钼肥会使钼在土壤中积累，而钼过量也会带来毒害，因此，一般补充钼肥都采用拌种或叶面喷施的方法。目前常用的钼肥为钼酸铵、钼酸钠等速溶钼肥，还有三氧化钼、含钼工业废渣、含钼玻璃肥料等迟效钼肥。使用方法有拌肥、种肥和根外追肥。

① 拌种　称取 5g 钼酸铵，先用温水完全溶解，然后加水至 0.5kg，即为 1% 钼酸铵溶液。0.5kg 肥液可拌 15kg 大豆种子。拌种方法：将种子摊平，把肥液均匀地喷洒在种子上，边喷边搅拌，使肥液全面附着于种皮上。应注意肥液用量不宜过多，以免种子起褶皱降

低种子质量，影响种子发芽率。拌种后的种子一定要阴干，不要晒种。如要拌农药时，必须在种子阴干后进行。拌种时不要用铁器，以防钼发生沉淀而失效。可用搪瓷或釉陶瓷器皿配制溶液。

② 浸种　作种肥的钼酸铵，每亩用量为 10g。由于量少使用不便，可先把钼酸铵研成细末溶解于水中，然后再拌化肥或有机肥一块使用。

③ 叶面追肥　速效钼肥喷施浓度以 0.1％～0.2％为宜，每亩喷液量以 50kg 为宜。一般在大豆盛花期、结荚期进行。如喷 1 次以初花期为宜；喷 2 次时，第一次在初花期，第二次在终花期至初荚期。钼肥也可根据情况与氮、磷肥混合喷施，即每亩用磷酸二铵 30g，或750g 尿素，或 750～1000g 过磷酸钙浸泡一夜后的上清液，分别与每亩规定用量的速效钼肥配成混合溶液，于叶面喷施。有条件的最好喷施 3 次，每次间隔 10 天左右。喷施时间最好在晴天或阴天、半阴天下午为宜。要求雾化良好，喷洒均匀，不重不漏。注意要求肥液加入喷雾器前，严格过滤，以防止杂质堵塞喷头，影响雾化和喷施效果。

（3）注意事项　由于缺钼症状多发生在酸性土壤上，可通过施用适量石灰降低土壤酸度，提高钼的有效性。

施钼主要采用根外施肥法，一般不用土施法，目的是控制用量。因此，如果采用土施法，每亩 200g 钼肥，要与有机肥充分混匀后再施，不要在同一块田里连年施用。

大豆需钼量虽大大高于非豆科大豆，但仍属微量水平，施用钼肥一定要严格控制用量，如超出规定标准，会使大豆发生钼中毒。

钼与磷有相互促进的作用，磷能增强钼肥的效果，在给大豆施钼肥前，先要弄清楚土壤是否缺磷，如果缺磷要补充磷肥，否则单施钼肥反而使根瘤减少。因为当土壤中磷的供应不足时，大豆根瘤菌虽然能入侵豆根，但不结瘤。

另外，硫能抑制作物对钼的吸收，含硫多的土壤或施用硫肥过量会降低钼肥的作用。土壤中施用钼肥，肥效可持续 2～4 年，不必年年施用。

87. 大豆怎样施用锰肥？

（1）缺锰症状　新叶失绿，老叶叶面不平滑、皱缩，脉间出现淡绿斑纹，进而失绿，叶脉仍保持绿色。症状似缺铁早期症状，但叶脉明显保持绿色。严重缺锰时，叶上产生褐色坏死斑，使叶片提早脱落。

（2）大豆施锰肥方法　锰肥可以作基肥，也可以拌种或叶面喷施。作基肥时最好与生理酸性肥混合，进行条施或穴施，这样既能施得均匀，又可减少锰向高价态转化，提高肥效。常用的锰肥有硫酸锰、氧化锰、碳酸锰和磷酸铵锰等，最常用的是硫酸锰。

硫酸锰施用的标准为：作基肥施用，每亩用量 $1～2kg$；叶面喷施时，可用 $0.05％～0.1％$ 的硫酸锰溶液，每亩用液量 $50～75kg$，连续 $2～3$ 次。

88. 大豆怎样施用锌肥？

（1）大豆缺锌症状　大豆缺锌时叶片呈青铜色，严重时出现坏死斑点，植株矮化，叶脉间组织褪绿。后期，整个叶片变黄或呈淡绿色。植株下部叶片变褐色或灰色，叶缘轻微卷起，或者变褐枯死，并提前脱落。受害植株开花少，豆荚畸形，成熟慢。

（2）大豆施锌肥方法　大豆属于对锌敏感的作物。在缺锌土壤上施用锌，能起到明显的增产效果，增产率可达 $14.2％$。可基施、始花期追施和花荚期喷施。

① 基施　由于锌在土壤中移动很慢，且有一定的残效，所以锌肥一般作基肥，作追肥施用效果差。一般每亩用硫酸锌 $1～2kg$，与细土 $20kg$ 掺匀，作基肥撒施或条施。

② 浸种　以 $0.1％～0.5％$ 的硫酸锌溶液浸种 12 小时，捞出晾干种皮，即可播种。由于浸种会导致种皮开裂，影响出苗，一般不采用。

③ 拌种　每 $10kg$ 种子用硫酸锌 $40～60g$，即将 $40～60g$ 硫酸锌用 $460～500g$ 水充分溶解后，喷洒在 $10kg$ 种子上，边喷边拌匀，晾干备用。

④ 追施或叶面喷肥　如果生长发育后期缺锌，可每亩追施硫酸锌 $1.0～1.5kg$，拌适量土后，施于离植株 $10cm$ 左右处。也可采用叶面喷施法补充，浓度一般为 $0.2％～0.3％$，每亩约需用液量 $50kg$，喷 3 次，每次间隔 $5～6$ 天。

（3）注意事项　锌在土壤中的移动性较差，因此锌肥应施在种子下面或旁边，土表施用效果差。为了施肥方便，可与生理酸性肥料或细潮土混匀后施用，但不能与磷肥混施。锌的增产效果与磷的施用量有密切的关系。当磷水平低时，高锌量容易造成危害，导致减产；而磷水平高可在一定程度上抑制锌过量造成的危害，但施锌量过高还不如不施锌。施肥当年被作物吸收少，大部分残留于土壤中，每亩施用 1kg 锌肥，后效可维持 2～3 年。

89. 大豆怎样施用硼肥？

（1）**大豆缺硼症状**　缺硼时，生长点附近的叶片变黄，有时带有红紫色，叶畸形增厚，皱缩，叶缘向下翻卷，症状由上而下发展；大豆根系发育不良，根瘤不但不发达、停止伸长，甚至失去固氮能力；导致植株茎尖分生组织死亡，生长明显受阻、矮缩，花蕾在发育初期死去；还会影响开花结荚数和花粉形成及受精。缺硼症状易与缺钙或缺钾症状相混淆。

（2）**大豆施硼方法**　硼肥主要有硼砂和硼酸，部分地区也应用生产硼砂的下脚料如硼泥或硼镁肥。硼肥以硼酸最好，硼砂次之。硼肥最好作基肥施用，其次是根外追肥，也可作种肥和拌种。

① 基肥　每亩用 500g 硼酸或硼砂，与 20～30kg 过筛的有机肥或细土充分拌匀，均匀地撒施后翻耕入土，或开沟条施。或用硼砂泥、含硼玻璃肥料 25～30kg 与过磷酸钙充分混合、撒匀后翻耕入土。

② 拌种　每千克大豆种子用 0.4g 硼酸或硼砂。根据种子量称取硼酸或硼砂，先用 2kg 清水充分溶解，然后用喷雾器直接喷洒大豆种子，边喷边拌，力求均匀，晾干后即可播种。

③ 叶面喷施　若植株表现缺硼，可进行叶面喷施，每亩用硼酸或硼砂 100g，兑清水 50kg，即成 0.2％ 的溶液，于大豆始花期和盛花期各喷一次。

（3）**注意事项**　大豆需硼量很小，硼又很容易致毒，因此，硼肥要慎用。大豆施用硼肥应严格控制用量，否则引起硼毒害，不仅不能增产，反而造成减产。硼肥作基肥时，一般一次施用可持续 3～5 年，还应注意硼肥不要与种子直接接触，最好与有机肥或氮磷肥混拌施用。

90. 大豆怎样施用铁肥？

（1）**缺铁症状**　在初期，幼嫩叶片叶脉间的组织发生黄化，老叶仍保持绿色。在后期，甚至叶脉也褪绿萎黄，最后全部叶片变成白纸似的，而且很快在靠近叶缘地方出现棕色斑点，老叶变黄、枯萎，而后脱落。

（2）施铁肥方法　大豆补铁，可采用无机铁化合物补充铁营养。为了增加铁的吸收、运转和利用率，目前常用的铁肥有硫酸亚铁、硫酸亚铁铵、螯合态铁，这些都是易溶于水的速效铁肥，主要采用浸种和叶面喷施等施用方法。

① 浸种　每亩用种量可称取硫酸亚铁 10～15g，兑水 12～15kg，配制成 0.1% 的硫酸亚铁溶液，待充分溶解后，将种子放入，浸泡 12 小时，捞取后晾干、播种。

② 叶面喷施　每亩每次喷洒 0.2% 的硫酸亚铁溶液 50kg，在新叶出现发黄现象时喷施，一般喷施 2 次即可。

（3）注意事项　如果在缺铁地块种植大豆，最好同时采用这两种方法施用铁肥，如果采用一种方法，则以叶面喷施效果最好。因铁易被土壤固定，叶面喷施可避免土壤固定。

91. 盐碱对大豆的影响有哪些？

（1）盐害　由土壤里可溶性盐类过量引起。各种可溶性盐类对大豆影响程度不同，可溶性盐溶解于水和离子穿透作物细胞的能力越大的，对大豆的危害也就越大。

① 影响作物吸水　大豆是不能离开水分而生存的，只有在大豆植物细胞液比土壤溶液的浓度大 1 倍左右时，才能源源不断地从土壤中吸收水分。当土壤中含有过量盐分时，土壤溶液浓度提高，会使大豆吸水困难，种子在土壤中吸不到足够的水分，就难以萌动、发芽。即使出了苗，也难以维持正常的生长和发育，有的甚至还会像腌咸菜一样，产生"生理脱水"的现象，萎蔫死亡。

② 影响作物吸收养分　大豆所需的养分一般都是伴随水分进入植物体内的。盐分多，影响大豆吸收水分，亦影响大豆对养分的吸收。同时，由于氯离子和钠离子的大量存在，还会抑制大豆对钙、磷、铁、锰的吸收，造成大豆体内营养元素的缺乏，进而抑制大豆的生长发育和其他生理功能。由于大豆对钙需求量大，在盐碱条件下对钙的摄取受阻，将不利于大豆生长。

③ 盐分的毒性效应　土壤中某些离子浓度过高，对作物会有直

接毒害。氯离子过量可引起大豆叶片枯萎，在营养生长和开花早期，受害植株下部叶片可能脱落，随生长季节的进展，盐害症状加重，受害叶片增多。

④ 对大豆植株性状及产量的影响　盐对大豆植株性状影响最大的是分枝数减少，对产量影响最大的是单株饱荚数减少，其次是百粒重降低，这些都是盐的危害造成大量花荚脱落的结果。产量下降的另一主要因素是分枝数减少，豆荚的着生部位减少，因而荚数相应减少。

（2）碱害　由于土壤胶体吸附有大量的代换性钠离子，土壤中游离的强碱性物质，可产生直接或间接危害。

① 土壤中代换性钠离子过量存在时，土粒分散，干时板结，湿时泥泞，不通气，不透水，影响大豆根系的呼吸作用和养分吸收，对大豆生长发育不利。

② 碱性强的土壤中，钙、磷、铁、锰等营养元素易被土壤固定，不易被大豆吸收，可使大豆产生缺钙、缺磷、缺铁等营养不良现象，从而不能正常生长发育。

③ 碳酸钠等强碱性物质，可破坏大豆根部的各种酶，影响大豆新陈代谢的进行，特别是对刚萌发的芽和根有很强的腐蚀性，可产生直接伤害。

92. 如何防止大豆盐碱害？

（1）选育耐盐品种

（2）整平土地、灌溉排水　整平土地可以防止高地返盐和洼地窝盐。灌溉冲洗可增加淋洗作用，加速土壤脱盐，排水可改变、改善区域性的地面径流和水文地质条件，有利于土壤脱盐及防止土壤返盐。排灌配套需要合理而完善的排水渠，做到有灌有排。在降水条件较好的地区，在田内灌水洗盐，可加快土壤的脱盐速度。但泡田洗盐碱的用水量不应过大或过小，如果过大，土壤不能有效脱盐，同时又浪费水资源，容易造成土肥流失；过小则达不到冲洗盐碱的目的。除了挖沟灌溉，滴灌也是一种既节水又高效的方法，在盐碱地可广泛应用。在播种时，灌溉设施配合地膜覆盖技术，可以减少蒸发，使膜下土壤含水量增加，耕层盐分浓度降低，有助于出苗和壮苗。近年来，大豆免耕覆秸播种技术的应用，即将前茬作物的秸秆覆盖在播种后的田地中，利于土壤水分的保持，充分利用有限的墒情，可保证大豆及时播种和良好的出苗率。

（3）**施肥**　土壤有机质的合成和分解是土壤形成过程的实质。土壤有机质积极参与土壤统一形成过程的生物循环，它们作为营养元素的来源起着巨大作用。同时，它们影响着土壤微生物区系分布活性和土壤中一系列的微生物学过程，对盐碱地来说，土壤有机质还影响盐碱的累积和转化。因此，土壤肥力问题，在很大程度上，也可以说是土壤有机质问题。

增施有机肥，重施氮、磷化肥，能明显改良盐碱地。相对于无机化肥，有机肥肥效长，有机质丰富，能够增加土壤的孔隙度，有效改良土壤结构，增强土壤保水保肥能力，并在分解时产生有机酸和碳酸的互作，从而把有害的碳酸钠转化为无害的盐类。腐叶土、松针、木屑、树皮、马粪、泥炭、醋渣及有机垃圾等都是常用的有机肥料。

（4）**化学改良**　改良盐碱地还可以采用化学改良法，即用石膏、硫酸亚铁、硫酸、硫黄等化学改良剂，降低土壤碱性，减轻和消除碱金属碳酸盐和重碳酸盐对作物的毒害，调节、改善土壤的理化性质及生物学特性，达到恢复和提高土壤肥力的目的。

（5）**生物改良**　在生物防盐中多利用耐盐牧草进行盐碱地的改良。碱蓬、中亚滨藜、碱茅、西伯利亚白刺、沙枣、柽柳、地肤、罗布麻等都是常用的耐盐牧草。在盐碱地上种植耐盐植物，不但能回收土壤中的盐分，还能改善土壤肥力和物理性状。种植这些耐盐植物后，土壤含盐量都有不同程度的下降，有机质、氮、磷、钾水平都有不同程度的提高，伴生植被类型进一步丰富，并逐渐由盐生植物变成非盐生植物。

第四节　大豆用水技术疑难解析

93. 夏大豆怎样灌水？

夏大豆生长发育特性和需水规律与春大豆基本相似，但由于夏大豆一般在6月份播种，与春大豆相比，全生长期较短，生长发育、生理生化的变化时期也不相同。夏大豆营养生长时期短，生殖生长时间长，始花至终花日数与春大豆相近，相对时段较长。夏大豆播种至出苗期，土壤水分消耗很大，播种至出苗后就遇高温，光照由短变长，田间蒸发量大，播种时经常缺水，播期灌水次数最多，这与春大豆相比，有很大区别。在生长期灌溉也有一定的增产效果。

（1）足墒播种　夏大豆出苗对土壤水分要求较高，大部分地区前茬是麦田，6月上旬以后，土壤水分消耗量很大，有些地区降雨较少，易出现干旱。为保证大豆出芽，出苗时能有充足水分，0～20cm土层含水量应为田间持水量的80%左右，以使全苗壮苗。土壤水分在田间持水量的75%以下者，最好及时灌水予以补充。其灌水定额：地面灌每亩35～45m^3，喷灌每亩20～25m^3。灌溉可于麦收前或麦收后进行。最好是畦灌（适于窄行种植的地块）或沟灌（行距在40cm以上的均可），不可大水漫灌。灌溉后应及时耙地保墒，立即播种。麦收前灌溉的地块，麦收后必须立即耙地保墒，抢时播种。

（2）幼苗期保墒　夏大豆的幼苗期（出苗后约半月内）蒸发量大，必须做好保墒工作。由于幼苗期处于6月中下旬和7月份，其间多年平均雨量大大超过了大豆同期田间耗水量，受旱机会很少，相反受涝机遇较多。夏大豆幼苗期土壤含水量少些，能促进根系下扎，因此，大豆苗期应注意蹲苗，防止后期倒伏。这个时期除非过于干旱或苗弱，一般不必浇水。

（3）分枝期灌小水　大豆分枝期根系生长快，地上部营养体生长逐渐增长。当土壤田间持水量降至70%以下时，宜灌小水。

（4）花荚期及时灌溉　大豆开花结荚期（从开花到鼓粒期25天左右的时间）营养生长生殖生长并进，生长速度快，是需水高峰期。对土壤水分要求较高，如果土壤水分不足，会造成大量花荚脱落而减产，因此，花荚期是大豆第二个关键灌水时期。花荚期一般在8月份，降雨量偏小，出现干旱的机遇较多，因此，一般灌溉效果显著，但应注意控制植株过于旺长，以防倒伏而减产。一般当土壤水分降至田间持水量的80%以下时，必须及时灌溉。

（5）鼓粒、成熟期灌溉　在这时期0～40cm土层内土壤平均含水量降至田间持水量的65%以下时，也应适量进行灌溉，否则影响其籽粒饱满并易因遭受逆境灾害而减产。在鼓粒后期，大豆要求干燥条件，若土壤水分过多，反会引起贪青倒伏，影响产量和收割，故这时期一般不灌溉。鼓粒前期，营养生长基本停止，逐步转入旺盛的生殖生长阶段，鼓粒初期植株需水多，之后逐渐减少，但对水分的反应仍很敏感。鼓粒前期遇旱，影响每荚粒数和粒重；鼓粒中后期遇旱，主要影响粒重。为保证光合作用旺盛进行，当土壤水分降至田间持水量的80%（鼓粒前期）和70%（鼓粒后期）以下时，必须及时灌溉。

（6）慎浇蒙头水 大豆播种后出苗前，遇干旱时浇蒙头水要慎重。因为浇后的土壤板结，会导致子叶出土的阻力增加，影响出苗；如播种时底墒差，播后又遇高温，不浇水，大豆子叶接近地表但难以出土。浇蒙头水后，对部分因板结出苗困难的地块要小心地破除板结，不要伤害子叶。因各种原因未掌握好土壤墒情而播种入土，或地块内墒情不均匀的，种子不能吸水膨胀，或吸水膨胀后不能继续萌发，或开始萌发遇旱不能继续萌发出苗等，浇蒙头水后必须破除板结以帮助出苗。有灌溉条件的地区，夏大豆播种前土壤干旱为赶农时应采取浇底墒水的办法，不可播种后浇蒙头水解决干旱问题。

94. 大豆灌水应掌握哪些原则？

根据大豆整个生育过程的需水特点，结合苗情、墒情、天气等具体情况，采取相应措施进行合理灌水，才能收到良好灌水效果。

（1）根据生长发育时期浇水 不同生长发育时期需水不同，苗期需水较少，应适当干旱，不浇水或少浇水。开花、结荚、鼓粒期需水较多，干旱对产量影响较大，遇旱时应及时浇水。

（2）根据大豆长相灌水 大豆植株生长状态是需水与否的重要标志。大豆植株生长缓慢，叶片老绿，中午有萎蔫现象，即为大豆缺水表现，应及时灌水。据测定，当大豆植株体内含水量在69%～75%时，为正常生育状态；当含水量降低到65%～67%时，呈萎蔫状态；当含水量降低到59%～64%时，植株凋萎，开花数减少，落花明显增加。

（3）根据土壤墒情灌水 土壤含水量是否适宜是正确确定灌水与否的可靠依据。在一般土壤条件下，大豆各生育阶段土壤含水量分别为幼苗期20%左右、分枝期23%左右、开花结荚期30%左右、鼓粒期25%～30%。当土壤含水量低于适宜含水量时，大豆就有受害的可能，应进行浇水。

（4）根据天气情况灌水 根据天气情况和天气预报确定灌水，

久晴无雨速灌水，将要下雨不灌水，晴雨不定早灌水。气温高，空气湿度低，蒸发量大，土壤水分不足，应及时浇水，即使土壤水分勉强够用，但由于空气干燥也应适时浇水。

（5）根据土质和地势灌水　土质、地势不同，灌水次数、灌水数量也应有所区别。沙质土蓄水保肥差，大豆易受干旱影响，应轻灌、勤灌。黏重土壤，蓄水力较强，水分容易蒸发，灌水量要适当大些。土壤结构良好，有机质含量高，保水力强，灌水次数和灌水量不可过多。

95. 大豆灌溉的方法有哪些?

大豆田灌溉方式由种植方式、田间灌排设施及气候条件等决定。无论采用何种方式，都应力求做到大豆田受水均匀、地表水不流失、深层水不渗漏、土壤不板结。主要方式有沟灌、畦灌、喷灌和滴灌。

（1）沟灌　沟灌是目前应用较多的一种灌溉方式，垄作地区普遍采用沟灌。它受地形限制小，水从垄沟渗进土壤，不接触垄上表土，可防止板结，有利于改善群体内的水、气、热等生态环境。沟灌又可以分为逐沟灌、隔沟灌、轮沟灌和细流沟灌等。采用隔沟灌溉，可节约用水，加快灌水速度。干旱严重地块，应逐沟灌溉。为灌水均匀，避免土壤冲刷，沟灌时一般采用分段进行，分段距离根据地势而定，10°以下坡地，每段50～60m为宜。

（2）畦灌　畦灌适宜于地面平整、畦面长宽适宜的田块，在南方，夏、秋大豆区常用畦灌。畦灌具有灌水快，省水，灌水量易于控制，不会造成土壤冲刷、肥料流失等优点。但受地形影响大，土地不平时，灌水不均匀，水从表土渗入，易造成土壤板结。因此，畦灌水流不宜过急，应逐渐漫灌。由于畦灌易造成土壤板结，故畦灌过后待土壤水分降到田间持水量85%以后，应进行浅中耕松土，破除板结，保蓄水分。

（3）喷灌　利用喷灌机械将水喷洒到地面的灌溉方法为喷灌，它可提高灌溉效率。喷灌不受地形限制，减少沟渠设施，可充分利用土地，灵活掌握用水量，节约用水，对地温影响小，土壤不产生裂缝，不会造成土壤板结，还可以结合灌水喷施叶面肥或农药，促使大豆植株生长发育好、生理活性强、干物质积累多、增花增荚、粒多粒重。虽然前期一次性投资较大，但可以节省水资源，提高劳动效率。

不过，土壤干旱严重时，喷灌对迅速解决干旱的效果低于沟灌和畦灌。

（4）滴灌 利用埋入土中的低压管道和铺设于行间的滴灌带把水或溶有某些肥料的溶液，经过滴头以点滴方式缓慢而均匀地滴在作物根际土壤中，使根际土壤保持潮湿，目前这种方式多用于果树、蔬菜，而新疆在大豆、棉花等作物上已大面积应用，收到良好效果。滴灌不同于喷水或沟渠流水，它只让水慢慢滴出，并在重力和毛细管的作用下进入土壤。滴灌能根据作物需要和降水情况，调控土壤湿度，既有利于作物良好生长，获得高产，又能节省水资源，今后将会较快发展。缺点是造价较高，由于杂质、矿物质沉淀的影响会使毛管滴头堵塞，滴灌的均匀度也不易保证。

96. 大豆鼓粒期喷灌要注意哪些问题？

大豆进入鼓粒期、成熟期仍需一些水分和养分，促进大豆的物质积累成熟和提高结实率，增加产量。多年来，大豆进入鼓粒期，一般均十分干旱，对顶尖和上部的大豆鼓粒成熟产生不利影响。对此，一些农户在此期间用喷灌井水来缓解旱情。生产实践证明，在大豆鼓粒期抽水喷地，一周后非但不能促进成熟，反而会导致部分植株提前枯黄甚至死亡，因而减产。其原因是，大豆鼓粒后进入成熟期，根系老化，喷后湿度大，地温下降，根部传导功能受到抑制和影响，加速了大豆根系的老化进程和衰退。同时，湿度过大，根系亦易得大豆根腐病而致使整株干枯死亡，进而导致死亡。不过如喷灌得当是会达到理想效果的，大豆后期喷灌应注意以下几点。

（1）喷灌应在鼓粒前进行 此时，大豆根系未全部进入老化阶段，抗低温、湿度和抗病能力强，喷后既对大豆鼓粒和快速成熟十分有利，又不易导致根腐病等。此间喷灌的大豆，籽粒饱满，增产幅度大，是大豆增产的关键期。

（2）要选择喷灌时间 如天气温度高时，避开高温喷灌（河水除外），选择早、晚时间喷，减少大豆对井水的温差。

（3）后期喷灌应减少或缩短喷灌时间，尽量避免土壤高湿度 大豆进入鼓粒后期喷灌，抽井水时更应注意地温和湿度，以免导致大豆得根腐病。温度高时，喷灌应以与土壤内的湿度接上为止，不可暴喷。温度偏低时，喷灌强度应小于土壤渗入速度，以地表不产生径流和积水为宜，达到大豆鼓粒的需要。

（4）**喷灌与施肥同步进行**　在后期喷灌的大豆，应及时在作物上喷1~2次叶面肥，快速促进鼓粒、成熟。每亩大豆可用500~600g尿素或磷酸二氢钾80g进行人工叶面喷雾，以补充作物因根系老化不能及时提供的养分，同时还能促进和改善作物的叶片功能，延长生命活力，提高光合效率，从而提高结实率和产量。

97. 实现大豆节水的农业技术措施有哪些？

① 结合不同旱作地区的现实条件和技术应用基础，开发应用农业水资源优化配置与调控技术，建立地表水、土壤水、地下水多水源联合调控和综合高效利用技术。

② 筛选和推广耐旱性强、产量高、质量好的大豆品种，在干旱地区推广行间覆膜技术，同时有针对性地推广深耕深松、集雨蓄水、节灌、"坐水种"等旱作节水农业技术。

③ 改良土壤，提高土壤有机质含量，构建"土壤水库"，促成土壤良好的团粒结构，为土壤水库的增蓄扩容创造良好条件。

④ 实施耕作保墒，建立轮耕、少耕或免耕技术体系。通过合理耕作，最大限度地接纳、保蓄、利用好自然降水，增强土壤的保水、供水能力。

⑤ 推广田间节水灌溉技术，使投入尽可能少的灌水量，生产出尽可能多的农产品，以获得单位灌溉水量的最高生产效率。

第五节　大豆用药技术疑难解析

98. 大豆药害的表现有哪些，如何防止？

（1）**大豆药害症状**　大豆发生药害后，在其不同部位表现出一定的征象。药害发生较轻时，通过加强田间管理，可使大豆恢复正常的生长，一般不至于影响产量。但发生严重时，会导致大豆死亡，造成绝收。农药药害在大豆上一般表现以下症状：

① 叶片　出现不同颜色、各种形状的斑点；叶片失绿、黄化、畸形、脱落等。

② 花　主要在开花前或开花盛期用药时，引起"落花"，提前凋谢或"花而不实"等。

③ 根　引起烂根或根尖变褐腐烂或畸形；根毛稀少。

④ 种子　主要是发芽率降低。

（2）大豆药害的诊断　农药对大豆产生的药害，由于有病害因素、缺肥因素以及大豆生理障碍等因素的存在，从而使鉴别的难度增大。遇到施药后大豆生长异常的，诊断应注意以下几点：

① 大豆出现的异常症状在施药后短期内发生的，应核实所用的药剂品种、使用时期、用量和用法是否正确。

② 调查临近大豆田块是否有相同的异常症状，以排除病害因素。

③ 熟悉大豆病害、药害和营养缺乏的症状及发生规律，并加以区别。

④ 利用生物培养法和解剖法，检查在大豆出现异常症状部位，有无病原菌存在和大豆组织细胞的变化。这是比较精确的诊断方法。

（3）预防药害的基本原则　应积极主动采取有效的预防措施，避免药害发生。

① 使用药剂前，仔细阅读说明书及有关资料或向植保部门咨询。

② 请农业技术人员到田间地头，针对田间的主要杂草、耕作制度和当时的环境条件，为你选择合适的药剂和使用剂量。

③ 严格按照施药技术规程操作，做到"不重、不漏、不流"。

④ 妥善保管好药剂，防止包装标签脱落或腐蚀。若发现标签丢失，应立即贴上新标签，标明该药剂名称及施药方法。

⑤ 对用过药剂的喷雾机要及时清洗干净，程序是先用清水冲洗，然后用肥皂或 2%～3% 碱水反复清洗数次，最后用清水冲洗干净。

⑥ 到有农资经营资格的门市部购买药剂并向其索取正式发票。

⑦ 对于自己未用过的药剂，如果想用，应先小面积试验，确定其安全性后，再大面积使用。

（4）药害防救策略

① 及时查田补种　对药害严重、造成死苗、形成缺苗断垄的地块应及时补种，把药害损失降到最低程度。

② 增施肥料　当植株出现黄化、药害等症状时，可每公顷增施尿素 50kg，以减轻药害程度。

③ 喷施植物生长调节剂　每公顷喷施"云大 120"30g＋增产菌

浓缩液 200mL，可缓解药害程度。

④ 采取促早熟增产措施　通过喷施叶面肥，加强田间中后期管理等措施来促使受害植株及早恢复生长，正常成熟。每公顷可喷施磷酸二氢钾 2.5kg＋思福叶面肥 1.5kg＋尿素 7.5kg。

99. 防止或缓解大豆药害的措施有哪些？

① 选好农药，做到对症下药。

② 确定适宜的浓度，严格按操作规程使用，不要在花期施药。

③ 大豆田施用除草剂时，注意土壤有机质含量，有机质含量少的砂土，用药量宜少，反之用药量可增加。喷洒除草剂时，要设立隔离带，注意风向，防止其随风飘移伤害邻近的敏感作物，必要时喷雾器要专用。

④ 发生药害后追施速效化肥　施用除草剂产生药害后，可追施速效肥料或采用根外追肥来补救。对激素类除草剂如 2,4-滴、2 甲 4 氯飘移至大豆田后产生的药害，可打去畸形枝，必要时喷洒赤霉酸或草木灰、活性炭等，活性炭吸附性强，能减轻药剂污染土壤。

⑤ 使用植物生长调节剂　发生药害后，为促进生长，还可以喷施一些有助长和助壮作用的植物生长调节剂，特别是促进根系生长发育的调节剂。喷施调节剂时，选择品种很重要，如 1.8％复硝酚钠水剂 3000 倍液，或 0.04％芸苔素内酯乳油 8000 倍液等可促进植株恢复生长。不能选用抑制作物生长的调节剂。

⑥ 喷清水冲洗　如喷用除草剂或杀虫剂过量或邻近敏感作物遭受药害，可打开喷灌装置或用喷雾器，连续喷 2～3 次清水，可清除或减少叶片上农药残留量；对那些遇有碱性物质易分解的农药，还应在水中加入 0.2％的碳酸钠进行淋洗和中和。

⑦ 足量浇水　使根系大量吸水，降低植株体内有害物质的相对浓度，有一定缓解作用。如土壤施药过量，可采用灌跑马水或浇灌、滴灌等方式，稀释土壤中的残留药物，排除部分药物，减少为害。结合追肥中耕松土，增加土壤透气性和地温，促根系发育，加强植株恢复力。

⑧ 喷施叶面肥缓解除草剂药害　提倡喷洒绿风 95、植物动力 2003 等叶面肥，可使受害大豆迅速恢复正常。或用 600 倍天达 2116 壮苗灵＋200 倍红糖＋500 倍尿素＋6000 倍 99％天达噁霉灵＋3000

倍天达有机硅药液喷施植株，每 7 天喷 1 次，连续喷施 2～3 次，可有效缓解大豆除草剂药害。

⑨ 改善田间环境条件 采取措施改善作物生长的田间条件，及早排除田间积水，及时防治病虫害。

总之，只要有利于作物生长发育的措施，都有利于缓解药害。对于受害偏重、植株难以恢复生长的田块，应及时翻耕、灌水，待土壤中的残留药物降解后，再进行改种或重种。

100. 植物生长调节剂在大豆生产上的应用有哪些?

（1）增产灵（4-碘苯甲酸） 可促进生长发育，防止落花落果，使豆粒饱满，增加百粒重，并提早成熟，一般可增产 11.5%。一般在盛花期和结荚期 2 次喷施，间隔 7～10 天，浓度 10～30mg/kg，药液量每亩 150kg。

（2）萘乙酸 结荚盛期用 5～10mg/kg 萘乙酸溶液重点喷洒豆荚和柄，可减少花、荚脱落，促进早熟多产。对蚕豆与绿豆同样有效。

（3）复硝酚钠

① 促进作物生长 用 6000 倍复硝酚钠溶液浸种 8～12 小时，可促进生根，有利于培育壮苗。大豆浸种 3 小时，有良好的促生根效果。

② 防止落花落果 开花前 4～5 天，用 6000 倍液喷洒叶片与花蕾，可减少大豆落花落荚。

（4）石油助长剂 播前用浓度为 0.01%～0.04%石油助长剂药液浸泡大豆种子 3～4 小时，可提高大豆发芽率。

开花期用 500mg/kg 喷洒，可明显增加单株结荚数，使籽粒饱满。

（5）联二苯脲 始花期喷施 50～100mg/kg 联二苯脲，可提高光合效率，增加蛋白质含量与总氮量，明显提高产量。

（6）三十烷醇 用 0.1～1.0mL/L 的三十烷醇浸种，可提早成熟，增加总粒数和百粒重；用 0.5～2mg/kg 的三十烷醇溶液，在开花或结荚期喷洒叶面，可提高结实率，并使种子提前成熟。花期喷洒后隔 10 天再喷一次可提高使用效果。三十烷醇也可以和氮、磷、钾肥配合施用，效果更佳。

（7）矮壮素 防止徒长。盛花期用 500～1000mg/kg 矮壮素溶液喷洒叶面，可使茎粗壮，有防倒伏作用，能增加大豆结荚数。

（8）**多效唑**　可使植株矮化，茎秆变粗，叶柄缩短，叶片功能期延长，有利于通风透光和防止倒伏，并能兼治大豆花叶病，一般增产 20％左右。施用方法：苗期喷施 50～200mg/kg 多效唑溶液，可提高大豆的抗病能力。在大豆分枝到初花期，亩喷 250mg/kg 多效唑溶液 25kg。

（9）**烯效唑**　用 25～30mg/kg 烯效唑溶液在春大豆初花期喷洒叶面，可降低株高，增加总荚数和粒数。

用 50～70mg/L 烯效唑溶液在秋大豆始花期和盛花期喷洒叶面，可使植株矮化，茎秆增粗，复叶小而厚，叶柄粗短，叶色较绿，上部复叶功能期延长，主茎节荚部位降低，荚数、粒数和百粒数增加，提高产量。

（10）**三碘苯甲酸**　可用于大豆抗倒伏。开花期喷施 200～400mg/L 三碘苯甲酸，可控制营养生长，提高结荚率。在大豆初花期或盛花期，每亩用 3～5g，使用浓度 100～200mg/kg，每亩用药液量为 35～150kg，进行叶面喷洒，可使茎秆粗壮，防止倒伏，促进开花，增加产量，提高品质。在土壤肥沃、大豆生长旺盛时施用，效果较好；如土壤贫瘠、大豆生育不良，则不宜施用。也可在大豆开花前 2 片复叶与 5～6 片复叶时，用低浓度（15mg/kg）三碘苯甲酸溶液喷洒叶面，先后处理 2 次，可增加开花数和种子产量，减轻植株徒长。

（11）**亚硫酸氢钠**　亚硫酸氢钠是一种光呼吸抑制剂，在大豆上施用，可以有效降低植株的光呼吸强度，减少干物质消耗，增加荚数和百粒重，增产 5％～17％，并提早 2～5 天成熟。一般在开花期至结荚期用 100mL/L 溶液喷洒 1～2 次。

（12）**赤霉酸、激动素**　播前用浓度为 3.5mg/L 赤霉酸药液或 1mg/L 激动素药液浸种，可加快春播大豆在 10～15℃条件下的初期发芽速度，明显加快幼根生长速度，增加幼根鲜重和干重。赤霉酸的促进效果尤其明显。这两种药液在 10℃条件下的促进效果大于 15℃条件下的促进效果。在 25℃下时，则没有明显的促进效果。

（13）**膨大素**　可使大豆根系发达，茎秆粗壮，花荚脱落率降低 20％～30％，增产 20％。在大豆初花期，亩用膨大素 8g，兑水 15kg 喷雾，隔 16 天喷一次，共喷 2 次。

（14）**苯肽胺酸** 20％苯肽胺酸水剂，商品名为果多旱，它能通过叶面迅速渗入植物体内，促进营养物质输送至花蕾的生长点；增强细胞活力，促进叶绿素形成；利于授粉、受精；诱发花蕾成花结果，提高坐果率；防止生理落果和采前落果；荚果提早5～7天成熟。在大豆盛花期和结荚期各喷施1次，每亩每次用20％水剂270～400倍液40～60kg喷雾。

（15）**吡啶醇** 播前用浓度为200mg/L吡啶醇药液浸种2小时，冲洗2～3次，可促进根系生长，苗矮壮，根瘤多，分枝多。

（16）**ABT 4号生根粉** 用浓度为5～10mg/L的ABT 4号生根粉药液浸种2小时，捞出置阴凉处12小时以上，待豆种皱皮后播种；或将精选出的豆种放在塑料薄膜上，将浓度为5mg/L的ABT 4号生根粉药液均匀喷于种子表面，边喷边将其轻轻翻动，种子达潮湿程度为止，然后将潮湿种子放在阴凉处堆成小堆，闷种6小时以上。处理后，幼苗可早出土4天，全苗期提前2～3天。

（17）**果实增糖剂** 开花后施用120～480mg/L果实增糖剂液，可增加大豆产量。

第三章

大豆主要病虫草害全程监控技术

第一节　大豆各生长发育期病虫害防治技术

101. 如何做好大豆主要病害的综合防治？

　　大豆的真菌性病害主要有：大豆根腐病、大豆霜霉病、大豆灰斑病、大豆褐斑病、大豆锈病、大豆白粉病、大豆紫斑病、大豆菌核病、大豆炭疽病、大豆立枯病、大豆枯萎病、大豆轮纹病等。

　　大豆的细菌性病害主要有：大豆细菌性斑点病、斑疹病、角斑病等。

　　大豆病毒性病害主要有：大豆花叶病毒病、大豆矮化病毒病等。

　　大豆线虫性病害主要有：大豆胞囊线虫病、大豆根结线虫病等。

　　防治大豆病害要以植物检疫、选用抗（耐）病品种、健身栽培等措施为基础，辅以生物防治、物理防治等综合防治措施，将病害的危害损失控制在经济允许水平之内。

　　（1）加强植物检疫　不从疫区调运种子，不同区域相互引种、调种时，应严格检疫种子。

　　（2）农业措施

　　① 选用抗（耐）病品种　针对当地大豆主要病害选用相应的抗（耐）病品种，避免长期种植单一品种。

　　② 选用无病（毒）种子　选用无病（毒）留种田的种子。播前应严格精选种子，选择籽粒饱满，外观完整，种皮色正且有光泽的种子，清除病毒、霜霉、紫斑、赤霉、灰斑等病粒，黑（褐）粒，虫粒，菌核，草籽、土块等杂质。

　　③ 合理轮作　合理轮作倒茬，避免重茬和迎茬种植。线虫病发生区实行与非豆科作物如小麦、玉米等轮作，并坚持 3 年以上，盐碱

土和沙土地区实行 5～6 年以上的轮作。不与花生、向日葵、油菜、小杂豆（红小豆、芸豆）、麻类等作物连作或相邻种植。南方大豆区也可实行水旱轮作或短期淹水。

④ 科学播种　适期播种，一般在地温稳定在 8～10℃时播种，播种深度应掌握在 4～5cm。根据品种特性和地力条件合理密植。

⑤ 合理施肥　增施磷钾肥、腐熟的有机肥和农家肥等，避免偏施氮肥，适当补充锌、锰、钼、硼等微量元素肥料，提高大豆抗病能力。

⑥ 田间管理　播前精细整地，进行深翻耕，深度一般在 20～30cm，做到平、碎、净，创造疏松平整的耕层。平地早春进行镇压；秋翻秋起垄地，要随起垄随镇压；秋灭茬、春起垄地，要顶浆起垄，及时镇压。夏播区播种后及时灭茬、浇水，保证全苗。生长期适时中耕培土，提高土壤的通透性。及时清除田间杂草，雨后开沟排水，降低田间湿度。及时铲除田间中心病株，收获后及时翻地，清除菌核、病残体等，集中销毁，减少田间菌源量。

（3）物理防治　田间放置银灰塑料薄膜驱避蚜虫，预防蚜虫传播病毒病。

（4）生物措施　优先使用生物农药，保护利用草蛉、瓢虫和食蚜蝇等蚜虫自然天敌，控制蚜防病。

（5）化学措施

① 土壤处理　对线虫病、根腐病等土传病害，在大豆播种前或生长期进行土壤处理。线虫病，可每亩用 10％噻唑磷颗粒剂 2～3kg，与适量细土或细沙混匀，或每亩用 5％淡紫拟青霉颗粒 1.5～2kg 与干土混匀，均匀穴施或条施在种子或幼苗附近。

根腐病，可每亩用 5％甲霜灵颗粒剂 2～2.5kg 拌细土进行沟施、条施或撒施，耙匀后播种。

② 种子处理　播种前 3～5 天可对大豆种子进行包衣处理，预防病虫害，提高保苗率。拌种时要严格按照农药使用说明，均匀搅拌后摊开晾干后播种。

真菌性病害可选用 30％或 35％多·福·克悬浮种衣剂，按药种比 1：（60～80）进行拌种或按有效成分 500～750g/100kg 种子进行包衣；用 80％乙蒜素乳油 5000 倍液浸种，或每公顷用 2％宁南霉素水剂 18～24g(a.i.) 拌 100kg 种子，或 70％噁霉灵种子处理干粉剂

70～140g(a.i.) 拌 100kg 种子，或 35%精甲霜灵 14～28g(a.i.) 拌 100kg 种子进行种子处理。

病毒性病害可每公顷用 2%宁南霉素水剂 18～24g(a.i.) 拌 100kg 种子。

大豆胞囊线虫病可用 30%或 35%多·福·克悬浮种衣剂，按药种比 1：(60～80) 进行拌种或包衣；或选用 5%淡紫拟青霉水剂，按种子量的 1.5%拌种，闷种 24 小时播种。

③ 药剂防治　根据病害种类，结合气象条件和品种的抗病性，于病害发生初期及时用药防治。大豆花叶病毒病防治的关键是"切断毒源"，在蚜虫发生初期及时用药治蚜控病。

a. 真菌性病害　可用 25%嘧菌酯悬浮剂 150～225g(a.i.)/hm^2，或 30%苯醚丙环唑乳油 90～135mL(a.i.)/hm^2，或 25%甲霜灵可湿性粉剂 600～800 倍液、75%百菌清可湿性粉剂 600～800 倍液、70%甲基硫菌灵可湿性粉剂 800～1000 倍液、15%三唑酮可湿性粉剂 600～800 倍液、50%异菌脲可湿性粉剂 1000～1500 倍液等喷雾。

b. 细菌性病害　可用 77%氢氧化铜可湿性粉剂 500 倍液，30%琥胶肥酸铜悬浮剂 500 倍液，20%噻菌铜悬浮剂 500 倍液喷雾。

c. 病毒性病害　可用 2%宁南霉素水剂 250～300 倍液等。防治传毒媒介蚜虫可在蚜虫点片发生期选用 2.5%高效氯氟氰菊酯水乳剂 6～9g(a.i.)/hm^2，或 10%吡虫啉可湿性粉剂 1500～2000 倍液、3%啶虫脒乳油 1500～2000 倍液等喷雾。

d. 线虫性病害　可选用 2%阿维菌素乳油 1500～2000 倍液，或 50%辛硫磷乳油 600～800 倍液灌根。

e. 施药技术　防治根部病害应采用药液灌根，防治大豆茎叶病害应全面喷雾。喷雾时应细致周到，使大豆植株叶片正反面均匀着药。药后如遇雨会影响防治效果。施药次数和间隔时间可根据药剂特性、病害发生程度、气象条件而定。

102. 如何制定大豆各生育期的主要病虫草害防治措施？

大豆栽培管理过程中，病虫草害严重影响着大豆的产量和品质，应总结本地大豆病虫的发生特点和防治经验，制定防治计划，适时进行田间调查，及时采取防治措施，有效控制病虫害。大豆田病虫草害的综合防治历见表11，各地应根据自己的情况采取具体的防治措施。

表11　大豆田病虫草害综合防治历

生长发育期	主要防治对象	防治措施
播种期	地下害虫、苗蚜、大豆胞囊线虫病	喷施芽前除草剂、药剂拌种、土壤处理
苗期	杂草	喷施除草剂
开花结荚期	花叶病毒病、大豆卷叶螟、霜霉病、菌核病、大造桥虫	喷施杀虫剂、杀菌剂、除草剂
鼓粒成熟期	豆天蛾、大豆食心虫、豆荚螟、紫斑病、霜霉病、炭疽病	喷施杀虫剂、杀菌剂

103. 大豆播种期主要病虫害有哪些，如何防治？

这一时期病害主要有大豆紫斑病、霜霉病、炭疽病等，播种期是其重要侵染阶段，有效地控制侵染可以减轻其后期的为害。另外，在大豆胞囊线虫病发生地块或地区，播种期进行种子处理或土壤处理是控制该病为害最有效的措施。

（1）播种前土壤处理　播前整地，包括播前进行的土壤耕作及耙、压等。播前灌溉，对于墒情不好的地块，有灌溉条件的，可在播前1～2天灌水1次，浸湿土壤即可，以利播后种子发芽。

（2）种子处理　可用40%萎锈·福美双胶悬剂250mL拌100kg种子，或用50%多菌灵可湿性粉剂或50%异菌脲可湿性粉剂按种子重量的0.5%拌种，或50%福美双可湿性粉剂按种子重量的0.3%拌种，堆闷3～4小时后播种。可防治紫斑病、霜霉病、炭疽病等。

防治大豆胞囊线虫病，可用35%甲基硫环磷按种子量的0.5%拌种；或用5%克线磷颗粒剂3～4kg/亩拌适量细干土混匀，在播种时撒入播种沟内。

为进一步促进出苗、多长根、增加耐旱能力，可以用ABT生根粉（浓度为5～10mg/L）药液浸种2小时，捞出晾干播种。也可用一些微肥，如钼酸铵3.5g/亩，锰、铜肥0.1%溶液拌种，增产效果明显。如能用根瘤菌拌种，增产更为显著。

104. 大豆苗期的主要病虫害有哪些，如何防治？

根据大豆不同生育期对环境的不同要求以及大豆不同生育时期的特性采取相应的管理措施，才能获得高产。具体措施：

病虫害防治，对于大豆花叶病严重的地区，应及时防治蚜虫，以防治病毒侵染，可喷洒 10％吡虫啉可湿性粉剂 20～30g/亩、3％啶虫脒乳油 30mL/亩，兑水 40～50kg 均匀喷施；50％抗蚜威可湿性粉剂 2000 倍液、2.5％溴氰菊酯乳油 2000～4000 倍液。

在病毒病发生初期，也可喷施 5％菌毒清水剂 200～300 倍液、20％吗胍·乙酸铜可湿性粉剂 500 倍液、0.5％菇类蛋白多糖水剂 300 倍液、1.5％植病灵乳剂 1000 倍液等，每隔 5～7 天喷 1 次，连续喷 2～3 次。

对于一些生长过旺的豆田，可以喷施浓度为 200mg/kg 的多效唑溶液，促分枝和花的形成。或喷洒叶面宝 8000～10000 倍液或亚硫酸氢钠 6g/亩或 0.2％硼砂溶液等叶面肥。

105. 大豆开花结荚期主要病虫害有哪些，如何防治？

开花结荚期主要争取花多、花早、花齐，防止花荚脱落。要看苗管理，保控结合，高产田以控为主，避免过早封垄郁闭，在开花末期达到最大叶面积为好。

7 月下旬以后大豆进入开花、结荚期，一般到 9 月成熟，这一时期病虫害种类多、为害重，是防治病害保证产量和品质的关键阶段。病害主要有紫斑病、霜霉病、菌核病、细菌性斑点病等，一般在大豆结荚到鼓粒期，根据病情喷施药剂。虫害主要有大豆卷叶螟、大豆造桥虫等，正是由于这些病虫造成一般年份减产 20％～30％，豆粒大量霉烂、残缺不整，应采取防治措施。

防治紫斑病、炭疽病、灰斑病等，可喷施：70％丙森锌可湿性粉剂 100g/亩＋70％甲基硫菌灵可湿性粉剂 100～150g/亩、50％异菌脲可湿性粉剂 100g/亩、25％丙环唑乳油 40mL/亩，兑水 40～50kg。

防治菌核病，可用：50％乙烯菌核利可湿性粉剂 66g/亩、50％腐霉利可湿性粉剂 20～30g/亩、40％菌核净可湿性粉剂 50～60g/亩、25％咪鲜胺锰盐乳油 70mL/亩，兑水 40～50kg，均匀喷雾。

防治霜霉病，可用下列药剂：40％三乙膦酸铝可湿性粉剂250～300倍液、25％甲霜灵可湿性粉剂800倍液、58％甲霜·锰锌可湿性粉剂600倍液、64％噁霜·锰锌可湿性粉剂800～1000倍液。

防治大豆细菌性斑点病，可喷施：90％新植霉素可溶性粉剂3000～4000倍液，或30％碱式硫酸铜悬浮剂400倍液、30％琥胶肥酸铜可湿性粉剂50～70g/亩、47％春雷·王铜可湿性粉剂50～70g/亩、12％松脂酸铜乳油600倍液等。

豆天蛾的防治一般在8月，注意田间观察，尽早施药防治。大豆食心虫、豆荚螟应在大豆结荚期，结合有关单位的虫情预报，调查田间蛾、虫量，及时施药防治。用下列药剂进行防治：50％辛硫磷乳剂1000倍液、20％氰戊菊酯乳油2000倍液、2.5％溴氰菊酯乳油2000倍液、50％敌敌畏乳油800～1000倍液、50％马拉硫磷乳油1000倍液喷雾。

防治大豆卷叶螟、大造桥虫等害虫，可以用下列药剂：10％醚菊酯悬浮剂65～130mL/亩、10％氯氰菊酯乳油35～45mL/亩，兑水50kg喷雾。也可以用80％敌敌畏乳油1000倍液、20％三唑磷乳油700倍液、2.5％氯氟氰菊酯乳油4000倍液、5％丁烯氟虫腈胶悬剂2500倍液、50％马拉硫磷乳油1000倍液、2.5％溴氰菊酯乳油3000倍液、20％氰戊菊酯乳油2000～3000倍液喷施。

106. 大豆鼓粒成熟期主要病虫害有哪些，如何防治？

鼓粒成熟期是大豆积累干物质最多的时期，也是产量形成的重要时期。促进养分向籽粒中转移，促粒饱增粒重，适期早熟则是这个时期管理的中心。这个时期缺水会使秕荚、秕粒增多，百粒重下降。秋季遇旱无雨，应及时浇水，以水攻粒对提高产量和品质有明显作用。大豆黄熟末期为适收期。

该时期豆天蛾、斜纹夜蛾、豆荚螟、赤霉病、荚枯病等发生为害较重，要重点喷药防治。

防治赤霉病、荚枯病等，可喷施：60％多菌灵盐酸盐水溶性粉剂1000倍液，或50％苯菌灵可湿性粉剂1500倍液、50％咪鲜胺锰盐可湿性粉剂1500～2500倍液、25％咪鲜胺乳油1500～2000倍液、25％嘧菌酯悬浮剂1000～2000倍液等药剂。

防治大豆害虫，可喷施：2.5％氯氟氰菊酯水乳剂16～20mL/

亩、20％氰戊菊酯乳油 20～30mL/亩、20％甲氰菊酯乳油 20mL/亩、12％吡虫啉·甲氰菊酯乳油 20～40mL/亩，兑水 40～50kg 均匀喷雾。

第二节　大豆主要病害防治技术

107. 如何防治大豆猝倒病？

大豆猝倒病在世界各大豆产区均有发生，主要发生在大豆种子发芽至植株生长发育前期，表现为幼苗猝倒和根腐症状。该病主要发生在早春气温低和雨水多的条件下，一般危害不重。病原为德巴利腐霉或瓜果腐霉，属于卵菌。

（1）农业防治　适时播种，合理密植。避免在低洼地种植大豆，或加强排水排涝，降低土壤湿度，减轻发病。提倡轮作和施用腐熟有机肥。

（2）化学防治　可采用播前拌种或苗期灌根的方法。播前拌种时采用 35％甲霜灵拌种剂 30g 拌大豆种子 10kg；苗期灌根可选用 40％三乙膦酸铝可湿性粉剂 400 倍液，或 25％甲霜灵可湿性粉剂 800 倍液，或 64％噁霜灵可湿性粉剂 500 倍液，或 72.2％霜霉威水剂 800 倍液，以甲霜灵拌种剂的防治效果最好。

108. 如何防治大豆立枯病？

大豆立枯病，俗称"死棵""黑根病"，病害严重年份，轻病田死株率在 5％～10％，重病田死株率达 30％以上，个别田块甚至全部死光，造成绝产。该病仅在苗期发生，主要危害幼苗和幼株。病原为立枯丝核菌，属半知菌亚门真菌。

（1）农业防治　选用抗病品种。与禾本科作物实行 3 年轮作。选用排水良好干燥地块种植大豆。低洼地采用垄作或高畦深沟种植，合理密植，防止地表湿度过大，雨后及时排水。施用石灰调节土壤 pH 值，使土壤微显碱性，具体方法是每亩施用生石灰 50～100kg。

（2）药剂拌种　用种子量 0.3％的 40％甲基立枯磷乳油，或 50％福美双可湿性粉剂，或 50％多菌灵可湿性粉剂，或 50％甲基硫菌灵可湿性粉剂拌种。

（3）化学防治 发病初期可选用下列药剂：40％三乙膦酸铝可湿性粉剂 200 倍液，或 25％多菌灵可湿性粉剂 500 倍液灌根；70％乙磷·锰锌可湿性粉剂 500 倍液，或 58％甲霜·锰锌可湿性粉剂 500 倍液、69％烯酰·锰锌可湿性粉剂 1000 倍液、20％甲基立枯磷乳油 1200 倍液、50％多菌灵可湿性粉剂 800～1000 倍液、64％噁霜·锰锌可湿性粉剂 500 倍液等喷雾防治，隔 10 天左右喷 1 次，连续防治 2～3 次，并做到喷匀喷足。

109. 如何防治大豆病毒病？

大豆病毒病，是系统性发生病害，常导致成株发病。在大豆生产上发生的病毒病种类并不多，但其危害却非常严重，如大豆花叶病毒病一直是大豆生产的重要病害（彩图 7）。该病分布非常广泛，普遍发生于各大豆产区。一般大豆病毒侵染大豆后，植株正常营养生长受到破坏，表现为叶片黄化、皱缩，植株矮小、茎枯，单株荚数减少甚至不结荚，籽粒出现褐斑，严重影响大豆的产量与品质。流行年份造成大豆减产 25％左右，严重时减产 95％。

（1）农业防治

① 种子处理 播种前严格选种，清除褐斑粒。适时播种，使大豆在蚜虫盛发期前开花。苗期拔除病苗，及时防治蚜虫，加强田间管理，培育壮苗，提高品种抗病能力。

② 选育推广抗病毒品种 由于大豆花叶病毒以种子传播为主，且品种间抗病能力差异较大，又由于各地花叶病毒生理小种不一，同一品种种植在不同地区其抗病性也不同，因此，应在明确该地区花叶病毒的主要生理小种基础上选育和推广抗病品种。

③ 建立无病种子田 侵染大豆的病毒，很多是通过种子传播的，因此，种植无病毒种子是最有效的防治途径之一。建立无毒种子田要注意两点：一是种子田四周 100m 范围内无病毒寄主植物；二是种子田出苗后及时清除病株，开花前再拔除一次病株，经 3～4 年种植即可得到无毒源种子。一级种子的种传率低于 0.1％，商品种子（大田用种）种传率低于 1％。

④ 加强种子检疫管理 我国大豆分布广泛，播种季节各不相同，形成的病毒株有差异。品种交换及种子销售均可能引入非本地病毒或

非本地的病毒株系，形成各种病毒或病毒株的交互感染，从而导致多病毒病流行。因此，种子生产及种子管理部门必须提供种传率低于1％的无毒种子，种子管理部门和检疫部门应严格把关。

（2）防治蚜虫　大豆病毒大多由蚜虫传播，大豆种子田用银膜覆盖或将银膜条间隔插在田间，起避蚜、驱蚜作用，田间发现蚜虫要及时用药剂防治。在迁飞前喷药效果最好，可选用50％抗蚜威可湿性粉剂2000倍液，或2.5％溴氰菊酯乳油2000～4000倍液、2.5％高效氯氟氰菊酯乳油1000～2000倍液、2％阿维菌素乳油3000倍液、40％乐果乳油1000～2000倍液、3％啶虫脒乳油1500倍液、10％吡虫啉可湿性粉剂2500倍液等于叶面喷施防治。

（3）化学防治　在发病重的地区可在发病初期喷洒一些防治病毒病的药剂，以提高大豆植株的抗病性，如0.5％菇类蛋白多糖水剂300倍液，或1.5％植病灵Ⅱ号乳油1000倍液、40％混合脂肪酸水乳剂100倍液、20％吗胍・乙酸铜可湿性粉剂500倍液、5％菌毒清水剂400倍液，或2％宁南霉素水剂100～150mL/亩，兑水40～50kg喷雾防治，每隔10天喷1次，连喷2～3次。

110. 如何防治大豆霜霉病？

大豆霜霉病（彩图8），在气温冷凉地区发生普遍，多雨年份病情加重。叶部发病可造成叶片提早脱落或凋萎，种子霉烂，千粒重下降，发芽率降低。该病危害幼苗、叶片、豆荚及籽粒。最明显的症状是在叶反面有霉状物。病原为东北霜霉，属于鞭毛菌亚门真菌。成株期感病多发生在开花后期，多雨潮湿的年份发病重。

（1）农业防治　与禾本科作物轮作2年以上。选用健康无病的种子，严格清除病粒，及时中耕，合理密植，注意使豆田通风透光；增施磷肥、钾肥或农家肥，可提高植株抗病力，减轻发病。

清除病苗。霜霉病在田间呈点状发生，由一个发病中心向外围扩散，并且病菌症状明显，易于识别，因此当田间发现病株时，可结合铲地及时除去病苗，消减初侵染源。

病害盛发期及时摘除病老叶，深翻土壤，加速病残体的腐烂分解，减少再侵染菌源。

（2）种子处理

① 选用抗病品种　抗病品种发病轻，病斑小，种子带菌率低。

感病品种病斑呈片状，孢子产生多，种子带病率高，病区应针对当地病害流行的生理小种，选用抗病品种，这是防治大豆霜霉病的有效途径。

② 种子处理　播种前，用 35％甲霜灵拌种剂或 80％三乙膦酸铝可湿性粉剂用种子量 0.1％～0.3％拌种，或 50％多菌灵可湿性粉剂按种子量的 0.7％拌种。

（3）化学防治　在苗期发病后或落花后喷洒药剂，可选用 40％百菌清悬浮剂 600 倍液，或 25％甲霜灵可湿性粉剂 800 倍液、58％甲霜·锰锌可湿性粉剂 600 倍液、64％噁霜·锰锌可湿性粉剂 500 倍液、72％霜脲·锰锌可湿性粉剂 700～800 倍液、47％春雷·王铜可湿性粉剂 600～800 倍液、77％氢氧化铜可湿性粉剂 1000 倍液、65％代森锌可湿性粉剂 500～1000 倍液、72.2％霜霉威水剂 600～800 倍液、52.5％噁酮·霜脲氰可分散粒剂 2000 倍液、50％福美双可湿性粉剂 500～1000 倍液、70％丙森锌可湿性粉剂 500～700 倍液、69％烯酰·锰锌可湿性粉剂 900～1000 倍液等喷雾防治，15 天喷 1 次，连续喷 2～3 次。

也可选用混剂 25％甲霜灵可湿性粉剂 600 倍液＋50％福美双可湿性粉剂 500～800 倍液，或 20％苯霜灵乳油 800～1000 倍液＋65％代森锌可湿性粉剂 500～1000 倍液、72.2％霜霉威水剂 800～1000 倍液＋75％百菌清可湿性粉剂 500～800 倍液等喷雾防治，每亩用药液量 40kg，视病情间隔 7～10 天喷洒 1 次，连喷 2～3 次。

111. 如何防治大豆锈病？

大豆锈病（彩图 9）是大豆的重要病害，主要危害大豆叶片，也可侵染叶柄和茎。以秋大豆发病较重，特别在雨季气候潮湿时发病严重。病原为豆薯层锈，属担子菌亚门的锈菌。全国大豆锈病发病期：冬大豆 3～5 月份，春大豆 5～7 月份，夏大豆 8～10 月份，秋大豆 9～11 月份。

（1）农业防治　导致锈病发生与流行的主要因子是空气湿度大，故应尽可能降低田间湿度，种植大田要开好围沟、厢沟，及时清沟排渍；调整播种期，避开发病高峰，避开花荚期的严重发病期。合理密植，加强田间管理，增施磷、钾肥。合理轮作，与其他非豆科作物实行 2 年以上轮作。清除病株残叶，深翻土地。收获后及时清除田间病残体，带出地外集中烧毁或深埋，深翻土壤，减少土表越冬病菌。

（2）**选用抗病品种** 品种间抗病性有差异，应选用抗病品种，经抗性鉴定，我国大豆品种资源尚未发现高抗锈病的抗病品种，但有不少中抗品种，不少抗性品种丰产性较好，可直接用于生产，有的可以作为抗原利用，培育抗病品种。

（3）**化学防治** 发病初期及时喷药防治，可选用 43％戊唑醇悬浮剂 4000～6000 倍液，或 40％氟硅唑乳油 6000～7000 倍液、15％三唑酮可湿性粉剂 1000～1500 倍液、80％代森锰锌可湿性粉剂 800～1000 倍液、75％百菌清可湿性粉剂 600 倍液、36％甲基硫菌灵悬浮剂 500 倍液、50％硫黄悬浮剂 300 倍液、50％萎锈灵乳油 800 倍液、6％氯苯嘧啶醇可湿性粉剂 1000～1500 倍液、25％丙环唑乳油 3000 倍液等喷雾防治，每隔 7～10 天喷药 1 次，连续喷 1～2 次，可收到好的防治效果。

也可每亩用 25％嘧菌酯悬浮剂 40～60mL、30％苯醚甲环唑乳油 20～30mL、300g/L 苯甲·丙环唑乳油 20～30mL，兑水 40～50kg 喷雾。

112. 如何防治大豆叶斑病？

大豆叶斑病在秋大豆上发生较多，多发生在生育后期，导致早期落叶。主要危害叶片，初生褐色至灰白色不规则形小斑，后中间变为浅褐色，四周深褐色，病、健部界限明显。最后病斑干枯，其上可见小黑点。病原为大豆球腔菌，属子囊菌亚门真菌。

（1）**农业防治** 实行 3 年以上轮作，尤其是水旱轮作。收获后及时清除病残体，集中深埋或烧毁，并深翻土壤。

（2）**药剂防治** 田间发现病情及时施药防治，发病初期，可选用 40％多·硫悬浮剂 500 倍液，或 70％甲基硫菌灵可湿性粉剂 600～700 倍液、50％甲硫·福美双可湿性粉剂 1000 倍液、77％氢氧化铜可湿性粉剂 600 倍液、50％多菌灵可湿性粉剂 800 倍液＋50％福美双可湿性粉剂 500 倍液、66％敌磺·多菌灵可湿性粉剂 600～800 倍液、70％甲基硫菌灵可湿性粉剂 600～800 倍液＋70％代森锰锌可湿性粉剂 500～600 倍液、50％腐霉利可湿性粉剂 800 倍液＋75％百菌清可湿性粉剂 800 倍液、50％咪鲜胺锰络化合物可湿性粉剂 1000～2000 倍液等喷雾防治，每亩用药液 40～50kg，视病情间隔

7～10 天喷 1 次，连续防治 2～3 次。

113. 如何防治大豆疫病？

大豆疫病又称大豆疫霉根腐病，是我国对外一类检疫对象。我国仅局部地区有发生。危害植株的根、茎、叶及豆荚，可引起根腐、茎腐、植株矮化、枯萎和死亡等症状。病原为大豆疫霉，属卵菌。为典型的土传病害。低温多湿的环境条件有利于发病，土壤黏重或重茬地发病重。

（1）农业防治　选用抗耐病品种。早播、少耕、窄行、使用除草剂等都能使病害加重，降低土壤渗水性、通透性的措施也会加重大豆疫病的发生，减少土壤水分、增加土壤通透性、降低病菌来源的耕作栽培措施可以减轻大豆疫病的发生程度。所以，栽培大豆应避免种植在低洼、排水不良或重黏土地，并要加强耕作，防止土壤板结，增加水的渗透性；避免连作，在发病田用不感病作物轮作 4 年以上可能减轻发病。

土壤湿度是影响大豆疫病的关键因素之一。土壤的松密度也与病害的严重程度呈正相关，所以或采用平地垄作或顺坡开垄种植田间耕作，或采用小型农机使雨后田间排水通畅等都对防治大豆疫病有利。对发病地块或地区，要及时拔除病株，集中销毁处理，并采取有效措施，实施轮作。发生区的农业机械外出作业要进行消毒。严重地块可改种水田。

（2）严格执行检疫制度　因大豆疫病是通过种子及种子上所带的土壤传播，所以不要从疫区引种。

（3）种子处理　应用药剂拌种防治该病害效果明显，是一项行之有效的防治措施，用种子重量 0.3% 的 35% 甲霜灵可湿性粉剂，或种子重量 0.3% 的 72% 霜脲·锰锌可湿性粉剂或 58% 甲霜·锰锌可湿性粉剂或 69% 烯酰·锰锌可湿性粉剂拌种，随拌随种。

（4）化学防治　必要时可选用 25% 甲霜灵可湿性粉剂 800 倍液，或 58% 甲霜·锰锌可湿性粉剂 600 倍液、64% 噁霜·锰锌可湿性粉剂 500 倍液、72% 霜脲·锰锌可湿性粉剂 700 倍液、69% 烯酰·锰锌可湿性粉剂 900 倍液、70% 福·甲霜可湿性粉剂 500 倍液、52.5% 噁酮·霜脲氰水分散粒剂 2000 倍液等喷洒或浇灌防治，隔 7 天喷洒或浇灌 1 次，共 3 次。

114. 如何防治大豆菌核病？

大豆菌核病（彩图 10），又称白腐病、死秧子病、白绢病。该病危害地上部，在大豆苗期、成株期均可发病，造成苗枯、叶腐、荚腐等症状，但以成株花期发生为主，受害最重。病原为核盘菌，属子囊菌亚门。7 月底至 8 月降雨多的年份，发病重。

（1）农业防治

① 加强监测。加强长期和短期测报以正确估计发病程度，并据此确定合理种植结构。

② 合理轮作，与非寄主作物实行 3 年以上轮作，但不能与油菜、马铃薯、向日葵等轮作。

③ 选择优良、早熟、抗病的品种，生产上缺少抗病品种，但可选用株形紧凑、尖叶或叶片上举、通风透光性能好的耐病品种。种子播种要过筛，精选种子，清除混杂在种子间的菌核。

④ 发病严重的地块，实行秋季深翻，将落入田间的菌核埋入土壤深层，使病株残体腐烂死亡。加强田间排水排涝，降低田间湿度，勿过多施用氮肥，可减轻发病。

（2）化学防治　发病初期，可选用 70％甲基硫菌灵可湿性粉剂 600 倍液，或 50％混杀硫悬浮剂 600 倍液、80％多菌灵可湿性粉剂 700 倍液等喷雾防治。

大豆开花结荚期（7 月下旬）喷药防效最高，既可有效地控制发病率，亦可有效地降低发病程度。可选用 50％乙烯菌核利可湿性粉剂 1000 倍液，或 50％异菌脲可湿性粉剂 1200 倍液、50％复方菌核净可湿性粉剂 1000 倍液、40％菌核净可湿性粉剂 1000 倍液、25％咪鲜胺乳油 1000 倍液、12.5％治萎灵水剂 500 倍液、40％多·硫悬浮剂 600 倍液、50％混杀硫悬浮剂 600 倍液、70％甲基硫菌灵可湿性粉剂 500 倍液、50％腐霉利可湿剂 2000 倍液等于叶面喷雾，以喷洒下部茎叶为主，发生严重时，隔 7 天再补喷 1 次。

菌核萌发出土后至子囊盘萌发盛期，可于土表喷施 40％菌核净可湿性粉剂 1000 倍液喷雾，或每亩用 50％腐霉利可湿性粉剂 50～60g，或 50％多菌灵可湿性粉剂 100g，兑水 40～50kg 喷雾。

115. 如何防治大豆纹枯病？

大豆纹枯病，是普遍发生的一种病害，可造成大豆落叶、植株枯死和豆粒腐烂。大豆纹枯病是一种在高温、高湿条件下才发生的病害，高温多雨、大豆田积水或种植过密、通风不良，利于大豆纹枯病的发生；与水稻轮作或在水稻田埂上的大豆易发病。在7～8月份可见大豆田成垄或多个植株接连发病，使植株大部分叶片表现出症状。

（1）农业防治　在可能的条件下选用抗病品种。合理密植，但避免种植过密。秋后及时清理病株残体和实行土地深翻，减少菌源。避免重茬，避免与水稻轮作，及时排除田间积水。

（2）化学防治　发病初期，可选用2％井冈霉素水剂800～1000倍液，或50％菌核净乳油300～500倍液、20％甲基胂酸锌可湿性粉剂1000倍液、70％甲基硫菌灵可湿性粉剂800倍液、20％甲基立枯磷乳油1200倍液等喷雾防治，连续2次，每次间隔1周。

116. 如何防治大豆茎枯病？

大豆茎枯病在各大豆产区均有发生，主要发生在大豆生长的中后期，对植株生长发育无明显影响，主要危害茎部。病原为大豆茎点霉，属于半知菌亚门。因为对此病未进行系统研究，对发病条件未见报道，只能根据此病具气流传播、多循环病害的特点，采用下列措施进行防治。

（1）农业防治　减少菌源，及时清除田间病残体，秋季深翻土地，将病残体深埋地下，减少侵染来源。实行3年以上轮作，减轻发病。选用抗病品种。

（2）种子处理　种子用0.3％的50％福美双等药剂包衣，或用40％甲醛200倍液浸灭菌处理。

（3）化学防治　发病初期，可选用50％多菌灵可湿性粉剂500倍液，或70％百菌清可湿性粉剂500倍液等进行防治。

117. 如何防治大豆荚枯病？

大豆荚枯病（彩图11），是大豆的重要病害之一，主要危害豆荚、豆粒，造成荚枯和粒腐，病荚不结实，有的虽可结荚，但品质变劣，病粒腐烂，不发芽，丧失食用价值。该病一般在生长后期发生。病原为豆荚大茎点霉菌，属于半知菌亚门。连阴雨天气多的年份发病重，南方多在 8～10 月，北方 8～9 月易发病。

（1）农业防治　建立无病留种田，选用无病种子。发病重的地区实行 3 年以上轮作。及时排出田间积水。合理密植，保持田间通风透光。收获后及时清除病残体或深翻土地，减少菌源。

（2）种子处理　用种子重量 0.3％的 50％福美双或 40％拌种双（拌种灵＋福美双）可湿性粉剂拌种。

（3）化学防治　结荚期多雨时，用 1∶1∶160 的波尔多液，或 75％百菌清可湿性粉剂 600 倍液、50％甲基硫菌灵可湿性粉剂 600 倍液、36％多菌灵悬浮剂 500 倍液、25％嘧菌酯悬浮剂 1000～2000 倍液、66％敌磺钠·多菌灵可湿性粉剂 600～800 倍液、50％咪鲜胺锰络化合物可湿性粉剂 1000～2000 倍液等喷雾防治。

也可选用混剂 50％噻菌灵可湿性粉剂 600～800 倍液＋75％百菌清可湿性粉剂 800～1000 倍液，或 70％甲基硫菌灵可湿性粉剂 600～800 倍液＋70％代森锰锌可湿性粉剂 500～600 倍液、50％腐霉利可湿性粉剂 800 倍液＋75％百菌清可湿性粉剂 800 倍液、50％异菌脲可湿性粉剂 800 倍液＋50％福美双可湿性粉剂 500 倍液等喷雾防治，每亩用药液 40kg，视病情间隔 7～10 天喷施 1 次，连续防治 2～3 次。

118. 如何防治大豆枯萎病？

大豆枯萎病（彩图 12、彩图 13），俗称萎蔫病、黄叶病，是世界性发生的病害，危害性很大，整个生育期均可发病，常造成植株死亡。病原为尖镰孢菌豆类专化型，属于半知菌亚门。

（1）农业防治　选用抗枯萎病的品种。重病地实行与非豆科作物轮作，不便轮作的可覆塑料膜对土壤进行热力消毒，施用酵素菌沤制的堆肥或充分腐熟的有机肥，尽量少施化肥。减少植株伤口，减少病菌传播途径。

（2）种子处理　2.5％咯菌腈悬浮种衣剂 100mL＋30％多·克·福种衣剂 600～700mL 拌种 75～100kg，能预防种子带菌，也能预防苗期害虫。也可用种子重量 0.2％～0.3％的 3.5％咯菌·精甲霜种衣剂、0.2％～0.3％的 2.5％咯菌腈种衣剂拌种。ABT 生根粉 10～45mg/kg 浸种或拌种，可促进根系发育，培育壮苗，增强抗逆能力。

（3）化学防治　上一种植季发病的地块，在大豆苗期，每亩用30%戊唑·多菌灵悬浮剂 20mL，或 45%咪鲜胺水乳剂 8.3mL＋10%苯醚甲环唑水分散粒剂 6.7g，或 45%咪鲜胺水乳剂 8.3mL＋40%氟硅唑乳油 1.3mL，兑水 50kg 喷雾防治。

在发病初期，每亩用 50%甲基硫菌灵可湿性粉剂 500 倍液，或30%多菌灵可湿性粉剂 500 倍液、10%混合氨基酸络合铜水剂 300 倍液、70%琥胶肥酸铜可湿性粉剂 500 倍液等淋穴，每穴喷洒兑好的药液 0.3～0.5L，间隔 7～10 天喷 1 次，共喷洒 2～3 次。

也可每亩用 30%戊唑·多菌灵悬浮剂 26.7mL，或 45%咪鲜胺水乳剂 16.7mL＋43%戊唑醇悬浮剂 3.3mL、45%咪鲜胺水乳剂16.7mL＋10%苯醚甲环唑水分散粒剂 10g、45%咪鲜胺水乳剂16.7mL＋40%氟硅唑乳油 2mL，兑水 50kg 及时进行补救。

119. 如何防治大豆赤霉病？

大豆赤霉病（彩图 14）又称大豆粉霉病，是大豆的重要病害，分布广泛，发生很普遍，主要危害幼苗子叶、豆荚和种子。一般年份发病较轻，少量豆荚受害，轻度影响生产。发病严重地块和多雨年份，显著降低产量和品质。病原菌为粉红镰孢和尖镰孢，属于半知菌亚门。大豆结荚期温度高、湿度大，则病害严重。

（1）种子处理　精选良种，清除霉种，并用种子量 0.3%的 40%多菌灵可湿性粉剂或 40%拌种灵可湿性粉剂、50%福美双可湿性粉剂拌种。

（2）农业防治　实行轮作。收获后深翻土地。生长季节及时排除田间积水，降低温度。注意避免过于密植。种子入库前要充分晒干，注意库内温湿度。

（3）化学防治　必要情况下，在田间发病初期可喷施 60%多菌灵盐酸盐水溶性粉剂 1000 倍液，或 50%苯菌灵可湿性粉剂 1500 倍液，每亩喷兑好的药液 50L，间隔 10～15 天喷 1 次，共喷 2 次即可。

120. 如何防治大豆褐斑病？

大豆褐斑病（彩图 15），又称斑枯病、褐纹病，为世界性发生的病害，主要发生在气候较冷的地区。主要危害叶片，造成大豆生长发育前期下部叶片层层脱落，严重影响大豆产量和质量。病原为大豆壳针孢，属半知菌亚门。一般6月中旬开始发病，7月上旬进入发病盛期，8月以后病情转轻。

（1）农业防治　选用抗病品种。与禾本科或其他作物轮作3年以上。合理施肥，尤其生长发育后期应喷施多元复合叶面肥，补足营养，增强抗病性。收割后清除田间病残体，深翻土地，以减少菌源。

（2）种子处理　采用无病种子，并用种子量0.3％的50％福美双可湿性粉剂或50％多菌灵可湿性粉剂拌种。

（3）化学防治　发病初期，可选用14％络氨铜水剂300倍液，或77％氢氧化铜可湿性粉剂500倍液、50％福美双可湿性粉剂500倍液、70％甲基硫菌灵可湿性粉剂1000倍液、75％百菌清可湿性粉剂800倍液、50％多菌灵可湿性粉剂1000倍液、50％异菌脲悬浮剂600倍液、80％代森锰锌可湿性粉剂800倍液、50％琥胶肥酸铜可湿性粉剂、47％春雷·王铜可湿性粉剂800倍液、40％多·硫悬浮剂500倍液、12％松脂酸铜乳油600倍液、30％碱式硫酸铜悬浮剂300倍液等喷雾防治，间隔10天一次，共喷1～2次。

或选用混剂：75％百菌清可湿性粉剂1000倍液＋70％甲基硫菌灵可湿性粉剂1000倍液、75％百菌清可湿性粉剂1000倍液＋75％代森锰锌可湿性粉剂1000倍液等喷雾防治，隔10天喷一次，连喷2～3次，注意喷匀喷足。

121. 如何防治大豆紫斑病？

大豆紫斑病（彩图16、彩图17），是大豆主要病害之一，主要危害豆荚和豆粒，也危害叶和茎，多发生在结荚前后的叶片和豆荚。病原为菊池尾孢，属半知菌亚门。

（1）农业防治　选用抗病品种，生产上抗病毒病的品种较抗紫斑病。大豆收获后及时进行秋耕，以加速病残体腐烂，减少初侵染源。与禾本科或其他非寄主植物轮作2年，可减轻发病。适时播种，合理密植，清沟排湿，防止田间湿度过大等都有利于减轻病害发生。

（2）种子处理　带菌种子是发病初侵染来源之一，播前种子应进行处理，消灭种子上的病菌，既减轻幼苗被害又可减少田间菌源量。紫斑病粒症状明显，可根据病害在种子上的特征，人工拣出病粒，然后用药剂对种子进行消毒，可用种子量 0.3％的 50％福美双可湿性粉剂或 50％克菌丹可湿性粉剂拌种。

（3）化学防治 在开花始期、蕾期、结荚期、嫩荚期各喷 1 次 30％碱式硫酸铜悬浮剂 400 倍液，或 1∶1∶160 倍式波尔多液、50％多•霉威可湿性粉剂 1000 倍液、36％甲基硫菌灵悬浮剂 500 倍液、50％苯菌灵可湿性粉剂 1500 倍液、75％百菌清可湿性粉剂 2000 倍液、65％代森锰锌可湿性粉剂 500～600 倍液、30％碱式硫酸铜悬浮剂 400 倍液、25％异菌脲•锰锌•多菌灵可湿性粉剂 600～800 倍液等喷雾防治。

可选用混剂 50％多菌灵可湿性粉剂 800 倍液＋65％代森锌可湿性粉剂 600 倍液、70％甲基硫菌灵可湿性粉剂 800 倍液＋80％代森锰锌可湿性粉剂 500～600 倍液、50％苯菌灵可湿性粉剂 2000 倍液＋70％丙森锌可湿性粉剂 800 倍液等，每亩喷兑好的药液 55L 左右。连续喷 2 次，间隔 10 天左右。采收前 3 天停止用药。

122. 如何防治大豆灰斑病？

大豆叶片出现"蛙眼"状斑，是大豆灰斑病（彩图 18）危害所致，大豆灰斑病又叫斑点病、蛙眼病。为低洼易涝区主要病害。该病危害大豆的叶、茎、荚、籽粒，但对叶片和籽粒的危害更为严重，受害叶片可布满病斑，造成叶片提早枯死。病原为大豆尾孢，属于半知菌亚门。一般 6 月上中旬叶片开始发病，7 月中旬进入发病盛期。

（1）农业防治 选用抗病品种并及时更换抗病品种是防治灰斑病最主要的方法。大豆灰斑病生理小种较多，优势小种变化频繁，导致品种抗性不稳定，在生产中应密切注意病菌毒力变化，及时更替新的抗病品种。

与小麦、玉米等作物合理轮作，避免重茬，清除田间大豆残体，及时清除田间杂草，达到通风透光，降低田间湿度，收获后及时深翻。

（2）种子处理 利用杀菌剂，例如 50％多菌灵可湿性粉剂与 50％克菌丹可湿性粉剂 1∶1 混合拌种，可以有效降低灰斑病的危害，用量一般为种子质量的 0.3％～0.4％。也可用 60％多•福合剂按种子重量的 0.4％拌种。

（3）生物防治 1％武夷菌素水剂 100～150 倍液喷雾。

（4）**化学防治**　开花至结荚期，如病叶率达 15％左右、多雨潮湿时，或发病初期，可选用 36％多菌灵悬浮剂 500 倍液，或 40％百菌清悬浮剂 600 倍液、50％甲基硫菌灵可湿性粉剂 600～700 倍液、50％苯菌灵可湿性粉剂 1500 倍液、50％异菌脲可湿性粉剂 1200 倍液、65％甲霉灵可湿性粉剂 100 倍液、30％苯甲·丙环唑乳油 4000 倍液、50％多·霉威可湿性粉剂 800 倍液等喷雾防治，每亩用药液 50～60kg，隔 7～10 天防治 1 次，整个生长发育期防治 2 次即可。防治重点应放在叶部，可以压低叶部菌源，进而减轻荚部发病。

123. 如何防治大豆灰星病？

大豆灰星病（彩图 19、彩图 20），是大豆的重要病害，普遍发生在春、夏大豆上，整个生长发育期均可发生，主要危害大豆叶片，严重时使叶片枯死，引起落叶，造成减产，也可侵染叶柄、茎和荚。病原为大豆叶点霉，属半知菌亚门真菌。

（1）**农业防治**　选用抗病品种。大豆收获后及时清除田间的病株残体。与禾本科作物实行 3 年以上的轮作。生长期适时浇水，雨后及时排水，降低田间湿度。

（2）**种子处理**　用种子量 0.3％的 50％福美双可湿性粉剂或 70％敌磺钠可湿性粉剂拌种。

（3）**化学防治**　在必要的情况下可进行化学药剂防治。可于发病初期，选用 75％百菌清可湿性粉剂 700 倍液，或 36％甲基硫菌灵悬浮剂 500 倍液、50％多菌灵可湿性粉剂 800 倍液、50％异菌脲可湿性粉剂 1000 倍液、80％代森锰锌可湿性粉剂 800 倍液、40％多·硫悬浮剂 400 倍液、45％噻菌灵悬浮剂 1000 倍液等喷雾防治。

124. 如何防治大豆炭疽病？

大豆炭疽病（彩图 21、彩图 22）主要侵染茎秆和豆荚，有时也可侵染幼苗和叶片。病原为大豆刺盘孢或毁灭性刺盘孢，属于半知菌亚门。生长后期高温多雨的年份发病重。

（1）**农业防治**　选用抗病品种或无病种子，保证种子不带病菌。播前精选种子，淘汰病粒。合理密植，避免施氮肥过多，提高植株抗病力。加强田间管理，及时深耕及中耕培土。雨后及时排除积水防止湿气滞留。收获后及时清除田间病株残体或实行土地深翻，减少菌源。提倡实行 3 年以上轮作。

（2）种子处理 播前用 50％多菌灵可湿性粉剂或 50％异菌脲可湿性粉剂，按种子重量 0.5％的用量拌种。或用 40％萎锈·福美双悬浮剂 250mL 拌 100kg 种子；或用 50％福美双可湿性粉剂按种子质量的 0.3％拌种；或用 70％丙森锌可湿性粉剂按种子质量的 0.4％拌种；或用种子重量 0.3％的拌种双可湿性粉剂拌种。拌后闷 3～4 小时后播种。

（3）化学防治 在大豆开花期及时喷洒药剂保护种荚不受害。可选用 50％甲基硫菌灵可湿性粉剂 600 倍液，或 1∶1∶200 波尔多液、50％多菌灵可湿性粉剂 600 倍液、75％百菌清可湿性粉剂 800 倍液、50％咪鲜胺可湿性粉剂 1000～1500 倍液、80％炭疽福美可湿性粉剂 800 倍液、10％苯醚甲环唑水分散粒剂 2000～3000 倍液、25％溴菌腈可湿性粉剂 500 倍液、47％春雷·王铜可湿性粉剂 600 倍液等喷雾防治。

也可选用混剂：25％多菌灵可湿性粉剂 500～600 倍液＋75％百菌清可湿性粉剂 800～1000 倍液，或 25％溴菌腈可湿性粉剂 2000～2500 倍液＋80％福·福锌可湿性粉剂 800～1000 倍液、70％甲基硫菌灵可湿性粉剂 800 倍液＋70％丙森锌可湿性粉剂 600～800 倍液等，兑水 50kg 喷雾。

125. 如何防治大豆根腐病？

大豆根腐病（彩图 23、彩图 24）是大豆苗期根部真菌病害的统称。大豆在整个生长发育期均可感染根腐病，造成苗前种子腐烂，苗后幼苗猝倒和植株枯萎死亡。苗期发病影响幼苗生长甚至造成死苗，使田间保苗数减少。成株期由于根部受害，影响根瘤的生长与数量，造成地上部生长发育不良以至矮化，影响结荚数与粒重，从而导致减产。

（1）农业防治 选用抗病或耐病品种，播种选用饱满、无伤的种子，适当晚播，控制播深不超过 5cm。用催芽的种子播种可降低腐霉菌的侵染机会，从而减轻该病害的发生。垄作有利于降湿、增温，减轻病情。增施农家肥和钾肥，尤其应用多元复合液肥进行叶面施肥，弥补根部病害吸收肥、水的不足。干旱时及时浇水，可控制病害的发生。与禾本科作物实行 3 年以上轮作。实行深耕，提高整地质量，改善土壤通气条件，及时排水，避免田间积水。及时进行中耕培土。田间盖膜晒土对根腐病有较好的防效，效果比土壤熏蒸消毒要好。

（2）药剂拌种 用含福美双等杀菌剂的种衣剂拌种，其用量与种子的比例为 1∶(50～70)，防治镰刀菌根腐病菌的效果可达 70%。用含甲霜灵的种衣剂拌种，防治腐霉根腐病菌及疫霉根腐病菌的效果高达 80%～90%。此外，还有多种药剂可用于拌种防治根腐病，如50%多·福合剂可湿性粉剂，按种子量的 0.4% 拌种；2% 宁南霉素水剂按种子量的 1% 拌种；50% 福美双可湿性粉剂或 50% 多菌灵可湿性粉剂按种子量的 0.5% 拌种。目前防病效果最好的种衣剂是 2.5% 咯菌腈加 20% 精甲霜灵悬浮种衣剂，每 10kg 种子用 2.5% 咯菌腈乳油 15mL 加 20% 精甲霜灵悬浮种衣剂 4mL 拌种。

由于药剂拌种后，药效只能维持 15～25 天，一定要采取中耕培土措施，以利侧生新根形成，便于及时补充肥、水。

（3）生物防治 大豆根腐病是典型的土传病害，可采用生物防治的方法控制该病的发生。可用大豆根保菌剂拌种，每亩所需大豆种子用 100mL 液剂拌种。也可用大豆根保菌剂颗粒剂，每亩用 2kg 与种肥混施，效果也很好。此外，采用毛壳菌粉剂也可有效地防治该病。

（4）化学防治 该病发生后，很难治愈，应以预防为主。预防可选用 40% 敌磺钠可湿性粉剂 400 倍液，或 70% 甲基硫菌灵可湿性粉剂 1000 倍液、20% 甲基立枯磷乳油 1100～1200 倍液、58% 甲霜灵可湿性粉剂 600 倍、50% 多菌灵可湿性粉剂 400 倍液、58% 甲霜·锰锌可湿性粉剂 600 倍液、72% 霜脲·锰锌可湿性粉剂 700 倍液、75% 百菌清可湿性粉剂 600 倍液、2% 宁南霉素水剂 300～400 倍液、77% 氢氧化铜可湿性粉剂 600 倍液、69% 烯酰·锰锌可湿性粉剂 900 倍液、64% 噁霜·锰锌可湿性粉剂 900 倍液，以上任何一种农药加氨基酸（大豆健粒饱或三天绿等）液肥 600 倍液、黄腐酸盐 500 倍液、生根粉 1000 倍液喷施。每 7 天喷一次，连续喷 2～3 次，交替使用，重点喷洒植株的主茎基部。如用以上药液灌植株根部，效果更佳。

126. 如何防治大豆黑斑病？

黑斑病（彩图 25）是大豆的一种常见病害，多在生长后期发生，对产量和质量有一定的影响。病原为簇生链格孢，属半知菌亚门真菌。高温多湿天气有利发病。

（1）种子消毒 播种前进行种子处理，可选用种子重量 0.4％的 50％异菌脲可湿性粉剂，或 50％乙烯菌核利可湿性粉剂，或 80％代森锰锌可湿性粉剂拌种。

（2）农业防治 收获后及时清除病残体，集中深埋或烧毁，重病田实行水旱轮作。

（3）化学防治 发病初期，可选用 80％代森锰锌可湿性粉剂 500～600 倍液，或 58％甲霜·锰锌可湿性粉剂 500 倍液、75％百菌清可湿性粉剂 600 倍液、50％噻菌灵可湿性粉剂 600～800 倍液、50％异菌脲可湿性粉剂 600～800 倍液、50％腐霉利可湿性粉剂 1000 倍液、36％甲基硫菌灵悬浮剂 600 倍液、25％丙环唑乳油 2000～3000 倍液、60％琥·乙膦铝可湿性粉剂 500 倍液、25％咪鲜胺乳油 1000～2000 倍液、50％咪鲜胺锰络化合物可湿性粉剂 1000～2000 倍液、64％噁霜·锰锌可湿性粉剂 500 倍液、30％碱式硫酸铜悬浮剂 300 倍液等喷雾防治，7～10 天喷 1 次，连续防治 2～3 次。

棚室栽培可在发病初期采用粉尘法防治，喷撒 5％百菌清粉尘剂，每亩每次喷 1kg，隔 9 天喷 1 次，连喷 3～4 次。或用 45％百菌清烟剂、或 10％腐霉利烟剂，每亩每次喷 200～250g。

127. 如何防治大豆靶点病？

大豆靶点病（彩图 26、彩图 27），主要危害叶、叶柄、茎、荚及种子。叶片染病产生圆形至不规则形斑，浅红褐色，病斑四周多具浅黄绿色晕圈，大斑常有轮纹，造成叶片早落。病原为山扁豆生棒孢，属半知菌亚门真菌。多雨和相对湿度在 80％以上时有利其发病。

（1）农业防治 选用抗病品种，从无病株上留种并进行种子消毒。实行 3 年以上轮作，切忌与寄主植物轮作。秋收后及时清除田间的病残体，进行秋翻土地，减少菌源。

（2）**化学防治** 发病初期，可选用 70％噁霉灵可湿性粉剂 3000 倍液，或 66％敌磺·多菌灵可湿性粉剂 600～800 倍液、50％咪鲜胺锰络化合物可湿性粉剂 1000～2000 倍液等喷雾防治，每隔 10 天喷一次，视病情连喷 2～3 次。

或选用混剂 50％噻菌灵可湿性粉剂 600～800 倍液＋75％百菌清可湿性粉剂 800～1000 倍液、70％甲基硫菌灵可湿性粉剂 600～800 倍液＋70％代森锰锌可湿性粉剂 500～600 倍液、50％腐霉利可湿性粉剂 800 倍液＋75％百菌清可湿性粉剂 800 倍液、50％异菌脲可湿性粉剂 800 倍液＋50％福美双可湿性粉剂 500 倍液等喷雾防治。每亩喷药液量 40kg，视病情间隔 7～10 天防治 1 次，连续防治 2～3 次。

128. 如何防治大豆白粉病？

大豆白粉病（彩图 28）主要危害叶片，叶上斑点圆形，具黑暗绿晕圈。逐渐长满白色粉状物，后期在白色粉状物上产生黑褐色球状颗粒物。病原为紫芸英单丝壳菌，属子囊菌亚门真菌。温度 15～20℃和相对湿度大于 70％的天气条件有利于病害发生。

（1）**农业防治** 选用抗病品种，收获后及时清除病残体，集中深埋或烧毁。

（2）**化学防治** 发病初期，可选用 2％武夷菌素水剂 200～300 倍液，或 60％多菌灵盐酸盐水溶性粉剂 500～1000 倍液、15％三唑酮可湿性粉剂 500～1000 倍液、12.5％烯唑醇可湿性粉剂 1000～1500 倍液、6％氯苯嘧啶醇可湿性粉剂 1000～1500 倍液、25％丙环唑乳油 2000～2500 倍液、40％氟硅唑乳油 6000～8000 倍液、70％甲基硫菌灵可湿性粉剂＋75％百菌清可湿性粉剂（1：1）1000～1500 倍液等喷雾防治。

129. 如何防治大豆轮纹病？

大豆轮纹病（彩图 29、彩图 30）主要危害叶片，叶片染病，病斑圆形，褐色至红褐色，中央灰褐色，具不明显同心轮纹，其上密生小黑点。荚染病，产生近圆形病斑，初褐色，干燥后亦变成灰白色，密生黑色小点。病原为大豆壳二孢，属半知菌亚门真菌。

（1）**农业防治** 选用抗病品种或无病种子。合理密植，增施有机肥和磷肥。收获后及时清除病株残体，深翻土地，减少越冬菌源。

（2）化学防治 发病初期，可选用50％多菌灵可湿性粉剂1000倍液，或70％甲基硫菌灵可湿性粉剂1000倍液、50％苯菌灵可湿性粉剂1500倍液、75％代森锰锌水分散粒剂1000倍液、50％异菌脲可湿性粉剂1000倍液等喷雾防治，隔10天左右轮换喷雾一次，防治2次即可。

130. 如何防治大豆黑点病？

大豆黑点病，又称大豆茎黑点病（彩图31），是普遍发生的一种病害。主要危害豆荚和茎秆，造成茎秆枯死，豆荚不结实，严重时植株成片死亡。病荚内豆粒瘦小，影响产量和品质，病豆粒商品价值和出油率降低。病原为大豆拟茎点霉，属于子囊菌的无性阶段（半知菌）。在大豆开花期至成熟期多雨多湿有利于发病，植株缺钾或感病病毒易受侵染。

（1）农业防治 与禾本科作物轮作。增施磷、钾肥，提高植株的抗病力。大豆收获后清除田间病残体，减少病菌来源。

（2）种子处理 精选种子，淘汰病粒；用种子量0.3％的50％福美双可湿性粉剂或40％拌种双可湿性粉剂拌种。

（3）化学防治 发病初期，可选用65％代森锰锌可湿性粉剂500倍液，或50％苯菌灵可湿性粉剂800倍液、25％嘧菌酯悬浮剂1000～2000倍液、66％敌磺·多菌灵可湿性粉剂600～800倍液、50％咪鲜胺锰络化合物可湿性粉剂1000～2000倍液等喷雾防治。

也可选用混剂50％苯菌灵可湿性粉剂800倍液＋65％代森锌可湿性粉剂500倍液，或70％甲基硫菌灵可湿性粉剂600～800倍液＋70％代森锰锌可湿性粉剂500～600倍液、50％腐霉利可湿性粉剂800倍液＋75％百菌清可湿性粉剂800倍液、50％异菌脲可湿性粉剂800倍液＋50％福美双可湿性粉剂500倍液等喷雾防治，每亩喷药液40kg，视病情间隔7～10天防治1次，连续防治2～3次。

131. 如何防治大豆胞囊线虫病？

大豆胞囊线虫病又叫大豆黄萎病、萎黄线虫病、地黄病、黄矮病，俗称"火龙秧子"。大豆受害后叶片发黄，植株矮小，初期病株在田间呈点片状分布，后扩大成块状，大豆成片死亡。近年来，大豆胞囊线虫病有逐渐严重趋势。

（1）加强检疫制度　严禁将病原带入非感染区，或把其他生理小种带入不存在该小种的地区。

（2）选用抗耐病品种　种植抗胞囊线虫品种是防治大豆胞囊线虫病最经济实用的方法。我国已进行过大豆品种资源抗胞囊线虫鉴定，鉴定出 100 多份抗性品种资源，东北地区及山东省利用抗原作亲本育成一批抗性品种，适于当地种植。

（3）合理更换品种　随着不同区域抗病品种应用年限的不断延后，胞囊线虫优势小种也在发生变化，因此生产上推广抗病品种要与非大豆胞囊线虫寄主作物或其他抗线虫类型品种轮换种植，一般每 2～3 年应轮换品种 1 次，以减缓生理小种变异速度，防止抗病品种丧失抗病性，延长抗病品种的应用年限。

（4）农业防治　合理轮作，胞囊线虫虫卵在地下一般可以存活 8～10 年，因此，在病害发生地区采用大豆与高粱、玉米等禾谷类作物实行 8 年以上轮作，能有效地控制胞囊线虫的发生和危害，并且轮作年限越长，效果越好，水旱轮作效果更好。

增施粪肥，通过提高土壤肥力，促进大豆健壮生长，可相对减轻损失。土壤干旱有利于大豆胞囊线虫的危害，因此，应适时灌水，增加土壤湿度，可使线虫窒息而死，减轻危害。

（5）生物防治　如用"大豆保根菌剂"进行防治，每亩所需大豆种子用大豆保根菌剂液剂 100～150mL 拌种，以高剂量防效更好。其主要是利用寄生在胞囊线虫雌虫上致病真菌达到杀灭线虫的目的。另外草酸青霉菌、茄病镰刀菌等菌系制造的菌剂，对防治大豆胞囊线虫也有较好的效果，同时兼防大豆根腐病。

（6）药剂拌种　用种子重量 0.1％～0.2％的 1.5％二硫氰基甲烷（菌线威）颗粒剂，兑过筛湿润细土 100～200 倍，拌种后直接播种。或用 20.5％多菌灵·福美双·甲维盐悬浮种衣剂 1∶（60～80）（药∶种）拌种。

（7）土壤处理　用棉隆熏蒸，播前 10～15 天在 20cm 土层沟施，每亩用 98％颗粒剂或 75％可湿性粉剂 6.6～8kg，施药后盖土，熏杀 15 天后松土播种，此药不可作拌种用。

二氯异丙醚（灭线虫）熏杀，施用方法同棉隆，每亩用 80％乳油 5000～7500mL，在大豆生长期结合施肥拌土施药。

每亩用 1.5％二硫氰基甲烷 200～400g，加腐熟过筛的有机肥 100～200kg 拌匀，随播种施入播种沟。

每亩用 0.5％阿维菌素颗粒剂 2～3kg，或 5％克线磷颗粒剂 3～4kg，拌适量细干土混匀，在播种时撒入播种沟内，不仅可以防治线虫，还可防治地下害虫等。

132. 如何防治大豆根结线虫病？

大豆根结线虫病（彩图 32）是世界性分布的线虫病害，我国各地均有发生，主要危害大豆根尖，严重时大豆地上部矮化黄萎，减产达 30％～90％。大豆根结线虫是由多种根结线虫侵染引起的。

（1）农业防治　与它不侵染危害的作物轮作 3～5 年以上。增施粪肥特别是鸡粪，可以促进大豆生长，减少土壤中根结线虫数量，防病增产作用明显。

（2）防治根结线虫的特殊方法

① 淤灌　在水源丰富和土地平整的地方，通过对地表 10cm 或更深的深度淤灌几个月来防治根结线虫，有时是可行的。淤灌不一定是通过淹水杀死根结线虫的卵和幼虫，而是田地被淤灌时阻止了各种植物上根结线虫的侵染和繁殖。淤灌的效果可通过测定后茬作物的产量做出准确的评价，而不是通过幼虫的存活。淤灌时幼虫可以存活下来，但是不能完成侵染。

② 干燥　在某些气候条件下，可利用干燥季节每隔 2～4 周耕 1 次土壤，以减少田间根结线虫的虫口。这样使卵和幼虫处于干燥状态下，许多暴露在土壤表层的被杀死，可有效地使后茬感病作物显著增产。

（3）生物防治　参照大豆胞囊线虫病。

133. 如何防治大豆细菌性斑点病？

大豆细菌性斑点病（彩图 33、彩图 34）是大豆细菌性病害的统称，包括细菌性斑点病、细菌叶烧病和细菌角斑病，一般以细菌斑点病危害较重。为世界性发生的病害，尤其在冷凉、潮湿的气候条件下发病多，干热天气则阻止发病。主要危害叶片，也危害幼苗、叶柄、豆荚和籽粒。病原为丁香假单胞大豆致病变种，属于细菌。

（1）**加强检疫**　严格执行植物检疫法规，严禁从病区调运大豆种子。开展产地检疫和种子带菌检验；建立无病留种田，从无病留种株上采收种子，选用无病种子。

（2）**农业防治**　与禾本科作物及薯类等作物进行 3 年以上轮作，收获后及时深翻，促使病残体加速腐烂。选用抗病品种。使用腐熟农家肥。合理密植，调整播期，农家肥施用前充分腐熟，可有效降低田间病菌感染概率。

（3）**种子处理**　带病种子处理是防病的关键，清选种子病粒，减少传播病源。也可在播种前用种子重量 0.3％的 50％福美双拌种。

（4）**化学防治**　发病初期，可选用 90％新植霉素可溶性粉剂 3000～4000 倍液，或 72.2％霜霉威水溶性液剂 1000 倍液、14％络氨铜水剂 300 倍液、30％碱式硫酸铜悬浮剂 400 倍液、3％中生菌素可湿性粉剂 1000～1200 倍液、30％琥胶肥酸铜可湿性粉剂 500～800 倍液、77％氢氧化铜微粒可湿性粉剂 500 倍液、12％松脂酸铜乳油 600 倍液喷雾，可每亩用 47％春雷·王铜可湿性粉剂 600～1000g，兑水 30～45kg 喷雾，每隔 7～10 天喷一次，视病情决定防治次数，一般 2～3 次。

134. 如何防治大豆细菌性斑疹病？

大豆细菌性斑疹病一般在田间零星发病。在生长季节温暖和多雨的条件下易于发生，可引起早期脱落，使豆粒瘪小而降低产量。该病从苗期至成株期均可发生，主要危害叶片及豆荚，也可危害茎及叶柄。病原为野油菜黄单胞菌，菜豆致病型，大豆变种，属于细菌黄单胞杆菌属。暴风雨或风雨交加最适合细菌病害的蔓延。

（1）**农业防治**　选用抗病品种。大豆收获后及时深翻土地，清除田间病残体。与小麦、高粱、谷子、玉米等作物实行 3～4 年轮作。

（2）**选种和种子处理**　建立和健全无病田留种制度，从无病地留种。播前用种子量 0.3％的 50％福美双可湿性粉剂拌种。

（3）**化学防治**　重病地和重病年份，在发病初期，可选用 65％代森锰锌可湿性粉剂 500 倍液，或 50％多菌灵可湿性粉剂 1000 倍液、30％氢氧化铜悬浮剂 800 倍液、30％碱式硫酸铜悬浮剂 400 倍液、47％春雷·王铜可湿性粉剂 700～800 倍液、30％氧氯化铜悬浮剂 800 倍液、1∶1∶200 波尔多液等喷雾防治，连喷 2～3 次。

第三节　大豆主要虫害防治技术

135. 如何防治大豆蚜？

大豆蚜（彩图 35）是豆科植物的重要刺吸式害虫，俗称腻虫、蜜虫、油虫等，属同翅目蚜科。大豆蚜虫具有趋嫩的习性，以成蚜和若蚜群集于被害植株的嫩叶背面、嫩茎及生长点等处刺吸汁液，豆叶被害处叶绿素消失，形成鲜黄色不规则的黄斑，而后黄斑逐渐扩大，并变为褐色，严重时布满茎叶，叶背扭曲或皱缩，植株生长受阻、生育期推迟，同时还传播大豆花叶病毒病。

（1）**农业防治**　及时铲除田边、沟边、塘边杂草，减少虫源。

（2）**种子处理**　用大豆种衣剂包衣，防治早期迁入豆苗上的蚜虫，亦可兼治其他苗期害虫、地下害虫。

（3）**物理防治**　利用银灰色膜避蚜，利用蚜虫对黄色的趋性，采用黄板诱杀。

（4）**生物防治**　保护利用蚜虫的天敌控制蚜虫。蚜虫的天敌很多，如异色瓢虫、龟纹瓢虫、长扁食蚜蝇、草蛉、小花蝽、烟蚜茧蜂、菜蚜茧蜂、蚜小蜂等。

利用赤眼蜂灭卵。于成虫产卵盛期放蜂 1 次，每亩放蜂量 2 万～3 万头，可降低虫食率 43％左右。若能增加放蜂次数，防治效果更好。

于幼虫脱荚之前，每亩用 1.7kg 白僵菌粉，每千克菌粉加细土或草木灰 9kg，均匀撒在大豆田垄台上，落地幼虫接触白僵菌孢子，以后遇适合温、湿度条件时便发病致死。

选用生物药剂 1％苦参碱 2 号可溶性液剂 1200 倍液，或 5％天然除虫菊素乳油 1000 倍液、2.5％鱼藤酮乳油 500～600 倍液、1％阿维菌素乳油 1500 倍液等喷雾防治。

（5）**化学防治**　蚜虫发生量大，农业防治和天敌不能控制时，要在苗期或蚜虫盛发前防治，当有蚜株率达10％或平均每株有虫3～5头时及时防治。提倡选用10％吡虫啉可湿性粉剂2000倍液，或70％吡虫啉水分散粒剂10000倍液、25％吡蚜酮可湿性粉剂1500倍液、5％顺式氰戊菊酯乳油2000～3000倍液、5％增效抗蚜威液剂2000倍液、2.5％联苯菊酯乳油3000倍液等喷雾防治。抗蚜威有利于保护天敌，但由于蚜虫易产生抗药性，应注意轮换使用。

在成虫盛发期，每亩可选用15％唑蚜威乳油4～6mL，或2.5％氟氯氰菊酯乳油20～30mL、4％高效氯氰菊酯·吡虫啉乳油30～40mL、20％氰戊菊酯乳油10～20mL，兑水40～50kg，均匀喷雾。

136. 如何防治大豆烟粉虱？

烟粉虱（彩图36）属半翅目粉虱科，以成虫、若虫聚集在叶片背面，刺吸叶片汁液，虫口密度大时，叶片正面出现成片黄斑，大量消耗植株养分，导致植株长势衰弱。成虫或若虫还大量分泌蜜露，招致灰尘污染叶片，影响光合作用。烟粉虱寄主种类繁多，繁殖速度快，因此防治上应统一协调，以农业防治为基础，化学防治为保证，生物防治为辅，在防治策略上遵循治早、治少的原则，协调运用一切有效措施。

（1）农业防治 烟粉虱天敌包括寄生性天敌和捕食性天敌，如蚜蜂属、浆角蚜属、小蜂属及瓢虫、草蛉和小花蝽等，生产中应注意保护利用。

（2）物理防治 对烟粉属虫量小、为害轻的地块应尽量少用化学农药防治，宜采用粘板诱杀成虫的方法加以控制，以保护天敌。每亩设置30块以上，置于行间，与植株高度相同。

（3）化学防治 当被害植物叶片背面平均有10头成虫时，进行喷雾防治。药剂可选用22.4％螺虫乙酯悬浮剂1250～1900倍液，或50％噻虫胺水分散粒剂5000～6500倍液、25％噻嗪酮可湿性粉剂2000倍液、1.8％阿维菌素乳油3000倍液、10％吡虫啉可湿性粉剂1500倍液、3.5％溴氰·氟虫腈乳油1500倍液、15％氟虫腈悬浮剂1500倍液、25％噻虫嗪水分散粒剂7500倍液。药剂应轮换使用，不可随意提高使用浓度。

137. 如何防治大豆根绒粉蚧？

大豆根绒粉蚧（彩图 37、彩图 38）属半翅目，蚧总科，绒粉蚧属，是寄生在大豆根部的一种新害虫。大豆受害后主根呈黑灰色，木质部纵裂腐烂，地上部叶片由下向上变黄。第三代卵 8 月上旬孵化，8 月中、下旬形成为害高峰。

（1）农业防治 勤除草可以减轻为害。低茬收获，可减少该虫在田间的越冬基数，从而减轻来年为害。与小麦、玉米等非豆科作物轮作换茬，有条件的地方可采取水旱轮作。

（2）化学防治 根绒粉蚧若虫 1 龄时体壁柔软尚未形成蜡质保护层，是最佳的药剂防治时机。药剂可选用 3％啶虫脒乳油 1000 倍液＋4.5％高效氯氰菊酯乳油 1000 倍液，或 20％噻嗪·杀扑磷乳油 1500 倍液。

138. 如何防治大豆叶螨？

大豆叶螨，又叫红蜘蛛（彩图 39、彩图 40），属蛛形纲，蜱螨目，俗名火龙，火蜘蛛。是一种杂食性害虫，在干旱少雨地区或季节发生为害较重。成虫、幼虫或若虫以刺吸式口器为害大豆。

（1）农业防治 可与麦类作物轮作 2 年以上，可减轻为害，如能水旱轮作发生更轻。清除田间杂草，减少虫源。少量受害时，应及时摘除虫叶，遇有天气干旱时要注意及时灌溉、施肥，促进植株生长，抑制叶螨增殖。

（2）化学防治 根据大豆红蜘蛛田间发生特点，应在其发生初期开始防治，做好田间虫情调查，当发现田间叶螨处于点、片发生阶段，大豆卷叶株率达 10％时，即应喷药进行防治。防治方法以挑治为主，可选用 1％阿维菌素乳油 2500 倍液，或 8％阿维·哒乳油 3500 倍液、20％哒螨灵可湿性粉剂 1500 倍液、20％复方浏阳霉素乳油 1000～1500 倍液、20％双甲脒乳油 2000 倍液、25％三唑锡乳油 1000～2000 倍液、5％氟虫脲乳油 1000～2000 倍液、20％甲氰菊酯乳油 1000～2000 倍液、20％哒螨·噻嗪酮可湿性粉剂 1500 倍液等喷雾防治。田间喷药最好选择晴天下午 4：00～7：00 进行，重点喷施大豆叶片的背面。喷药时要做到均匀周到，叶片正、背面均应喷到，才能收到良好的防治效果。

139. 如何防治大豆蓟马？

为害大豆的蓟马（彩图41）主要有豆黄蓟马和烟蓟马，又名葱蓟马、棉蓟马。从大豆出苗到结荚期都可发生，成虫和若虫均能为害大豆嫩叶、嫩芽及生长点，尤其以大豆苗期为害严重，它以锉吸式口器在大豆幼嫩组织及叶背面吸取汁液，使叶片受害后出现灰白色斑点，成虫和若虫排出的粪便留在叶面上形成许多小黑点，使叶片逐渐变枯而形成许多褐色斑点。叶片局部枯死，子叶叶片肥大，为害大豆幼嫩组织，使嫩叶皱缩变形，叶色褪绿。生长点被害后，不能形成真叶，植株出现多头现象或停止生长，逐渐枯死。大豆生长后期为害花器，造成落花落荚，对产量影响较大。

（1）农业防治　清除豆田内、外杂草，大豆收获后及时进行翻耙消灭越冬场所。干旱期灌水。由于成虫飞翔距离近，可采取远离上年豆地50m以外种植大豆，亦可减轻为害。

（2）药剂拌种　用50%辛硫磷乳油20g或75%辛硫磷乳油15g，兑水100g，拌大豆种子10kg，拌匀阴干后播种。也可用大豆种衣剂包衣大豆。

（3）化学防治　防治的关键是在苗期及时发现虫情并及时进行防治。一般在大豆2~3片复叶时调查，采取对角线5点取样法，每点查30株，检查豆株上的蓟马数量，当2~3片复叶期，平均每株大豆有成、若虫20头以上或叶顶皱缩时，即应进行化学药剂防治。可选用40%乐果乳油1000倍液，或10%吡虫啉可湿性粉剂2000倍液喷雾，每亩用药液60~70kg。喷苗时一定要做到均匀周到，尤其是叶背面要喷到。

140. 如何防治大豆田地老虎？

地老虎（彩图42）幼虫仅在嫩叶上啃食，夜间常咬断大豆幼豆嫩茎，造成缺苗断垄，成虫夜间活动，对甜酸酒味与灯光具有强烈趋性。防治关键时期是幼虫3龄以前。

（1）农业防治　春播前结合春耕进行整地，清除田内外杂草，或播种后在地面喷洒封闭型除草剂，或将杂草沤肥或烧毁，可消灭部分卵和早春的杂草寄主。在作物幼苗期或 1～2 龄幼虫期进行中耕松土，或在初孵幼虫发生期进行灌水，可消灭大量卵和幼虫。

（2）诱杀防治　一是设灯诱杀成虫；二是用糖 5 份、醋 3 份、白酒 1 份、水 10 份、90% 敌百虫原药 1 份混匀，或用某些发酵变酸的食物如胡萝卜、甘薯、烂水果等，加入适量的杀虫剂也可诱杀成虫；三是毒饵或堆草诱杀幼虫。可做毒饵的原料较多，常用切碎的新鲜菜叶或杂草在 90% 敌百虫原药 100 倍液中浸泡 10 分钟，制成毒饵，每亩用 30～40kg，在傍晚撒施于作物幼苗旁边；或用 90% 敌百虫原药 0.5kg，加水 2.5～5L，喷在 50kg 粉碎炒香的棉籽饼、油渣或麦麸上，制成毒饵，每亩用 4～5kg；堆草诱杀多用幼虫喜食的灰菜、苦荬菜、刺儿菜、苜蓿、艾蒿、青蒿等杂草或菜叶，每隔 4～5m 放 1 堆，次日早晨翻草捕杀幼虫，3～4 天更换 1 次。

（3）药剂拌种　用 50% 辛硫磷乳油拌种，用量为种子重量的 0.2%～0.3%，拌种前药剂加水量为种子重量的 5%～7%。拌种时均匀喷洒搅拌，拌后堆闷 4～8 小时。

（4）施毒土或毒沙　取一定量药剂与细土或沙混拌均匀制成毒土或毒沙，大豆定苗后，以条施或围施的方法撒于垄台，特别是苗眼周围，每亩用量 20～25kg。常用药剂有 50% 辛硫磷乳油、50% 敌敌畏乳油、2.5% 溴氰菊酯乳油等。

141. 如何防治大豆食心虫？

大豆食心虫（彩图 43、彩图 44）是大豆生产的主要害虫，又称小红虫，属鳞翅目卷蛾科，俗名大豆蛀荚蛾。以幼虫蛀入豆荚，咬食豆粒，造成产量下降，品质变劣。七八月份降水量较多，土壤湿度较大，有利于虫害的发生。

（1）选用抗虫或耐虫品种　选用抗虫和耐虫品种是防治大豆食心虫最经济的方法，但是抗虫品种有一定的地区性，必须因地制宜选用虫食率低、丰产性好的品种。

（2）农业防治　此虫食性单一，飞翔力弱，可采取远距离轮作，在距前一年大豆田 1000m 以外的地块种植，可显著降低当年的蛀荚率。尽量避免重茬、迎茬，增加中耕除草次数，可减少成虫羽化量，有条件的地块可实行水、旱田轮作。大豆收获后，及时清理田间落荚和枯叶，抓紧时间进行秋翻整地，破坏大豆食心虫越冬场所，将钻入土中的大豆食心虫翻到表土上，通过机械伤害、日晒、风吹、雨淋、天敌等，使大豆食心虫死亡率增加。

（3）生物防治

① 释放赤眼蜂灭卵　在大豆食心虫雌成虫产卵盛期，亩释放2万～3万头赤眼蜂，亩用赤眼蜂卵卡数为10个左右，在田间用大头针或曲别针别在植株上部茎枝上。放赤眼蜂地块，在大豆田块的上风头适当增加放蜂量，在大豆田块的下风头可以减少放蜂量。

② 用白僵菌防虫　在大豆食心虫老熟幼虫入土前，每亩用白僵菌粉1kg加细土或草木灰10kg，搅拌均匀配成药土，撒在豆田垄台上和垄沟内，脱荚落地要入土的老熟幼虫，接触到白僵菌孢子后，遇到适宜的温度和湿度，便发病死亡，达到灭虫作用。

（4）敌敌畏熏蒸防治成虫　将玉米秸或高粱秸截成20～40cm长一段，一端去皮留穗，另一端保持原样，将穗浸在80%敌敌畏乳油原液中，每亩可用100～150mL，做成药棒后，将未浸药的一端插在大豆垄台上，每隔4～6垄插1行，每隔4m左右插1根，每亩插40～50根。也可用玉米穗轴作载体吸收药液，卡在豆株的枝杈上。注意：敌敌畏对高粱有药害，与高粱间种或附近有高粱的豆地不能使用。

（5）化学防治　在大豆开花结荚期，卵孵化盛期，每亩可选用1.8%阿维菌素乳油20～30mL，或2.5%溴氰菊酯乳油20～25mL、45%马拉硫磷乳油80～110mL，兑水40～50kg，均匀喷雾。

8月上中旬是大豆食心虫发生盛期，是喷药防治的关键时期。施药时间以上午为宜，重点喷洒植株的上部，每亩可选用2.5%氯氟氰菊酯水乳剂16～20mL，或20%氰戊菊酯乳油20～30mL、20%甲氰菊酯乳油20mL、5%顺式氰戊菊酯乳油10～20mL、10%溴氟菊酯乳油20～40mL、21%氰戊菊酯·马拉硫磷乳油30～40mL、20%氯氰·辛硫磷乳油30～40mL、2.5%高效氯氟氰菊酯乳油15～20mL、12%吡·甲氰乳油20～40mL，兑水40～50kg，均匀喷雾。

142. 如何防治大豆豆毒蛾（肾毒蛾）？

大豆豆毒蛾（彩图45、彩图46）属鲜翅目毒蛾科，又称肾毒蛾、大豆毒蛾、飞机毒蛾，食叶害虫。幼虫群集为害，咀食叶片成孔洞、缺刻，受害叶片仅剩下网状叶脉，重者全叶被吃光，严重影响大豆生长发育，造成不同程度的减产。

（1）农业防治　人工摘除卵块和群集于豆叶的初孵幼虫。大豆收割后清除田间枯株落叶，翻耕土地，减少越冬幼虫。

（2）物理防治　利用黑光灯诱杀成虫。

（3）生物防治　保护天敌昆虫。喷施微生物制剂，可用每克或每毫升含孢子 100 亿以上的青虫菌制剂 500～1000 倍液，或苏云金杆菌每亩用 100～150g（100 亿孢子/mL），兑水 300～500 倍液，杀螟杆菌使用量及稀释倍数同苏云金杆菌制剂，白僵菌制剂每亩用量 100～150g（每克 50 亿个孢子以上）兑水 25～50L，多角体病毒制剂每克含 10 亿个多角体病毒，每亩用量 800～1000g，在幼虫期喷雾。

（4）化学防治　利用低龄幼虫集中为害的特点，在 1～3 龄期，可选用 10％吡虫啉可湿性粉剂 2500 倍液，或 50％敌·乐合剂 1000 倍液、20％除虫脲悬浮剂 2000～3000 倍液、25％灭幼脲悬浮剂 2000 倍液、2％阿维菌素乳油 3000 倍液、10％氯氰菊酯乳油 3000 倍液、10％二氯苯醚菊酯乳油 4000 倍液、2.5％溴氰菊酯乳油 3000 倍液、10％联苯菊酯乳油 2000 倍液、20％氰戊菊酯乳油 3000 倍液、50％辛硫磷乳油 1000～1500 倍液、50％杀螟松乳油 1000 倍液、90％敌百虫原药 1000 倍液、80％敌敌畏乳油 1000 倍液等喷雾防治。

大豆对辛硫磷敏感，不宜加大药量。

143. 如何防治大豆人纹污灯蛾？

人纹污灯蛾（彩图 47）属鳞翅目灯蛾科，以幼虫取食叶片成缺刻或孔洞。

（1）农业防治　收获后，及时清除田间枯枝落叶，集中销毁，降低越冬虫源数量。勤中耕除草，及时秋翻，可消灭部分入土幼虫或蛹。结合田间管理，人工摘除有卵叶片或初龄幼虫群集的叶片以减少虫源。

（2）物理防治　有条件时可结合其他害虫的防治和测报，设置黑光灯或高压汞灯，利用成虫的趋光性，诱杀成虫。

（3）化学防治　必要时，可选用 2.5％溴氰菊酯乳油 3000～4000 倍液，或 20％氰戊菊酯乳油 2000～3000 倍液、80％敌百虫原药 800 倍液、2.5％高效氯氟氰菊酯乳油 2000～3000 倍液喷雾防治。

144. 如何防治大豆斜纹夜蛾?

大豆斜纹夜蛾(彩图48),又叫莲纹夜蛾,俗称夜盗虫、乌头虫等,是一种食性很杂的暴发性害虫。低龄幼虫食害叶肉,剩留一层表皮和叶脉,呈窗纱状;高龄幼虫将叶子吃成缺刻状,严重时除主脉外,全叶都被吃尽。防治斜纹夜蛾应结合田间管理进行,利用其初孵幼虫群集为害的习性,及时摘除卵块和低龄幼虫虫窝。也可用糖醋液、树枝把蘸敌百虫500倍液、黑光灯、诱虫灯诱杀成虫。在斜纹夜蛾大发生时仍以化学防治为主。斜纹夜蛾高龄幼虫耐药性强,昼伏夜出,并具有假死性等特点,在化学防治时要注意在傍晚为佳,低容量喷雾,除了植株上要均匀着药以外,植株根际附近地面也要喷透,以防滚落地面的幼虫漏治。

目前用于防治斜纹夜蛾比较普通的药剂大多是菊酯类、有机磷类等,由于该虫每年可发生的世代数多,发生量大,易暴发成灾,不少地区大量反复使用杀虫剂,逐渐杀死敏感个体,保存下来的都是具有抗药性的个体,如此多代选择,逐渐形成有显著抗性的个体和种群。可在卵块孵化到幼虫3龄期前(此期幼虫正群集叶背面为害,尚未分散,且扩性低),选用1.8%阿维菌素乳油2000倍液、或5%氟啶脲乳油2000倍液、10%吡虫啉可湿性粉剂1500倍液、20%虫酰肼悬浮剂2000倍液、25%多杀霉素悬浮剂1500倍液、10%溴虫腈悬浮剂1500倍液、20%氰戊菊酯乳油1500倍液、2.5%溴氰菊酯乳油1000倍液、5%氟氯氰菊酯乳油1000~1500倍液,采取挑治与全田喷药相结合的办法,重点防治田间虫源中心。喷药宜在午后及傍晚进行,每隔7~10天喷施1次,用2~3次。

也可每亩选用0.5%甲胺基阿维菌素苯甲酸盐乳油30~50mL,或10%虫螨腈悬浮剂40~50mL,或15%茚虫威悬浮剂10~15mL,兑水40~50kg均匀喷雾。

145. 如何防治大豆甜菜夜蛾?

甜菜夜蛾(彩图49)属鳞翅目夜蛾科,幼虫食叶成缺刻或孔洞,严重的把叶片吃光,仅剩下叶柄、叶脉,对产量影响很大。

(1)农业防治 合理轮作,避免与寄主植物轮作套种,清理田园，去除杂草落叶均可降低虫口密度。秋季深翻可杀灭大量越冬蛹。早春铲除田间地边杂草，消灭杂草上的初龄幼虫。在虫、卵盛期结合田间管理，提倡早晨、傍晚人工捕捉大龄幼虫，挤抹卵块，这样能有效地降低虫口密度。在夏季干旱时灌水，增大土壤的湿度，恶化甜菜夜蛾的发生环境，也可减轻其发生。

（2）物理防治　成虫始盛期，在大田设置黑光灯、高压汞灯及频振式杀虫灯诱杀成虫。各代成虫盛发期用杨柳枝诱蛾，消灭成虫，减少卵量。利用性诱剂诱杀成虫。

（3）化学防治　甜菜夜蛾低龄幼虫在网内为害，很难接触药液，3龄以后抗性增强，因此，药剂防治难度大，应掌握其卵孵盛期至2龄幼虫盛期开始喷药。可选用20%虫酰肼悬浮剂1000～1500倍液，或10%虫螨腈悬浮剂1000～1500倍液、5%氟啶脲乳油3000～4000倍液、25%灭幼脲悬浮剂1000倍液、1.8%阿维菌素乳油2000～3000倍液、20%甲氰菊酯乳油3000倍液、2.5%高效氟氯氰菊酯乳油2000倍液、10%氯氰菊酯乳油100倍液、25%氰戊·辛硫磷乳油1500倍液，连续施用2～3次，隔5～7天喷1次。

146. 如何防治大豆银纹夜蛾？

银纹夜蛾（彩图50）属鳞翅目，夜蛾科，又叫黑点银纹夜蛾、豆银纹夜蛾、豌豆造桥虫、豌豆黏虫。幼虫食叶，咀食叶片成孔洞或缺刻，并排泄粪便污染菜株。1～2龄幼虫有群集性，常数十头隐居于叶背啃食叶肉，3龄后分散，为害加剧，常爬到植株上部，将叶片、嫩尖、花蕾、嫩荚全部吃光，有时钻蛀到菜时为害籽粒，有假死性。

（1）农业防治　合理进行种植布局，避免银纹夜蛾寄主作物连作、间作，减少其转移为害。收获后清除田间落叶，消灭虫蛹。利用幼虫的假死性，可摇动植物，使虫掉在地下集中消灭。

（2）物理防治　成虫发生盛期，设置黑光灯诱杀成虫。

（3）生物防治　幼虫孵化盛期可用苏云金杆菌制剂（含活孢子100亿个/g）释释800倍喷雾。或用每克含100亿以上孢子的青虫菌粉剂1500倍液喷雾。

（4）化学防治　在幼虫3龄前喷洒青虫菌粉剂（100亿个孢子/g）1500倍液，或苏云金杆菌乳剂（100亿个孢子/g）800～1200倍液，或 25％灭幼脲 3 号悬浮剂 500～1000 倍液、5％氟啶脲乳油 3000～4000 倍液、10％联苯菊酯乳油 6000～8000 倍液、10％氰戊菊酯乳油 2000～3000 倍液、2.5％氟氯氰菊酯乳油 3000～4000 倍液、10％吡虫啉乳油 2000 倍液、90％敌百虫原药 1000 倍液。

147. 如何防治大豆甜菜白带野螟？

甜菜白带野螟（彩图 51）属鳞翅目，螟蛾科，又叫甜菜叶螟、白带螟蛾、青布袋、甜菜螟。以幼虫吐丝卷叶，在其内取食叶肉，留下叶脉。

（1）农业防治　结合田间管理，剪除带虫枝叶。

（2）物理防治　设置黑光灯诱杀成虫。

（3）化学防治　必要时喷洒 0.5％阿维菌素乳油 2000 倍液，或 20％氰戊菊酯乳油 3000 倍液、15％茚虫威悬浮剂 3000 倍液、2.5％氟氯氰菊酯乳油 2000 倍液。

148. 如何防治大豆苜蓿夜蛾？

大豆苜蓿夜蛾以 1、2 龄幼虫在叶面取食叶肉，2 龄以后常从叶片边缘向内蚕食，形成不规则的缺刻。幼虫常喜钻蛀寄主植物的花蕾、果实和种子。

（1）农业防治　秋翻地，消灭一部分越冬虫蛹。

（2）物理防治　用黑光灯或糖醋液诱杀成虫。虫少时，可用纱网、布袋等顺豆株顶部扫集，或利用幼虫假死性，用手振动豆株，使虫落地，就地消灭。

（3）化学防治　幼虫 3 龄前用 2.5％高效氯氟氰菊酯乳油 5000 倍液、2.5％联苯菊酯乳油 3000 倍液等广谱杀虫剂喷雾防治。或者选用 10％吡虫啉可湿性粉剂 2500 倍液或 5％氟啶脲乳油 2000 倍液，于低龄期喷洒，隔 20 天喷 1 次，防治 1～2 次。

149. 如何防治大豆豆秆黑潜蝇？

大豆黑潜蝇（彩图 52），别名豆秆蝇、豆秆穿心虫，属双翅目潜蝇科。从苗期开始为害，以幼虫蛀食大豆叶柄和茎秆，造成茎秆中空，植株因水分和养分输送受阻而逐渐枯死。

（1）农业防治 选用抗虫品种，要选用中早熟、有限结荚习性、主茎较粗、节间短、分枝少、前期生长迅速和封顶较快的大豆品种。

适时播种，错开成虫最适宜产卵的生育期，减少落卵量；加强田间管理，培育壮苗，提高植株的抗虫性，以减轻受害。在严重发生地块，换种芝麻或玉米等其他作物1年，可大大降低发生量及为害程度。

（2）糖醋诱杀 于成虫盛发期，在盆内放入红糖375g、醋500mL、白酒125mL、敌百虫0.5g，加开水500mL，稀释后放置田间。每20～30亩放一盆，上午6～9时、下午5～7时诱杀，可减轻为害。

（3）利用黑光灯等诱杀成虫

（4）化学防治

① 大豆初花期 应防治成虫兼治初孵幼虫。可选用50%杀螟松乳油、50%辛硫磷乳油1000倍液，或20%菊·马乳油3000倍液、75%灭蝇胺可湿性粉剂5000倍液、2.5%高效氟氯氰菊酯乳油3000倍液、10%吡虫啉可湿性粉剂1500～2000倍液、1.8%阿维菌素乳油3000倍液、5%丁烯氟虫腈悬浮剂1500倍液、50%杀螟硫磷乳油1000倍液等喷雾防治。

② 成虫盛发期 可使用40%乐果乳油或菊酯类农药加50%辛硫磷乳油，每亩用量50～70mL，稀释1000倍后作叶面喷雾；或用1%阿维菌素乳油50～60mL，兑水30L喷雾，对成虫有较好的防治效果，隔6～7天再防治1次幼虫。还可选用20%氰戊菊酯乳油2000～3000倍液，或2.5%溴氰菊酯乳油2000～4000倍液、20%菊·马乳油1500～2000倍液、18%杀虫双水剂600倍液、50%马拉硫磷乳油1000倍液等喷雾防治。也可用50%辛硫磷乳油拌细土施于地表，每亩4L。

150. 如何防治大豆根潜蝇？

大豆根潜蝇，又称大豆根蛆、潜根蝇。根潜蝇已成为北方大豆主要地下害虫。主要以幼虫为害主根，形成肿瘤以至腐烂，重者死亡，轻者使地下部生长不良，并可引起大豆根腐病的发生。一般5月下旬至6月下旬气温高，适宜虫害发生，连作、杂草多以及早播的地块为害重。

（1）农业防治　此虫为单食性害虫，只为害大豆和野大豆，且飞翔力弱，可以与禾本科作物、甜菜、亚麻等经济作物轮作 2 年以上，但应注意，不要与前一年大豆田相邻。在大豆收获后进行秋翻地，将蝇蛹深埋土中，可降低翌年的羽化率，减轻为害。适期晚播，培育壮苗，增施磷、钾肥，促进幼苗生长和根皮的木质化，可增强植株对害虫的抵抗能力。

（2）药剂拌种　用 50％辛硫磷乳油 20g 或 75％辛硫磷乳油 15g，兑水 100g，喷洒到 10kg 大豆种子上，边喷边拌，拌匀后闷 4～6 小时，阴干后即可播种。或 40％乐果乳油 700mL 兑水 400～500mL，拌大豆种子 10kg。也可用大豆种衣剂按大豆种子重量的 1.0％～1.5％拌种包衣。

（3）土壤处理　用 50％辛硫磷乳油处理土壤，每亩用量 30～40mL 兑水适量，拌细潮土撒施于播种穴或沟内，然后再播大豆种子。

（4）化学防治　大豆出苗后，每天下午 4～5 时在豆田内选 5 点，每点 5m^2，观察豆苗上活动的成虫数，如有成虫 0.5～1 头/m^2 时，即应喷药，可选用 50％抗蚜威可湿性粉剂，每亩 10～15g 兑水 50kg 喷雾，或每亩用 40％乐果乳油或 80％敌敌畏乳油 100mL，兑水 50kg 喷雾。

151. 如何防治豆叶东潜蝇？

豆叶东潜蝇属双翅目潜蝇科，主要为害大豆及豆科蔬菜。幼虫（彩图 53）在叶片内潜食叶肉，仅留下表皮，在叶面上呈现直径 1～2cm 的白色膜状斑块，每叶可有两个以上斑块，影响作物生长。

（1）农业防治　上茬收获后，清除田间及四周杂草，集中烧毁或沤肥；深翻地灭茬，促使病残体分解，减少虫源和虫卵寄生地。合理施肥，增施磷钾肥；重施基肥、有机肥，有机肥要充分腐熟，合理密植。因地制宜选种抗虫品种。加强田间管理，注意使其通风透光，雨后及时排除田间积水。

（2）化学防治　初见为害状时为成虫大量活动期（5 月中下旬），幼虫处于初龄阶段，大部分幼虫尚未钻蛀隧道，药剂易发挥作用。一般不单独采取防治措施，发生量大时适时喷药防治，可选用 5％氟虫脲乳油 2000 倍液，或 20％斑潜净微乳剂 2000 倍液、75％灭蝇胺可湿性粉剂 5000～8000 倍液、2.5％高效氯氟氰菊酯乳油 2000～3000倍液、2.5％高效氟氯氰菊酯乳油 1500～2000 倍液、4.5％高效氯氰菊酯乳油 1500 倍液、25％噻虫嗪水分散粒剂 6000～8000 倍液、5％丁烯氟虫腈悬浮剂 2000～2500 倍液、5％氟虫脲乳油 2000～2500 倍液、15％茚虫威悬浮剂 3500～4500 倍液、24％甲氧虫酰肼乳油2500～3000 倍液、1.8％阿维菌素乳油 2500 倍液等喷雾防治，每隔5～7 天喷 1 次，连续防治 2～3 次。

若在天敌发生高峰期用药，宜选用 1％阿维菌素乳油 1500 倍液，或 0.6％阿维菌素乳油 1000 倍液等喷雾防治。喷雾时要均匀，以叶片湿润而不流水为宜，特别是叶背喷药，喷药时间以上午和下午无风晴天为宜，药剂应交替轮换使用。

152. 如何防治大青叶蝉？

大青叶蝉（彩图 54、彩图 55）又名青叶跳蝉、青叶蝉、大绿浮尘子、叶跳虫，属同翅目大叶蝉科。以成虫、若虫刺吸大豆叶片、茎秆汁液，造成全叶发黄，豆株矮小、产量降低。

（1）诱杀成虫　成虫有趋光性，在成虫发生期，有条件的地区设黑光灯诱杀成虫，重点抓住第一、二代，因第三代成虫产卵时，气温低，活动力小，诱杀效果差。也可用佳多频振式杀虫灯诱杀成虫。

（2）化学防治　若虫盛期喷药防治。喷药间隔以 10 天为好，连喷 2 遍，以消灭迁飞来的成虫。在农药中加入农药展着剂可延长药效。药剂可选用 20％甲氰菊酯乳油 1500～2000 倍液，或 20％噻嗪酮乳油 1000 倍液、25％噻虫嗪水分散粒剂 3000～4000 倍液、50％叶蝉散乳油 1000～1500 倍液、90％敌百虫原药 800～1000 倍液、35％硫丹乳油 1500 倍液、4.5％高效顺反氯氰菊酯乳油 2500 倍液、2.5％高效氟氯氰菊酯乳油 2000～3000 倍液、10％吡虫啉可湿性粉剂 3000～4000 倍液等喷雾防治。

153. 如何防治大豆蒙古土象？

大豆蒙古土象（彩图 56）以成虫取食刚出土幼苗的子叶、嫩芽、心叶，常群集为害，严重时可把叶片吃光，咬断茎顶造成缺苗断垄或把叶片食成半圆形或圆形缺刻。

（1）**诱杀防治**　发生严重的田块四周可挖宽、深各 40cm 左右的沟，内放新鲜或腐败的杂草诱集成虫集中灭杀。

（2）**化学防治**　在成虫出土为害期用 2.5%溴氰菊酯乳油 2000 倍液，或 10%氯氰菊酯乳油 1500 倍液、2.5%高效氯氟氰菊酯乳油 1000 倍液、4.5%高效顺反氯氰菊酯乳油 3000 倍液、50%辛硫磷·氰戊菊酯乳油 2000～3000 倍液，每亩用兑好的药液 40kg 喷雾。

154. 如何防治大豆豆芫菁？

大豆豆芫菁（彩图 57）成虫群集，大量取食叶片及花瓣，将叶片咬成孔洞或缺刻，甚至吃光，只剩网状叶脉，也为害嫩茎及花瓣，有的还取食豆粒，影响结实。

（1）**农业防治**　害虫发生严重地区或田块，收获后及时深耕翻土，可消灭大部分土中虫蛹。成虫有群集为害习性，可于清晨用网捕成虫，集中消灭。

（2）**化学防治**　可于成虫发生期，选用 90%敌百虫原药 1000 倍液，或 2.5%高效氯氟氰菊酯乳油 3000 倍液、20%氰戊菊酯乳油 2500 倍液、2.5%溴氰菊酯乳油 2500 倍液等喷雾。

155. 如何防治大豆造桥虫？

大豆造桥虫也叫步曲虫、打弓虫（彩图 58）。属鳞翅目尺蛾科，常以幼虫咬食大豆叶肉，造成孔洞、缺口，严重时可吃光叶片，造成落花、落荚。一年可发生 5 代，以 7 月中旬至 8 月中旬的第三代为害严重。

（1）**人工捕杀**　在早晨用装有草木灰的容器，靠近豆株，用扫帚轻扫，振落容器内集中消灭。

（2）**生物防治**　对初龄幼虫，用青虫菌或杀螟杆菌（每克含 100 亿孢子）1000～1500 倍液喷雾，每亩用菌液 40～50kg。

（3）**诱杀成虫**　从成虫始发期开始，用黑光灯诱杀。

（4）**化学防治**　药剂防治一定要在幼虫低龄期，进入暴食期前进行，即在幼虫 2～3 龄期为施药适期。可用 4.5%高效氯氰菊酯乳油 2000 倍液，或 20%氰戊菊酯乳油 2000～2500 倍液、10%联苯菊酯乳油 6000 倍液、20％甲氰菊酯乳油 1500 倍液、40％菊·马乳油 2000 倍液、2.5％溴氰菊酯乳油 2500 倍液、25％灭幼脲 3 号悬浮剂 1000 倍液、80％敌敌畏乳油 1000 倍液，亩施药液 50kg，均匀喷雾。也可每亩选用 2.5％的敌百虫粉剂或 80％敌敌畏乳油或 90％敌百虫原药 1000 倍液，亩施药液 50kg，均匀喷雾。

156. 如何防治大豆蝗虫？

蝗虫（彩图 59～彩图 61），为害豆类、花生、马铃薯、甘薯等作物，有中华蝗、棉蝗、笨蝗、短额负蝗等。蝗虫以咬食植物叶、茎为主。

（1）农业防治 入冬前发生量多的沟、渠边，利用冬闲深耕晒垡，破坏越冬虫卵的生态环境，减少越冬虫卵。

（2）保护天敌 利用青蛙、蟾蜍等捕食性天敌，一般发生年份均可基本抑制该虫发生。

（3）化学防治 发生较重的年份，可在 7 月初至中、下旬进行喷药防治，以后则视虫情每隔 10 天防治一次。可选用 2.5％高效氯氟氰菊酯乳油 2000～3000 倍液，或 5.7％氟氯氰菊酯乳油 1000～1500 倍液、20％阿维·杀虫单微乳剂 600～800 倍液（桑蚕地区慎用）等喷雾防治。

157. 如何防治大豆双斑萤叶甲？

双斑萤叶甲（彩图 62）是一种杂食性昆虫，以成虫群集在大豆叶上，在豆株上自上而下取食叶片，将叶片咀食成孔洞，严重时仅剩叶脉。

（1）农业防治 清除田间地头杂草，特别是稗草、刺儿菜、苍耳等，减少双斑萤叶甲的越冬寄主植物，减少越冬虫源，降低发生基数。对双斑萤叶甲为害严重及防治后的农田要及时补水、补肥，促进大豆的营养生长及生殖生长，提高植株抗逆性；秋整地，深翻灭卵，破坏越冬场所，可减轻受害。

（2）物理防治 该虫有一定的迁飞性，可用捕虫网捕杀，降低虫口基数。

（3）化学防治 根据该害虫的发生规律，在防治策略上坚持以

"先治田外，后治田内"的原则防治成虫。6月中下旬应防治田边、地头等寄主植物上羽化出土成虫及大豆上的成虫，并要统防统治。在田间双斑萤叶甲发生时，每亩用25g/L溴氰菊酯乳油20～30mL，或4.5%高效氯氰菊酯乳油20～30mL，兑水50kg喷雾。应选择气温较低、风小天气喷雾，注意均匀喷洒，喷药时地边杂草都要喷到。由于该虫为害时间长，单次喷药难以控制，一般隔7天喷药1次，视生长情况连续喷药2～3次。

158. 如何防治大豆二条叶甲？

二条叶甲（彩图63、彩图64），属鞘翅目叶甲科，又称黑条罗萤叶甲、二黑条萤叶甲、大豆异萤叶甲、大豆二条叶甲、二条黄叶甲、二条金花虫。成虫可为害大豆子叶、生长点和嫩茎以及真叶、复叶等，常将真叶吃成空洞状，大豆开花后还可为害花、荚等，幼虫可在土中为害大豆根瘤。

（1）农业防治 实行与禾本科、麻类等作物轮作2年以上，避免重茬、迎茬，也不要与其他豆科植物（如菜豆、小豆、绿豆等）和甜菜轮作。秋收后及时清除豆田杂草和枯枝落叶，集中烧毁或深埋，如能结合秋翻效果更好。

（2）药剂拌种 翻耕土壤时，结合处理地下害虫。用50%辛硫磷乳油闷种，药：水：种＝1：40：400。或种子用大豆种衣剂包衣，按大豆种子重量的1.0%～1.5%拌种包衣，不用兑水。

（3）化学防治 成虫发生期，可选用50%杀螟松乳剂1000倍液，或90%敌百虫原药1000倍液、5%顺式氯氰菊酯乳油1500～3000倍液、20%甲氰菊酯乳油2000倍液、50%辛·氰乳油2000倍液等喷雾防治。

防治幼虫，可选用90%敌百虫乳油1500倍液，或50%辛硫磷乳油2500倍液灌根。大豆对辛硫磷敏感，不宜加大药量。

159. 如何防治大豆卷叶螟？

大豆卷叶螟（彩图65、彩图66），又叫大豆卷叶虫、豆卷叶螟、大豆螟蛾。幼虫为害豆叶花及豆荚，常卷叶为害，后期蛀入荚内取食幼嫩的种粒，荚内及蛀孔外堆积粪粒。受害豆荚味苦，不堪食用。

（1）**农业防治**　作物采收后，及时清除田间枯株落叶，集中起来焚烧，减少虫源基数和越冬幼虫数。

（2）**灯光诱杀成虫**　可利用成虫趋光性在田间或地头设1黑光灯，诱杀成虫。

（3）**人工捕杀**　在害虫发生初期，查摘豆株上卷叶，带出田外集中处理或随手捏杀卷叶内的幼虫。

（4）**生物防治**　用100亿孢子/mL苏云金杆菌乳剂500～600倍液，或1.8％阿维菌素乳油3000倍液喷雾。

（5）**化学防治**　在各代发生期，查到豆株有12％的植株有卷叶为害状时（此时为卵孵始盛期）开始防治，每隔7～10天防治1次，连续防治2次。可选用2.5％高效氯氟氰菊酯乳油3000倍液，或10％高效氯氰菊酯乳油2500倍液、2.5％溴氰菊酯乳油2500倍液、20％氰戊菊酯乳油1500倍液、80％敌敌畏乳油1000倍液、30％乙酰甲胺磷乳剂1000～1500倍液等喷雾防治。

也可每亩选用35％辛硫·三唑磷乳油50mL，或1.8％阿维菌素乳油20mL、2.5％高效氟氯氰菊酯乳油35mL、10％高效氯氰菊酯乳油13mL、25％杀虫双水剂100mL、15％茚虫威悬浮剂10mL、3％顺式氯氰菊酯乳油20～30mL、20％氰戊菊酯乳油20～25mL、2.5％溴氰菊酯乳油30～40mL等，兑水40～50kg，均匀喷雾，间隔10天左右喷施1次，连喷2～3次。

160. 如何防治豆野螟?

豆野螟（彩图67、彩图68），又称豆荚野螟、豇豆荚螟，属鳞翅目，螟蛾科，主要以幼虫为害大豆，为害时期为5～10月。卵孵始盛期至幼虫1～2龄时，作物生育期处于始花至盛花期，即是豆野螟的防治适期。在大豆始花至盛花期，百花有虫达10头或花害率15％左右或荚害率5％的田块，定为防治对象田。

（1）**农业防治**　与非豆科作物轮作1～2年；及时清除田间落花、落荚，并随时摘除被害的卷叶和豆荚，可减少幼虫转移为害。

（2）**生物防治**　采用频振式杀虫灯和昆虫性引诱剂诱杀成虫。

（3）**药剂防治**　可选用2.5％高效氟氯氰菊酯乳油500～1000倍液，或苏云金杆菌乳剂500倍液、80％敌敌畏乳油800～1000倍液、2.5％氯氰菊酯乳油3000倍液、21％增效氰·马乳油6000倍液、

40%氰戊菊酯乳油 3000 倍液、2.5%溴氰菊酯乳油 2000～3000 倍液、10%吡虫啉可湿性粉剂 1000～1500 倍液、50%杀螟松乳油 1000 倍液、20%氯虫苯甲酰胺悬浮剂 6000 倍液、20%灭幼脲 1 号悬浮剂 1500 倍液、5%阿维·杀铃脲悬浮剂 2000 倍液等喷雾防治。

也可每亩选用 20%氰戊菊酯乳油 20～40mL，或 1.8%阿维菌素乳油 20mL、5%氟虫脲乳油 25mL、25%杀虫双水剂 100mL 等，兑水 45kg，均匀喷雾。

根据该虫的生活习性，于黄昏或上午 8 点前花瓣张开时喷药，重点喷蕾、花、嫩荚及落地花。

豆野螟幼虫寄生天敌种类较多（如绒茧蜂、赤眼蜂、寄生蝇等），在药剂防治时，尽可能选用对天敌杀伤小的农药。提倡轮换和交替使用农药。

161. 如何防治大豆天蛾？

大豆天蛾（彩图 69、彩图 70），大豆花荚期田中常见其青绿色又大又肥的幼虫，俗称豆虫。以幼虫取食叶片，低龄幼虫咀食成网孔状和缺刻状，三龄以后幼虫可以把豆叶全部吃光，使植株不能结荚，对产量影响极大。

（1）**农业防治**　选用成熟晚、秆硬、皮厚、耐涝性强的品种，可以减轻豆天蛾的为害。及时秋耕、冬灌，降低越冬基数。水旱轮作，尽量避免连作豆科植物，可以减轻为害。

（2）**诱杀成虫**　利用成虫较强的趋光性，设置黑光灯诱杀成虫，可以减少豆田的落卵量，减轻为害。

（3）**生物防治**　用杀螟杆菌或青虫菌（每克含孢子量 80 亿～100 亿）稀释 500～700 倍液，每亩用菌液 50kg。也可用苏云金杆菌制剂（每克含 100 亿活孢子）800 倍液喷雾。豆天蛾的天敌有赤眼蜂、寄生蝇、草蛉、瓢虫等，对豆天蛾的发生有一定控制作用。

（4）**化学防治**　防治豆天蛾幼虫的适期应掌握在 3 龄前，可选用 4.5%高效氯氰菊酯 1500～2000 倍液，或 50%辛硫磷乳油 1000～1500 倍液、80%敌敌畏乳油 1000 倍液、25%甲氰菊酯乳油 2000～3000 倍液、20%氰戊菊酯乳油 2000 倍液、90%敌百虫原药 800～1000 倍液、2.5%溴氰菊酯乳油 5000 倍液、0.5%阿维菌素乳油 1500 倍液、15%茚虫威悬浮剂 3000 倍液、25%灭幼脲悬浮剂 1000 倍液、

21％增效氰·马乳油 3000 倍液等喷雾，每亩喷药液 50～75kg。由于幼虫有昼伏夜出习惯，喷药时间应选在下午 5 时以后。

162. 如何防治大豆筛豆龟蝽？

筛豆龟蝽（彩图 71、彩图 72），又名豆圆蝽，属半翅目龟蝽科，是一种杂食性害虫。以成虫、若虫在茎秆、叶柄和荚果上吸食汁液，影响植株生长发育，造成植株早衰，叶片枯黄，茎秆瘦短，花期造成花荚脱落，影响籽粒饱满，百粒重降低，对大豆产量造成一定影响，尤其对春大豆损失更重。

（1）农业防治 作物收获后及时清除田间枯枝落叶和杂草，并带出田外烧毁，冬耕灭茬，消灭部分越冬成虫。合理轮作倒茬，间作套种，精耕细作，减少越冬虫源。选育和利用抗病虫品种，科学用水，施足基肥，加强田间管理，使大豆植株生长健壮，增强对筛豆龟蝽为害的抵抗力。发现卵块应及时摘除。筛豆龟蝽有假死性，可在大豆上振落捕杀。

（2）化学防治 筛豆龟蝽是刺吸式口器，且小盾片极大覆盖于整个腹部，致使一般药剂不易防治。防治适期：在 2～3 龄若虫发生盛期时，一般百株虫量有 300～500 只的豆田即须用药防治，可选用 2.5％溴氰菊酯乳油 2000 倍液，或 50％辛硫磷乳油 1000 倍液、2.5％鱼藤酮乳油 1000 倍液、20％增效氯氰菊酯乳油 3000 倍液、2.5％高效氯氟氰菊酯乳油 3000 倍液、2.5％高效氟氯氰菊酯乳油 1000 倍液、1.8％阿维菌素乳油 3000 倍液、20％甲氰菊酯乳油 3000 倍液、90％敌百虫原药 800 倍液、80％敌敌畏乳油 1000 倍液、40％乐果乳油 1500 倍液等喷雾防治。

163. 为害大豆苗期的蝽类害虫有哪些，如何防治？

为害大豆苗期的蝽类害虫有苜蓿盲蝽、三点盲蝽、牧草盲蝽、斑须蝽、点蜂缘蝽等（彩图 73、彩图 74）。成虫、若虫刺吸植物嫩芽、嫩叶、叶片、果实的汁液，使被害部位出现黑点。

（1）农业防治 可在早春越冬卵孵化前，清除田间杂草，消灭越冬卵和成虫。

（2）生物防治 保护利用草蛉、寄生蜂以及捕食性蜘蛛等自然天敌。

（3）化学防治　成虫发生盛期，成虫、若虫同时出现时，可选用 3％啶虫脒乳油 1500～2500 倍液，或 40％乐果乳油 1000 倍液、3％阿维菌素乳油 5000 倍液、2.5％溴氰菊酯乳油 3000～4000 倍液等喷雾防治。

164. 如何防治豆突眼长蝽？

豆突眼长蝽（彩图 75、彩图 76）属半翅目长蝽科，是大豆的主要害虫，以成、若虫食叶片、嫩梢汁液，受害部位出现黄白小点，后扩大连成不规则形黄褐斑，豆株生长迟缓，造成叶片萎蔫或脱落，结荚减少、籽粒干瘪。凡冬季温暖以及翌年 5 月气温高、雨量少时，春大豆突眼长蝽发生量就增大。夏大豆受害轻，春、秋大豆受害重。

（1）农业防治　合理施肥，增强植株抗逆力。收获后清除田间枯枝落叶及杂草，减少越冬虫源。冬前清除豆园四周杂草、翻土，破坏越冬场所，压低越冬虫源。改进种植制度，实行轮作，可减轻该虫的发生为害。

（2）化学防治　越冬代成虫始期和若虫始盛期，可选用 5％丁烯氟虫腈悬浮剂 1500 倍液，或 20％氰戊菊酯乳油 2000 倍液、1.8％阿维菌素乳油 2000 倍液、18％杀虫双水剂 250～500 倍液、40％乐果乳油 800 倍液。施药时间以早晚和阴天为宜，喷药时要注意喷湿叶背。

165. 如何防治大豆田蛴螬？

蛴螬（彩图 77）又名白土蚕，是金龟甲幼虫的统称，属于鞘翅目。以幼虫为害为主，幼虫取食地下部分，包括根部、茎的地下部分以及萌动的种子，可以咬断茎根，断口整齐平截，吃光种子，造成幼苗死亡或种子不能萌发，以致形成缺苗断垄。成虫可取食叶片，严重时也可以将叶片吃光。

（1）农业防治　可在低龄幼虫发生期灌水，淹死幼虫；与水稻轮作，降低大豆田虫口密度。成虫发生盛期，在成虫喜欢取食的树木，如杨树、榆树上捕杀成虫。翻耕整地，压低越冬虫量；合理施肥，增强作物的抗虫能力。消除地边、荒坡、沟旁、田埂等荒芜状态，破坏金龟子的适宜生活场所。

（2）种衣剂拌种　大豆种衣剂与种子按 1：60 比例拌匀后播种。也可用 50%辛硫磷乳油拌种，用药量为种子量的 0.25%，拌匀后闷种 4 小时，阴干后播种。

（3）生物防治　用活孢子含量为 $1×10^9$ 个/g 的乳状菌粉，用量为每亩 200g，播前与基肥同时施用，或苗后苗眼施用，施后应及时覆土。

（4）化学防治　可在 7 月中、下旬每亩用 5%辛硫磷颗粒剂 2.5kg，加细土 15kg，配成毒土或颗粒顺垄撒于大豆基部，结合中耕锄地，使药剂进入土中。在成虫发生盛期用 40%乐果乳油涂抹树干，或用 50%马拉硫磷乳油 1000 倍液，喷洒成虫喜欢吃的豆田旁的杨树、榆树，地下害虫地上治，这样防治效果很显著。

在苗期也可采用药剂灌根：苗后幼虫为害大豆地块，可选用 90%敌百虫原药，或 80%敌敌畏乳油稀释 1000 倍灌根。

第四节　大豆杂草防除技术疑难解析

166. 大豆田芽前除草剂主要种类有哪些，如何使用？

（1）氟乐灵　商品名为氟特力、氟利克、特福力，主要剂型：48%乳油。属二硝基苯胺类选择性芽前触杀型除草剂，主要防除马唐、稗草、狗尾草（彩图 78）、马齿苋、苋菜等杂草。大豆播种前 5～7 天，用 48%氟乐灵乳剂处理土壤，施药后 2 小时内要及时耙地混土。用药量因土壤有机质含量而定。有机质含量在 3%以下，每亩用药 80～110mL；有机质含量在 3%～5%，每亩用药 110～140mL；有机质含量在 5%～10%，每亩用药 140～175mL。兑水 50～75L，喷洒。土壤有机质含量在 10%以上，不宜采用氟乐灵除草剂。

氟乐灵用量过大或播种过深，播种与施药间隔时间过短，施药后遇低温高湿等，大豆易受害，对胚根、胚芽都有强烈抑制作用，大豆幼苗下胚轴肿大，须根、侧根显著减少，根腐病重，根瘤少，烂根。

在有机质含量低于 2% 的沙质土、壤质土上，大豆常造成严重药害，重者可减产。

（2）仲丁灵 商品名为地乐胺、丁乐灵、双丁乐灵、止芽素，主要剂型：48% 乳油。属二硝基苯胺类选择性芽前除草剂，大豆播种前 5～7 天，用 48% 仲丁灵乳油处理土壤，可以防除禾本科杂草及小粒种子的阔叶杂草。施药后要混入 5～10cm 土层内，并镇压保墒。不同土壤上的用药量不同。轻质土每亩用药 150mL，壤质土为 230mL，黏质土为 330～375mL。不同墒情用药量也有所不同，墒情差时，用药量要适当加大。

（3）乙草胺 商品剂型有 50% 乙草胺、90% 乙草胺、90% 禾耐斯乳油，属酰胺类选择性芽前内吸传导型除草剂。酰胺类除草剂主要被杂草幼芽吸收，单子叶植物通过胚芽鞘吸收，双子叶植物通过下胚轴吸收然后向上传导。根也能吸收，但吸收量少，传导速度慢。施药时如土壤水分适宜，杂草幼芽能充分吸收药剂，使杂草在没出土前即被杀死。

① 防除对象　稗草、狗尾草、马唐、藜、苋、凹头苋（彩图79）、菟丝子、香薷、繁缕（彩图80）等。

② 使用方法　乙草胺一般用于土壤处理，可在播前或播后苗前使用。一般每亩用 50% 乙草胺乳油 70～100g，兑水 50～75L，喷洒在土壤表面，封闭杀草。土壤封闭除草剂用药量应根据土壤类型、有机质含量而调整，土壤有机质在 6% 以下时，有机质对乙草胺的影响较小。土壤有机质含量在 6% 以上时，每亩用 50% 乙草胺乳油 200～267mL，90% 乙草胺乳油 113.3～150mL。用药量视土壤类型、土壤含水量而定，一般土壤疏松、含水量高的地块每亩用 50% 乙草胺乳油 150～200mL，90% 乙草胺乳油 93.3～113.3mL；土壤黏重，土壤含水量低的地块应适当增加用药量。

③ 注意事项　乙草胺在生产中一般同氯嘧磺隆、嗪草酮、2,4-滴丁酯、异噁草松等药剂混用，以扩大杀草谱，提高对龙葵、苍耳、苘麻、小蓟等阔叶草的除草效果。播后苗前施药，最好在播种后 3～5 天施药。大豆拱土期施药会造成药害，特别是在同防除阔叶杂草的药剂混用的情况下，可能会造成减产。

（4）甲草胺 商品名为拉索、草不绿、杂草锁，主要剂型：43%、48% 乳油。属酰胺类选择性芽前内吸传导型除草剂，可杀死稗草、马唐、狗尾草、鸭跖草、藜和马齿苋等杂草。大豆播种后出苗前施药，应在播后 3 天内施药。土壤有机质含量 3% 以下，沙质土每亩用 48% 甲草胺乳油 275mL，壤质土 350mL，黏质土 400mL；土壤有机质 3% 以上，沙质土每亩用药 350mL，壤质土 400mL，黏质土 475mL。兑水 50～75L，喷洒在土壤表面。

（5）异丙草胺　商品名：普乐宝。主要剂型：50%、70%、72% 乳油。属酰胺类选择性芽前内吸传导型除草剂，主要防除稗草、狗尾草、金狗尾草、蟋蟀草、马唐、画眉草、早熟禾、藜、反枝苋、龙葵、鸭跖草等，大豆播前或播后苗前施药，最好播后 3 天内施药，北方也可秋施药。土壤有机质含量 3% 以下，沙质土每亩用 72% 异丙草胺乳油 100mL、壤质土 140mL、黏质土 187mL；土壤有机质含量 3% 以上，沙质土每亩用 72% 异丙草胺乳油 140mL、壤质土 187mL、黏质土 230～250mL。施药后如遇干旱应浅混土 2～3cm，并及时镇压。

（6）异丙甲草胺　商品名为都尔、稻乐思，主要剂型：72%、88% 乳油。属酰胺类选择性芽前内吸传导型除草剂，主要防除稗草、狗尾草、金狗尾草、蟋蟀草、早熟禾、画眉草、黑麦草、鸭跖草、荠菜、马齿苋、繁缕、藜、反枝苋、猪毛菜等，大豆播前、播后苗前和秋季施药。土壤有机质含量 3% 以下，沙质土每亩用 72% 异丙甲草胺乳油 100mL、壤质土 140mL、黏质土 187mL；土壤有机质含量 3% 以上，沙质土每亩用 72% 异丙甲草胺乳油 140mL、壤质土 187mL、黏质土 230mL。在南方一般每亩用 72% 异丙甲草胺乳油 100～150mL。它对大豆的安全性好于乙草胺，药害比乙草胺轻。

（7）精异丙甲草胺　商品名为金都尔，主要剂型：96% 乳油。属氯代乙酰胺类除草剂，主要防除稗草、狗尾草、蟋蟀草、早熟禾、画眉草、黑麦草、鸭跖草、荠菜、马齿苋、繁缕、藜、反枝苋、猪毛菜等。大豆播前、播后苗前和秋季施药。土壤有机质含量 3% 以下，沙质土每亩用 96% 精异丙甲草胺乳油 50～60mL、壤质土 70～80mL、黏质土 100mL；土壤有机质含量 4% 以上，沙质土每亩用药 70mL、壤质土 100mL、黏质土 120～150mL。

（8）二甲戊灵　商品名为施田补、除草通、二甲戊乐灵、胺硝草，主要剂型：33% 乳油。属二硝基苯胺类选择性触杀型除草剂，主要防除稗草、光头稗、狗尾草、马唐、早熟禾、看麦娘（彩图 81）、画眉草属、蟋蟀草、异型莎草（彩图82）、荠菜、猪殃殃（彩图83）、酸模叶蓼、藜、繁缕、地肤、马齿苋、反枝苋、凹头苋等。大豆播前或播后苗前处理土壤，最适施药时期是在杂草萌发前，播后苗前应在播后3天内施药。33%二甲戊灵乳油在土壤有机质少于1.5%时，沙质土每亩用药267mL，壤质土334mL，黏质土334～400mL；土壤有机质大于1.5%时，沙质土每亩用药267～334mL，壤质土334～400mL，黏质土400mL。

（9）利谷隆 主要剂型：50%可湿性粉剂。大豆播种后出苗前，每亩用50%利谷隆可湿性粉剂150～200g，兑水50～75L，喷洒在土壤表面，喷药后要轻耙。一次施药，即可长期控制稗草、马唐、藜、苋菜、蓼、鸭跖草和刺儿菜等杂草的危害。

（10）咪唑乙烟酸 商品名为普施特、豆草特、豆施乐，属咪唑啉酮类选择性除草剂，可通过植物根、茎、叶吸收，抑制植物生长而使植物死亡。能防除稗草、狗尾草、马唐、苋、蓼（彩图84）、苍耳（彩图85）、龙葵、鸭跖草（3叶期前）、香薷、苘麻、野西瓜苗、水棘针等一年生禾本科及阔叶杂草，对龙葵特效；对多年生杂草大蓟、小蓟、苣荬菜有一定的抑制作用。

咪唑乙烟酸属长残除草剂，敏感作物有甜菜、马铃薯、白菜、茄子、亚麻、向日葵、高粱、甜玉米、辣椒、大葱、番茄、西瓜、南瓜（白瓜籽）、水稻等。

咪唑乙烟酸用于大豆播后苗前土壤处理，每亩用5%咪唑乙烟酸乳油100～133mL，土壤疏松、有机质含量低、土壤湿度适宜的条件下用低量，反之用高量。

春季干旱、风大对咪唑乙烟酸的药效影响较大，特别是对禾本科杂草防效影响大于阔叶杂草防效的影响，可在施药后趟一遍头土，以提高药效。

（11）灭草敌 商品名为灭草猛，主要剂型：86%乳油。灭草敌对大豆安全，48%氟乐灵乳油65mL加86%灭草敌乳油130～165mL播前混土使用，收效更佳。喷药后应立即混入土内，以防挥发与光解。如果灭草敌单独使用，要考虑土壤质地。轻质地每亩用药175mL，壤质土为225mL。灭草敌的防除对象是稗草、马唐、狗尾草、野燕麦、石茅、香附子（彩图86）、蟋蟀草、马齿苋和鸭跖草等一年生禾本科杂草和部分阔叶杂草。

（12）**嗪草酮**　商品名为赛克、甲草嗪，主要剂型：50％、70％可湿性粉剂。为选择性除草剂，药剂主要被杂草根部吸收向上传导，也可被叶片吸收在体内进行有限传导。施药后杂草萌发不受影响，杂草出苗后叶片褪绿，最后因营养枯竭而致死。嗪草酮主要防除苋、藜、蓼、繁缕、苍耳等多种阔叶杂草。

土壤有机质含量 2％以下、沙质土、土壤 pH 值 7 以上、地势不平、整地质量不好以及低洼地不能使用此类除草剂，否则因药剂淋溶会造成药害。在低温、雨水大的年份也易产生药害，药害症状为叶片褪绿、皱缩、变黄、坏死。

嗪草酮一般在大豆播后出苗前 3～5 天做土壤处理。土壤有机质含量低于 2％时，沙质土不适合使用，壤质土每亩用 70％嗪草酮可湿性粉剂 40～50g，黏质土用 50～70g；土壤有机质含量在 2％～4％时，沙质土每亩用 70％嗪草酮可湿性粉剂 50g，壤质土用 50～70g，黏质土用 70～80g；有机质含量在 4％以上时，沙质土每亩用 70％嗪草酮可湿性粉剂 70g，壤质土用 70～80g，黏质土用 70～90g。

（13）**异噁草松**　商品名为广灭灵、田得济、豆草灵，主要剂型：48％乳油，36％微胶囊悬浮剂。属异噁唑二酮类内吸传导型芽前除草剂，主要由杂草根部吸收，通过木质部传导造成叶片失绿、白化。可防除稗草、狗尾草、马唐、金狗尾草、龙葵、香薷、水棘针、马齿苋、苘麻、野西瓜苗、藜、蓼、苍耳等一年生禾本科杂草和阔叶杂草，对多年生杂草小蓟、大蓟、苣荬菜、问荆有一定抑制作用。

异噁草松可用于大豆播种前、播后苗前封闭除草，也可用于苗后早期茎叶处理。当土壤有机质含量为 3％以下时每亩用 48％异噁草松乳油 50～70mL。

异噁草松属长残效除草剂，下茬不能种小麦、甜菜、油菜、马铃薯、玉米等对异噁草松敏感的作物。

（14）**氯嘧磺隆**　商品名为豆磺隆、豆草隆、氯嗪磺隆、乙氯隆，主要剂型：25％干悬浮剂，20％、10％、5％可湿性粉剂。属磺酰脲类选择性芽前超高效土壤处理除草剂，可被植物根、茎、叶吸收，在植物体内进行上下传导。氯嘧磺隆主要用于大豆田防除阔叶杂草，可防除苍耳、鼬瓣花、香薷、苘麻、蓼、藜等杂草，对大蓟、问荆及禾本科杂草有抑制作用，对繁缕、鸭跖草、龙葵药效差。

氯嘧磺隆在土壤中移动性较大。氯嘧磺隆的使用与土壤有机质含量、酸碱度关系密切。土壤有机质含量越高，用药量越高。土壤有机质含量超过 6％，pH 值大于 7 不宜使用。低洼易涝地及持续低温条件下不易产生药害。

氯嘧磺隆在大豆苗前、苗后均可使用，但苗后使用易产生药害，一般不提倡使用。通常用于大豆播后苗前土壤处理，在大豆播种后出苗前 3～5 天每亩用 20％氯嘧磺隆可湿性粉剂 50～75g。

氯嘧磺隆活性高，用药量低，残效期长，下茬不能种植敏感作物，如甜菜、马铃薯、瓜类、蔬菜等。

（15）噻吩磺隆　商品名为宝收、阔叶散、噻磺隆，主要剂型：15％、20％、25％、70％可湿性粉剂，75％干悬浮剂。属选择性内吸传导型磺酰脲类除草剂，主要防除酸模叶蓼、龙葵、反枝苋、凹头苋、藜、猪毛菜、地肤、荠菜、马齿苋、苍耳、猪殃殃、刺儿菜、鸭跖草等。大豆播后苗前施药，75％噻吩磺隆干悬浮剂每亩用 1.33～1.67g。土质疏松、有机质含量低、低洼地土壤水分多时用低药量；土壤质地黏重、有机质含量高、岗地土壤水分少时用高药量。

（16）唑嘧磺草胺　商品名为阔草清，主要剂型：80％水分散粒剂，属内吸传导型磺酰胺类除草剂，主要防除酸模叶蓼、柳叶刺蓼、反枝苋、藜、繁缕、铁苋菜、地肤、风花菜、龙葵、苍耳、鸭跖草、苣荬菜、曼陀罗、大蓟、刺儿菜等阔叶杂草。大豆、玉米播前或播后苗前施药。唑嘧磺草胺适用 pH5.9～7.8，有机质 5％以下的土壤，若有机质含量高于 5％应适当增加唑嘧磺草胺使用剂量。80％唑嘧磺草胺水分散粒剂每亩用量 3.2～5g。土壤质地疏松、有机质含量低、低湿地水分多时用低剂量；土壤质地黏重、有机质含量高、岗地土壤水分少时用高剂量。

（17）丙炔氟草胺　商品名为速收，主要剂型：50％可湿性粉剂，属环状亚胺类接触褐变型土壤处理除草剂，可防除柳叶刺蓼、酸模叶蓼、节蓼、龙葵、反枝苋、苘麻、藜、小藜、苍耳、酸模属、荠菜、鸭跖草等。对一年生禾本科稗草、狗尾草、野燕麦及多年生的苣荬菜有一定的抑制作用。大豆播前或播后苗前，最好播后随即施药，亦可秋施。50％丙炔氟草胺每亩用 8～12g。土壤质地疏松、有机质含量低、低洼地水分多时用低药量；土壤黏重、有机质含量高、岗地水分少时用高药量。播后苗前施药后最好用旋转锄浅混土。

167. 大豆田苗后防除禾本科杂草除草剂有哪些，如何使用？

（1）烯禾啶 商品名为拿捕净、硫乙草灭、乙草丁，主要剂型：12.5%机油乳剂，12.5%、20%、25%乳油。属环己烯酮类除草剂，为选择性强的内吸传导型茎叶处理剂。烯禾啶能防除一年生禾本科杂草，主要防除对象有稗草、狗尾草、马唐、野燕麦（彩图87）等。烯禾啶是选择性较强的内吸传导型茎叶处理剂，被禾本科杂草茎叶吸收，施药后3天杂草停止生长，5天心叶易抽出，7天心叶褪色变褐，10～15天杂草整株枯死。

一般当禾本科杂草长至2～5片叶时，每亩用12.5%烯禾啶乳油65～135g，兑水40L，在杂草茎叶上均匀喷雾。2～3叶期的一年生杂草，用低剂量（65g）；4～5叶期的多年生杂草，用高剂量（135g）；一般剂量为100g。水田改旱田种大豆，尤应采用烯禾啶除草。

（2）烯草酮 商品名为收乐通、赛乐特，主要剂型：12%、24%乳油。属环己烯酮类除草剂，为选择性内吸传导型茎叶处理剂，对禾本科杂草有很强的杀伤作用，对双子叶作物高度安全。可防除稗草、野燕麦、狗尾草、马唐、生马唐、止血马唐、早熟禾、千金子、狗牙根、龙牙茅、看麦娘、蟋蟀草、芦苇等。大豆2～3片复叶期，一年生禾本科杂草3～5叶期，每亩用12%烯草酮乳油30～40mL。芦苇等多年生杂草在40cm以下，每亩用12%烯草酮乳油67～80mL。可与氟磺胺草醚、灭草松、氟烯草酸、三氟羧草醚、乳氟禾草灵、异噁草松等药混用，兼除阔叶杂草。

（3）精喹禾灵 商品名为精禾草克、盖草灵、精克草能，主要剂型：5%、8%、10.8%乳油。属芳氧苯氧丙酸类除草剂，是一种具有高度选择性的新型旱田茎叶处理剂，在禾本科杂草和双子叶作物之间有高度的选择性，对阔叶作物田的禾本科杂草有很好的防效。可防除野燕麦、稗草、狗尾草、马唐、芦苇等一年生及多年生禾本科杂草，属选择性内吸传导型除草剂，被杂草茎叶吸收。

5%精喹禾灵乳油防治3～5叶期稗草，每亩用药50～70mL；防治金狗尾草、野黍每亩用药60～100mL；防治芦苇每亩用药100～133mL。用药量随杂草叶龄而调整，杂草叶龄小用药量可低些，杂草叶龄大用药量应适当增加。

（4）**吡氟禾草灵** 商品名：稳杀得。主要剂型35％乳油。属芳氧苯氧丙酸类除草剂，大豆出苗后，在禾本科杂草2～5叶期，每亩用35％吡氟禾草灵乳油25～45g，加水50～75L，在杂草茎叶上喷雾，可杀死稗草、马唐、狗尾草、野燕麦、看麦娘、狗牙根和宿根高粱等。杂草小时，用药量低些；杂草大时，用药量高些。

（5）**精吡氟禾草灵** 商品名为精稳杀得，主要剂型15％乳油。属芳氧苯氧丙酸类除草剂，选择性苗后茎叶处理剂。精吡氟禾草灵可防除野燕麦、稗草、狗尾草、马唐、芦苇等一年生及多年生禾本科杂草，属选择性内吸传导型除草剂，被杂草茎叶吸收。15％精吡氟禾草灵乳油防治2～3叶期稗草，每亩用药33.3～50mL，4～5叶期用药50～67mL，5～6叶期用药67～80mL；防治芦苇每亩用药133mL。

（6）**高效氟吡甲禾灵** 商品名为高效盖草能、精盖草能、高效微生物氟吡乙草灵，主要剂型10.8％乳油。属芳氧苯氧丙酸类除草剂，是一种苗后选择性防除禾本科杂草的除草剂。可防除稗草、野燕麦、狗尾草、金狗尾草、马唐、芦苇等一年生及多年生禾本科杂草，属选择性内吸传导型除草剂，被禾本科杂草茎叶吸收，对大豆安全。在稗草2～3叶期施药，2天心叶开始枯死，6～8天全株死亡；4～5叶期施药，5天心叶开始枯死，10天全株死亡；6叶期施药，稗草死亡期还要稍长些。芦苇株高20cm以下施药6～8天死亡。杂草叶龄越大，死亡速度越慢。

10.8％高效氟吡甲禾灵乳油在稗草3～4叶期施药，每亩用药25～30mL，稗草4～5叶期每亩用药30～35mL，稗草5叶期以上每亩用药40mL；防除芦苇等多年生禾本科杂草，3～5叶期每亩用药40～60mL。

（7）**精噁唑禾草灵** 商品名为威霸、骠马，主要剂型：6.9％浓乳剂，8.05％乳油。属芳氧苯氧丙酸类除草剂，主要防除看麦娘、凤剪股颖、野燕麦、臂形草、蒺藜草、马唐、稗、蟋蟀草、大画眉草、野黍、千金子、黍、稷、早熟禾等，大豆1～3片复叶、禾本科杂草2～5叶期施药，每亩用6.9％精噁唑禾草灵浓乳剂50～70mL，或每亩用8.05％精噁唑禾草灵乳油40～60mL。

（8）**吡喃草酮** 商品名为快捕净，主要剂型：10％乳油。属选择性内吸传导型除草剂，可防除稗草、狗尾草、金狗尾草、野燕麦、芦苇等一年生及多年生禾本科杂草，吡喃草酮的最大特点是杀草速度快，杀草速度优于其他品种，对大龄稗草也有较好效果，对大豆安全。一般施药后2～3天稗草心叶失水易拔出，3～5天心叶变褐腐烂，7～10天全株枯死。

10%吡喃草酮乳油在稗草2～3叶期施药，每亩用药20mL；稗草3～4叶期施药每亩用药25mL；稗草5叶期以上及防除芦苇等多年生禾本科杂草，每亩用药30mL或酌情增加药量。

168. 大豆田苗后防除阔叶草除草剂有哪些，如何使用？

（1）氟磺胺草醚　商品名为虎威、福草灵、帅虎、豆来福，主要剂型：16.8%、25%水剂，10%、12.8%、20%乳油。属二苯醚类选择性触杀型除草剂，杂草茎叶及根均可吸收，杂草受害症状为叶片黄化或有枯斑，最后枯萎死亡。氟磺胺草醚主要防除苋、蓼、藜、龙葵、鸭跖草、香薷、小蓟、大蓟、苣荬菜、问荆等。

25%氟磺胺草醚水剂在阔叶杂草2～4叶期每亩用药67～100mL，加333g尿素能提高除草效果。

使用氟磺胺草醚应掌握好用药时期。施药过早杂草出苗不齐，对还没出土的杂草起不到杀草作用；施药过晚，杂草抗药性增强，会降低除草效果。一般应在多数杂草2～4叶期并且田间阔叶杂草基本出齐时施药。长期干旱、低温影响药效，但温度过高会造成杂草叶片气孔关闭，从而影响对药剂的吸收，应避开中午高温干燥时施药。

（2）乳氟禾草灵　商品名为克阔乐，主要剂型：24%乳油。属二苯醚类选择性触杀型除草剂，施药后被杂草茎叶吸收。在光照充足条件下，23天杂草叶片出现灼伤斑并逐渐扩大，致使整个叶片变枯，最后全株死亡。克阔乐主要防除蓼、苋、藜、龙葵、苍耳、鸭跖草（3叶期前）、香薷、苘麻、铁苋菜、水棘针等一年生阔叶杂草，对多年生杂草苣荬菜、小蓟、大蓟、问荆有一定的抑制作用。在干旱条件下对苍耳、苘麻、藜的效果明显下降。

乳氟禾草灵在大豆苗后1～2片复叶期，多数阔叶草2～4叶期，田间杂草基本出齐时进行茎叶处理，每亩用24%乳氟禾草灵乳油30～40mL。杂草小、水分适宜的条件下用低剂量；杂草大、干旱条件下用高剂量，在严重干旱及温度超过27℃时应停止施药。乳氟禾草灵应严格掌握施药时期、施药条件和用药量，否则会产生药害。在药害较重情况下会延迟大豆生长发育，造成减产，一般晚熟大豆品种不应使用乳氟禾草灵，喷施乳氟禾草灵7小时内降雨会降低除草效果。

（3）灭草松　商品名为排草丹、苯达松、百草克、噻草平，主要剂型：25％、40％、48％、56％水剂。属苯并噻二唑类化合物，是触杀型、选择性苗后茎叶处理除草剂。主要防除苍耳、反枝苋、凹头苋、刺苋、刺儿菜、大蓟、鬼针草、酸模叶蓼、马齿苋、猪殃殃、辣子草、野萝卜、猪毛菜、繁缕、曼陀罗、藜、龙葵、鸭跖草（1～2叶期效果好，3叶期以后药效明显下降）、豚草、芥菜、野芥等多种阔叶杂草。大豆苗后早期，阔叶杂草2～5叶期，每亩用48％灭草松水剂167～200mL。水分适宜、杂草生长旺盛和杂草幼小时用低剂量，干旱条件下或杂草大及多年生阔叶杂草多时用高剂量。对苍耳具有特效，用48％灭草松水剂防治苍耳每亩用药67～134mL。

（4）克莠灵（灭草松＋三氟羧草醚）　主要剂型：44％水剂。属触杀型除草剂，可被杂草茎叶吸收。克莠灵除灭草松和三氟羧草醚能防除的杂草种类外，能提高对藜、苘麻、鸭跖草、龙葵、苣荬菜、小蓟等阔叶杂草的防除效果，同时因两种复配降低了三氟羧草醚的用药量，可提高对大豆的安全性。

克莠灵在大豆1～2片复叶、阔叶杂草2～3叶期、鸭跖草3叶期以前、杂草5cm左右时施药。施药过晚，杂草过大抗药性增强，会降低药效。

每亩用44％克莠灵水剂100～133.3mL，阔叶杂草小、田间湿度好的条件下用低量；杂草大、干旱条件下用高量。

在严重干旱或由于低洼、排水不良、长期积水或因病虫害而致使大豆生长不良情况下，大豆抗药性减弱，不宜使用克莠灵。

（5）乙羧氟草醚　商品名为克草特，主要剂型：5％、10％、20％乳油。属二苯醚类触杀型除草剂，被杂草吸收后在植物体内传导作用很小。乙羧氟草醚对杂草杀伤速度快，对后茬无影响。可用于苗后茎叶处理，有效防除藜、蓼、苋、苍耳、龙葵、鸭跖草、大蓟等多种阔叶杂草，也对一年生禾本科杂草有一定的抑制作用。

乙羧氟草醚在大豆2～3片复叶期、阔叶杂草2～4叶期施药，每亩用10％乙羧氟草醚乳油40～60mL喷雾，乙羧氟草醚对大豆的安全性好于三氟羧草醚。

（6）三氟羧草醚 商品名为杂草焚、杂草净、达克尔、达克果，主要剂型：24％水溶剂。属二苯醚类触杀型除草剂，苗后早期茎叶处理可防除苋、蓼、藜（2叶期）、龙葵、苍耳（2叶期前）、鸭跖草（3叶期前）、香薷等一年生阔叶杂草，对多年生阔叶杂草苣荬菜、小蓟、大蓟及问荆有较强的抑制作用。

三氟羧草醚施药时期应掌握在大豆2片复叶以前，阔叶杂草2～4叶期（株高5cm左右），苍耳、藜超过2叶期，鸭跖草超过3叶期抗药性增强，药效不好。大豆超过2片复叶期抗药性减弱会加重药害。

每亩用24％三氟羧草醚水溶剂67～100mL，杂草小、土壤和空气湿度大时用低量；杂草大、干旱时用高量。

三氟羧草醚对在排水不良、长期积水的低洼地上生长不良的大豆易造成药害。用药量过高或在高温、干旱条件下也容易对大豆造成药害，药害症状为叶片皱缩，出现枯斑，严重者整个叶片枯焦。三氟羧草醚对大豆的药害为触杀型药害，不抑制大豆生长，恢复较快，在药害不重的情况下对产量影响小，如果药害重会造成大豆生长发育期延后，贪青、晚熟而减产。

空气相对湿度低于65％，气温低于21℃、高于27℃，土壤温度低于15℃都不宜使用三氟羧草醚。一般在早、晚喷药。施药后应保证6小时内无雨。

（7）甲氧咪草烟 商品名为金豆，主要剂型：0.8％、4％、12％水剂，70％水分散粒剂与水溶性粒剂。属咪唑啉酮类除草剂，可有效防治大多数一年生禾本科与阔叶杂草，如野燕麦、稗草、狗尾草、金狗尾草、看麦娘、稷、千金子、马唐、鸭跖草（3叶期前）、龙葵、苘麻、反枝苋、藜、苍耳、繁缕、柳叶刺蓼、荠菜等，对多年生的苣荬菜、刺儿菜等有抑制作用。大豆出苗后两片真叶展开至第二片复叶展开时用药，禾本科杂草2～4叶期，阔叶杂草2～7cm高，苍耳4叶期前施药，对未出土的苍耳药效差。鸭跖草2叶期施药最好，3叶期以后施药药效差。每亩用4％甲氧咪草烟水剂75～83.4mL。杂草旺盛及杂草幼小时用低剂量，干旱条件及难防治杂草多时用高剂量。

169. 如何防除大豆田莎草科杂草？

（1）合理轮作和耕作　在莎草科杂草发生严重的地区，采用冬小麦收获后夏播玉米－棉花－大豆，玉米－甘薯－大豆等轮作方式，可有效减少田间莎草科杂草的发生。

另外，正确合理地深耕与翻耕，可有效防除多年生莎草的危害。

（2）封闭除草剂　在大豆播后苗前，每亩用 480g/L 灭草松水剂 80mL 兑水 15～20kg 喷雾土表。

（3）苗期除草　在杂草 3～5 叶期时，每亩用 48％灭草松水剂 150mL 兑水 20～25kg 均匀喷雾。

（4）定植锄草　莎草科杂草极难根除，一般除草剂也是对其进行简单抑止。在莎草科杂草发生严重的地区，人工锄草需将其根部挖起才能更好地进行防治。

170. 大豆田化学除草应注意哪些问题？

（1）化学除草剂应注意配合施用或其他方法才能除尽杂草　适用大豆田的化学除草剂的杀草效果是选择性的，一种除草剂不可能防除所有种类的杂草，另外，除草剂的药效是有时间限制的，药效期过后生长的杂草，除草剂就不起作用了。所以，生产中应常进行几种化学除草剂的混配，扩大杀草谱。

（2）选用合适的除草剂　大豆田除草剂有几种类型，可以根据当地的具体情况，进行选用。有适于播种前进行土壤处理的除草剂，也有适于播后苗前进行土壤封闭处理的除草剂，还有出苗后进行茎叶处理的除草剂。

（3）除草剂应根据不同土壤类型选用不同浓度　一般播后苗前进行封闭处理的除草剂，在使用时要根据土壤类型作适当的浓度调整，砂性大的土壤施用浓度要适当降低，有机质含量较高的黏性土壤，除草剂的施用浓度要加大剂量 20％左右，这样既可以达到理想的除草效果，又不会出现伤苗现象。

（4）除草剂使用时土壤应保持一定的墒情　除草剂并不是在任何天气条件下都有很好的效果。大豆除草剂要发挥最大效果，一般需要土壤保持一定的墒情，土壤含水量太低，药效差；施药后降雨太多，药效也不佳，有时还会因除草剂药液下渗，造成药害。特别是氟乐灵、甲草胺、异丙甲草胺、乙草胺等对土壤墒情要求较高，土壤墒情好，除草效果好。

（5）喷施除草剂应注意方法　喷施除草剂，特别是播后苗前封闭的除草剂，为了保证封闭效果，在进行人工喷施时，一定要实行倒行作业，即人退着行走作业，否则，人行走的脚印处，得不到有效封闭，杂草丛生。在进行机械作业时，要求喷头持在机械的后面，喷头与喷头之间的喷雾范围要交叉，实现全田全封闭。施药后，在药效时间内，不要进地，以免破坏封闭层，影响封闭效果。

（6）施药应注意用水量和施药时间　施用除草剂时，稀释水量的多少视土壤墒情而定，土壤湿润时宜少用水，反之，宜多用水；晴天宜多，阴天宜少。一般每亩用水量 40～60kg 为宜。施药应避开高温和雨日，一般在晨露干后至 10 时前和下午 4 时后，阴天全天均可施药，施药应均匀周到。

（7）施药时应注意防护　与施用其他农药一样，操作时应穿长袖衣裤，戴口罩，走在上风施药。操作期间禁止饮食、吸烟，施药结束后要及时反复用肥皂水将全身清洗多次，以防中毒。

（8）施药结束后应及时清洗药械　施药结束后应及时倒掉残液并深埋，用清水和碱水冲洗药械数次，防止以后使用药械伤及其他作物。

171. 触杀型除草剂对大豆的药害表现有哪些？

以二苯醚类除草剂为代表的触杀型除草剂可被植物迅速吸收，但传导性较差。二苯醚类除草剂必须在光照条件下才能发挥除草活性。在正常用量下，大豆叶片上也会产生接触型药害斑，但可以很快恢复，对大豆生长发育和产量基本无影响。但用量过高时也会产生较重的接触型药害（彩图 88），如果用药过晚，大豆叶片已长出较多时（3 片复叶以上），所有接触到药液的叶片均会受害，这样就会影响到大豆的正常生长，可能会造成大豆减产。

几种触杀型除草剂药害由轻到重的顺序为：灭草松＞氟磺胺草醚＞三氟羧草醚＝氟烯草酸＞乳氟禾草灵≥乙羧氟草醚＝嗪草酸甲脂。灭草松对大豆最安全，一般情况下没有药害；乳氟禾草灵、乙羧氟草醚、嗪草酸甲酯药害最重，正常用量下也会产生较重的药害。但无论药害轻重，只要在正常用药量范围内，对大豆的生长发育和产量都没有太大的影响。

三氟羧草醚对大豆的触杀性药害，大豆叶片产生接触性灼伤状药害斑，严重的叶片皱缩、脱落，药害斑不会扩散，不抑制大豆生长，药害恢复较快，1～2周可恢复生长，对产量影响很小。乙羧氟草醚对大豆的触杀性药害，产生触杀性灼伤，药害斑不会扩散，不抑制大豆生长，药害恢复较快，1～2周可恢复正常生长，不影响大豆产量。乳氟禾草灵对大豆会有不同程度的药害，正常用药量下药害较轻，叶片上会出现较少的暂时性的接触型药害斑，病害斑不再继续扩大，能在1周之内很快长出新叶，新生叶片生长正常，不会影响大豆产量。

精喹禾灵用量过大时也能造成触杀型药害，特点是药害斑较大，呈白色或淡褐色，并有黄色边缘，很像大豆的叶部病害。药害斑只停留在接触过药液的叶片上，不会向其他叶片扩展，新出生的叶片上不再形成药害斑，也不会影响大豆产量。

172. 挥发和飘移性除草剂对大豆的药害表现有哪些?

以苯氧羧酸类除草剂为代表的易挥发和飘移性除草剂，在正常用量下，如遇不良的气候条件也会对大豆产生药害。

苯氧羧酸类除草剂2,4-滴丁酯在大豆田只允许做播后苗前土壤处理，不能在大豆拱土期施药，否则易造成大豆药害。绝对不能进行苗后茎叶处理，因为大豆对2,4-滴丁酯特别敏感，如果在大豆相邻的玉米田苗后施用2,4-滴丁酯，其飘移的雾滴就会使大豆受害。

飘移药害的症状表现：大豆植株上已经展开的老叶不受害，未完全展开的嫩叶或较小的心叶受害，较嫩叶片的叶脉变短；较小的心叶展开后，主叶脉严重受害趋于平行状且增粗变硬，叶片变窄，边缘似花边。这种飘移药害是暂时的，以后再长出的新叶会恢复正常生长，对大豆产量不会产生太大的影响。

2,4-滴丁酯在喷雾器中残留的药液稀释后喷到大豆上，对大豆植株的药害症状表现为：大豆植株上部嫩茎弯曲扭转，上部叶片暂时萎蔫，可以恢复正常生长。

2,4-滴丁酯土壤处理对大豆的药害症状为：对大豆出苗有不同程度的抑制，严重药害可出现畸形苗，生长严重受抑制；对已经出土的幼苗还可能有二次挥发药害，使幼苗的叶片变成柳叶状，与飘移药害相似，可能导致减产。

如果在大豆苗期误施了2,4-滴丁酯，药害症状是最严重的。轻度药害叶片暂时萎蔫，向内翻卷、皱缩。中度药害主茎和叶柄扭曲，节部膨大，植株扭转倒伏，颜色变黄，叶片畸形、萎蔫、皱缩，叶脉由掌状变成平行状，部分或全叶干枯；主根肿大，须根减少，侧根呈刷状。重度药害生长点迅速萎蔫，植株畸形，生长停滞，逐渐枯死。大豆苗后遭遇2,4-滴丁酯药害，减产会很严重，甚至绝产。

异噁唑二酮类除草剂异噁草松在大豆田可以播前、播后苗前土壤处理，也可以苗后茎叶处理，在正常用量下对大豆很安全。只有在田间施药不均匀，个别地方药量过大时才会产生点片的药害，典型症状是叶片白化，呈黄白色。药害轻的只有叶片边缘白化，药害重的会使整片叶白化。异噁草松很容易挥发和飘移，而且还有二次挥发现象，会对周围敏感作物或树木造成药害，产生白化现象，叶片变白后可在20~30天恢复正常生长。但飘移药害仅有触杀作用，不向下传导。敏感作物有小麦、亚麻、五味子等，另外柳树、杨树、桦树等也可受害，受害后整株叶片变白枯萎。喷施叶面肥、补充速效营养，能帮助药害恢复，但严重药害也无法恢复正常生长。异噁草松进行土壤处理施药，应尽量缩短播种与施药时间间隔。施药后应浅混土，以减少药剂因挥发造成损失。

🌸 173. 生长抑制型除草剂对大豆的药害表现有哪些？

生长抑制型除草剂包括酰胺类、咪唑啉酮类、磺酰脲类和磺酰胺类。在正常药量和正常的环境条件下对大豆安全，不会产生药害。但是在遇到异常的环境条件时，就会引起药害。

（1）酰胺类除草剂 乙草胺、异丙甲草胺等，在大豆播前或播后苗前进行土壤处理，施药后如遇低温、土壤高湿、持续降雨或田间积水等恶劣条件就会造成药害。症状为抑制幼芽生长，主根短，侧根少，芽生长缓慢。出苗后，真叶或第一、第二片复叶皱缩（彩图89），叶脉短缩成抽丝状，小叶前端凹陷成心形，或不规则缺刻状，有时叶片内卷成杯状。药害严重时，大豆根系，甚至地上部生长受到抑制，同时伴随着大豆根部病害加重。当环境条件好转时，轻度药害可以恢复正常生长，药害严重时也能恢复，但可能对产量有些影响。

乙草胺药液喷施于土表不进行混土处理,对大豆植株地上部影响较大,大豆出苗后真叶和第一片复叶皱缩,以后再长出的叶片生长正常;大豆苗期株高、地上部鲜重均低于不施药的对照组,而对根的影响较小。

(2)咪唑啉酮类除草剂咪唑乙烟酸、甲氧咪草烟、咪唑喹啉酸,磺酰脲类除草剂氯嘧磺隆、噻吩磺隆,磺酰胺类除草剂唑嘧磺草胺 这些除草剂的作用靶标相同,都能引起生长抑制型药害。在正常用量和正常环境条件下,对大豆安全或只有轻微的药害,不影响生长和产量。但在施药后遇不良条件,或施药量超过正常用量,就会使大豆产生药害。上述三类除草剂的药害症状相似,主要表现为大豆生长受抑制。

① 咪唑啉酮类除草剂的药害症状 茎叶处理:轻度药害,大豆新叶褪绿,轻微皱缩,1~2周恢复正常,对生长发育和产量无明显影响。中度药害,叶片沿叶脉产生抽丝状皱缩,向外翻卷,叶背脉和叶柄变褐。重度药害,生长点萎蔫,逐渐枯死,可由下部子叶叶腋长出新枝,以后出生的叶片正常,但生长受到较严重的抑制,植株矮化。中度和重度药害使大豆生长受到较重抑制,生长发育延迟,遇早霜可造成明显减产。

② 磺酰脲类除草剂的药害症状 土壤处理对大豆出苗无影响,但出苗后初生叶片边缘可能褪绿,生长稍微受抑制,后期可以恢复正常。茎叶处理比较敏感,药害一般较重,且恢复很慢,对生长发育和产量可造成较大影响。症状表现为叶片皱缩,叶背面变红紫,叶脉和叶柄变褐,有的生长点萎蔫死亡,主茎髓部变褐,植株瘦弱甚至死亡。

③ 磺酰胺类除草剂的药害症状 土壤处理不影响大豆出苗,但出苗后真叶和初生叶褪绿,生长受抑制,药害可以恢复,一般不影响后期生育。茎叶处理,大豆叶片褪绿,叶脉成抽丝状皱缩,叶片向背面翻卷,生长受抑制。药害严重时生长点生长异常,叶片簇生,或生长点萎蔫,药害持续时间较长。如果生长点未枯死,后期可恢复生长,但植株较矮。若生长点枯死,可从基部子叶叶腋长出新枝,但生长发育延迟,影响生长发育和产量。

174. 易淋溶性除草剂对大豆的药害表现有哪些？

易淋溶性除草剂的典型代表是三氮苯类的嗪草酮，在正常的土壤环境和气候条件下，嗪草酮用作苗前土壤处理，对大豆安全。

（1）用药量过高，或施药不均匀，容易产生药害　轻度药害表现为叶片褪绿、皱缩，重者叶片变黄、变褐枯死，往往是下部老叶片先受害，逐渐向上蔓延，严重时全株枯死。

（2）用在砂壤土、盐碱土、白浆土上，由于土壤保水性差，易产生淋溶性药害　在大豆苗期遇较大降雨，将药剂淋洗至耕层土壤中，大豆根部吸收药剂后会产生药害。

药害症状：嗪草酮土壤处理一般不影响大豆出苗和根系生长，出苗后，叶片顶端边缘或近叶脉处黄化，随后变褐干枯。也可使整个叶片褪绿，变成灰褐色，向内翻卷，枯干，大豆植株瘦弱。在遇到较大降雨后，常常会造成大豆死苗，导致田间缺苗断条，或产生三类苗。

而没有受到药害的大豆植株仍能生长正常。因此土壤质地疏松的沙质土、有机质含量低、低洼地水分充足的条件下用低剂量。

175. 易被雨水反溅的除草剂对大豆的药害表现有哪些？

（1）丙炔氟草胺　是一种优良的环状亚胺类土壤处理除草剂，用于大豆田播前或播后苗前土壤处理。在正常用药量范围内、正常的环境条件下，对大豆安全。但如果在大豆拱土期至大豆幼苗1片复叶前，幼苗较小时遇到较强的降雨，会将药土反溅到大豆苗的叶片和生长点上，造成药害，有时会是较严重的药害。轻者叶片产生接触型药害斑，严重的生长点死亡，在子叶的叶腋再长出新的分枝，如果气候条件很快好转，大豆会很快恢复生长，或许生长发育期会稍有延迟，造成一定的减产。

因此，丙炔氟草胺在播前或播后苗前施药时，平作大豆要浅混土，垄作大豆应培土2cm，不仅可以防止药剂被风蚀，而且能防止大豆苗期降大雨造成药土随雨滴溅到大豆叶片和生长点上，对大豆产生药害。

（2）噻吩磺隆　土壤处理后如果不混土，土壤表面的药土可能会在降雨量大或下急雨时飞溅到刚出苗的大豆幼苗上，使大豆苗受害，严重时可能使大豆苗生长点枯死，影响正常生长。因此，噻吩磺隆在播后苗前施药，最好播种后随即施药，平作大豆要浅混土，垄作大豆应培土 2cm。

此外，许多土壤处理除草剂，如氯嘧磺隆、乙草胺、2,4-滴异辛酯等，都有可能被雨水反溅，造成作物药害。

176. 如何减少长残留除草剂对后茬作物的影响？

残留药害是指由长残留性除草剂对后茬敏感作物造成的药害，能够对后茬作物造成药害的除草剂叫长残留除草剂。长残留除草剂一般都是高活性的或是超高活性的除草剂，最突出的优点是活性极高、用药量少、用药成本低、使用方便、除草效果好；它们的共同缺点是在土壤中残留时间长，一般达 2～3 年，甚至长达 4 年以上，在土壤中残留的少量或极少量的药剂仍保留有生物活性。耐药性强的作物不会受到残留药剂的伤害，而耐药性差的敏感作物就很容易受到药害，甚至是很严重的药害，可导致作物死亡、减产、甚至绝产。

长残留除草剂主要品种有咪唑乙烟酸、氯嘧磺隆、异噁草松、氟磺胺草醚、唑嘧磺草胺、甲氧咪草烟等，其中以咪唑乙烟酸和氯嘧磺隆危害最重，目前在部分地区用量很小，有些种植制度复杂的地区已经不再使用了。近年来大豆田氟磺胺草醚的残留药害问题日渐突出。

（1）长残留除草剂对后茬作物危害原因

① 轮作复杂　特别是近年来种植业结构调整，水稻、玉米、经济作物种植面积扩大，对长残留除草剂敏感。

② 土地无健全的技术档案　土地转包手续简单，无法正确安排后茬作物。

③ 除草剂不合理使用　受自然条件如高温、干旱、大风等不良环境影响，使用者随意加大除草剂用药量现象严重。

④ 农田杂草群落变化　难治杂草如苣荬菜、刺儿菜、鸭跖草、野黍等危害严重，盲目混配除草剂，导致药效差，而增加除草剂用量。

⑤ 施药机械落后　田间施药难以均匀，可能造成后茬作物点片发生药害。大多数都不适合喷洒除草剂。

（2）长残留除草剂对后茬作物造成危害主要表现

① "旱改水"水稻受害，前茬使用过氯嘧磺隆、咪唑乙烟酸的大豆田改为水田，移栽水稻或取土育苗，水稻受害严重，甚至绝产。

② 前茬使用过氯嘧磺隆、咪唑乙烟酸、甲氧咪草烟、氟磺胺草醚等长残留除草剂地块取土育苗或直播甜菜，造成甜菜药害。

③ 一些经济作物如南瓜（白瓜籽）、向日葵、马铃薯、亚麻和蔬菜等受长残留除草剂伤害，严重的绝产。

④ 玉米、高粱、谷子等作物受咪唑乙烟酸、氯嘧磺隆、氟磺胺草醚残留药害，近几年由于农田杂草群落急速演替，难治杂草如鸭跖草、刺儿菜、苣荬菜、问荆、苍耳等危害严重，氟磺胺草醚用药量加大，残留药害突出。

（3）长残留除草剂对后茬敏感作物的危害及适宜的后茬安全间隔期

① 咪唑乙烟酸　小麦、玉米对咪唑乙烟酸不敏感，均能正常出苗，苗后生长正常，整个生长发育季节未见明显药害症状。生产中咪唑乙烟酸用量过大时，对玉米有药害，表现为叶片褪绿变黄，或变为紫红色，生长受抑制。

南瓜是比较不敏感作物，出苗后叶片有皱缩现象，没有明显的生长抑制。

油菜对咪唑乙烟酸敏感，能正常出苗，出苗后子叶发黄，或呈紫色变硬，植株矮小，生长受到严重抑制，受害严重的幼苗死亡。

甜菜对咪唑乙烟酸敏感，能正常出苗，甜菜出苗后苗期生长受到严重抑制，植株矮小、变黄，生长近于停滞并大量死苗。

白菜对咪唑乙烟酸敏感，能正常出苗，出苗后生长明显受抑制，植株矮小，叶色发黄，有死苗现象，残存植株矮小。

亚麻属比较敏感作物，亚麻出苗后生长受抑制，植株矮小，叶色发黄，生物产量降低。

马铃薯也是比较敏感的作物，能正常出苗，苗后生长受到严重抑制，植株生长缓慢，薯块产量明显下降。

因此，前茬大豆田施用咪唑乙烟酸的地块，后茬一年内不得改种玉米、小麦、大麦、烟草；一年半内不得改种棉花、向日葵；两年内不得改种水稻、高粱和谷子；三年内不得改种油菜、马铃薯、瓜类和蔬菜；四年内不得改种甜菜、亚麻。

② 氯嘧磺隆　氯嘧磺隆土壤残留不影响作物出苗，玉米、谷子、高粱都能正常出苗，但苗期叶片褪绿发黄，生长受抑制。玉米苗可以逐渐恢复正常，谷子和高粱生长抑制较明显，且有死苗现象。甜菜、油菜出苗后生长均受到严重抑制，都有死苗现象，保苗株数均显著低于不施药对照区，剂量越高死苗率越高，残存植株生长受到严重抑制。马铃薯出土株数显著少于不施药对照区，苗期生长也受到严重抑制。

因此，前茬大豆田施用氯嘧磺隆的地块，后茬一年内不得改种水稻、玉米、小麦、大麦、高粱、谷子、花生、烟草、向日葵和苜蓿；连年使用和碱性地块，两年内也不得改种上述品种；三年内不得改种油菜、亚麻、马铃薯、瓜类、茄果类、白菜、萝卜、胡萝卜和甘蓝；四年内不得改种甜菜。

③ 异噁草松　异噁草松的残留药害要比咪唑乙烟酸和氯嘧磺隆轻得多，主要危害作物是小麦。其实异噁草松的药害主要不是残留药害，而是当茬施药时的挥发和飘移药害。在大豆主产区，异噁草松用量大的地区，在春季施药季节，可以看到大豆田周围的野草和树木的叶片白花花的一片。

异噁草松对小麦的药害症状：不影响小麦正常出苗，小麦 2～3 片叶时观察到叶片变白，或微带粉色，由叶基部向叶尖发展。小麦受害程度随用药量增加而加重，到小麦 4 叶期，前期白化的叶片干枯，新出生的叶片仍有白化现象，受害较重的白化叶片可以一直持续到成株期，特别严重的在苗期枯死，会影响到整体产量。

施用异噁草松的地块，后茬一年内不得改种小麦、大麦、谷子、花生、向日葵、苜蓿和蔬菜；连年施用或土壤有机质高的地块也要谨慎改种玉米。

④ 氟磺胺草醚　氟磺胺草醚主要危害作物是玉米，症状表现：玉米叶片呈条纹状褪绿、黄化，类似玉米缺锌症状，轻度药害叶脉褪绿、黄白色，叶肉为绿色，进一步发展则以主脉为中心枯萎，向叶边缘发展，最终整个叶片逐渐枯死，外部枯死的叶片包裹住玉米的心叶，使其不能正常抽出，形成畸形苗，严重时全株枯死。药害轻的可以逐渐恢复正常，不影响后期生长，对产量影响不大；药害中等的，生长受到一定程度的抑制，一部分受害叶片枯死，不能恢复到正常生长状态，虽然能结穗，但产量受影响；药害严重的，大部分叶片枯

死，玉米生长受到严重抑制，植株矮小，不能结穗，或穗很小粒也少，近乎绝产。

氟磺胺草醚的残留药害，危害青花菜时，在出苗后3天出现叶斑、黄化和死苗等现象。

施用氟磺胺草醚的地块，后茬4个月内不得种植小麦、大麦，一年内不得改种高粱、谷子、向日葵和苜蓿，也不宜改种水稻、玉米、棉花、甜菜、油菜、亚麻、花生、豌豆、菜豆、烟草、甘薯、马铃薯、瓜类等，高剂量施用或连年施用的，两年内改种也需慎重。

⑤甲氧咪草烟 甲氧咪草烟也有土壤残留问题，但危害比咪唑乙烟酸轻很多。一般施用甲氧咪草烟的地块，间隔3个月种小麦，间隔4个月种大麦，间隔9个月种水稻、花生、高粱、马铃薯、向日葵、豌豆、菜豆、甘薯、苜蓿、番茄、洋葱、黄瓜、茄子、辣椒、南瓜、西瓜、白菜、胡萝卜、甘蓝，间隔12个月种谷子，间隔18个月种亚麻、油菜，间隔26个月种甜菜。

⑥嗪草酮 有土壤残留，对后茬作物有药害，但残留药害持续时间短于咪唑乙烟酸。一般施用嗪草酮的地块，需间隔4个月种小麦、大麦、菜豆，间隔8个月种水稻、花生、棉花，间隔10个月种豌豆，间隔12个月种亚麻、高粱，间隔18个月种甜菜、油菜、洋葱、甘薯、烟草、卷心菜。

⑦唑嘧磺草胺 马铃薯、西瓜、高粱、番茄、葱对唑嘧磺草胺均不敏感，在田间都能正常出苗，药害症状均为叶片有些发黄，生长受抑制，可以恢复正常生长。亚麻、向日葵、甜菜、油菜、甘蓝对唑嘧磺草胺均敏感，但也不影响出苗，出苗后的幼苗生长受抑制，植株矮小，叶片褪绿变黄，有部分死苗，不能正常开花结实。

施用唑嘧磺草胺的地块，应间隔4个月种花生、菜豆、甘薯，间隔6个月种水稻，间隔12个月种高粱、豌豆、马铃薯，间隔18个月种棉花、烟草、向日葵，间隔26个月种甜菜、亚麻、油菜、番茄、洋葱、南瓜、西瓜、茄子、白菜、萝卜、胡萝卜、甘蓝、黄瓜。

177. 大豆苗后除草剂药害的形成原因有哪些?

施用苗后除草剂防除大豆田杂草，会由于多种原因对大豆造成药害。因此，分析大豆苗后除草剂药害形成原因及采取预防补救措施，对农业生产具有十分重要的意义。

（1）不良的气象条件　降雨频繁，造成土壤含水量超饱和，大豆幼苗生长发育不良，使之对豆磺隆、咪唑乙烟酸、氟磺胺草醚等除草剂代谢能力差，体内解毒作用缓慢，导致药害加重。

（2）除草剂自身特性　苗后防除阔叶杂草除草剂对大豆选择性不强，多数有不同程度的触杀性药害。一般情况下对产量影响不大，但不良气象条件下，药害程度加重，导致大豆缓解药害、恢复生长周期延长，造成大豆延迟成熟而减产。

（3）使用技术不当

① 喷药机械不合格，作业不标准　喷雾机械压力不足、不稳，喷杆高度不合适，无搅拌装置，喷嘴流量不准确，车速不一致，喷洒不均匀，喷液量和用药量不准确，剩余药液重复喷施，均会造成地头药害加重。

② 施药时气象条件不良　有些种植户认为施用苗后除草剂，温度越高药效越好，因此，选择晴天中午高温时施药。虽然在总体趋势上高温有利于杂草对除草剂的吸收与传导，但温度超过27℃或低于15℃时施药，均易产生严重的药害。气温高达27.3℃条件下，大豆田施用吡氟禾草灵等芳氧苯丙酸类除草剂与防除阔叶杂草除草剂时，会加重防除阔叶杂草除草剂对大豆造成的药害程度。

③ 施药时期不同　如在大豆3片复叶期后施咪唑乙烟酸，会造成大豆生长受抑制，约20天才能恢复正常生长，茎叶脆而易折，结荚少，生长发育期滞后而减产。

④ 除草剂混用不合理　不同除草剂品种混用不当，会产生拮抗作用或抑制大豆对除草剂的解毒作用而造成药害，如咪唑乙烟酸与豆磺隆、三氟羧草醚与烯禾啶混用，会加重触杀性药剂对大豆造成的药害程度。

⑤ 盲目加大用药量　任何除草剂均有一定的安全用量范围。部分种植户为了提高除草效果，往往盲目加大用药量而导致药害发生。

（4）大豆不同品种耐药性有差异　调查发现，大豆不同品种对苗后除草剂的耐药性有差异，应选用抗药性强的品种。

178. 大豆苗后除草剂药害的表现有哪些，如何防止？

（1）**症状表现** 施用苗后除草剂防除大豆田杂草，由于种种原因会造成大豆药害，造成生长发育迟钝，籽粒产量下降。

（2）**预防措施**

① 注意除草剂的选择 选择的除草剂既要有较高的除草效果，更要对大豆安全。应针对杂草群落、药剂特点、大豆品种耐药性等因素进行综合考虑。

② 注意用药量 严格遵守除草剂的建议用药量，不能超量用药。另外，施药应均匀一致，做到不重喷不漏喷，喷雾机械应达到要求，喷雾压力 304～506.6kPa，车速 6～8km/h，选用扇形喷嘴，以提高雾化效果，确保喷雾均匀。

③ 注意施药时的气象条件 施药时适宜温度为 15～27℃，空气相对湿度在 65％以上，风速 4m/s 以下，只有在相对适宜的气象条件下施药，才能保证苗后除草剂的药效，避免药害产生或加重。

④ 严格掌握施药时期 大豆苗后除草剂必须在对大豆幼苗安全的前提下施用。在大豆具有耐药性时期内，选择有针对性的除草剂，能有效避免药害产生。

⑤ 应用植物油型除草剂喷雾助剂 植物油型除草剂喷雾助剂与作物有亲和性，具有明显的增效作用，可减少除草剂用量，避免除草剂过量对大豆幼苗的伤害。

179. 大豆幼苗莠去津残留药害的表现有哪些，如何防止？

（1）**症状表现** 莠去津（阿特拉津）是选择性内吸传导型芽前土壤处理除草剂，常用于玉米田、甘蔗田除草。虽然莠去津除草效果明显，但容易造成残留，给后茬大豆造成危害，导致植株干枯死亡，越到中午症状越明显（彩图 90）。

（2）**产生原因** 莠去津以根系吸收为主，茎叶吸收很少，能迅速传导到杂草分生组织和叶部，干扰光合作用，使杂草死亡。在土壤中的半衰期为 35～50 天，在地下水中的半衰期为 105～200 天。莠去津持效期长，容易对后茬敏感作物如大豆、水稻、甜菜、油菜、亚麻、西瓜、甜瓜、小麦、大麦、蔬菜等造成危害。

（3）预防措施

① 选用中大粒大豆品种　大粒型大豆品种对莠去津耐药性强，小粒型品种则敏感，因此，种植大粒或中大粒品种，可使莠去津对大豆的危害降到最低。另外，如果药害面积小，可以换土，补种大粒种子作物或大块马铃薯减少损失。

② 喷施芸苔素内酯、复硝酚钠等促进生长的药物，有利于缓解药害。有报道称，喷施 8mg/L 浓度的敌磺钠，可以解除 0.6mg/kg 土壤残留莠去津对大豆的药害；多胺、精胺和铵态氮可以减轻莠去津对作物的不利影响。

③ 生产上应控制用药量，或者与其他除草剂混用以减少用药量，避免对后茬作物造成危害。

180. 大豆除草剂应用原则有哪些?

高效、安全、经济是大豆田除草剂应用的基本原则。要求选用的除草剂除草药效 90％以上，对大豆和后作无药害，早期药害可恢复生长而不减产，对人、畜安全，不污染环境。大豆除草剂使用应根据杂草的发生发展规律及群落组成与演变制定相应的防治策略。适时、适地、适量、适用，因地制宜，灵活应用。化学除草与耕作技术相结合。应严格遵守操作规程，坚持标准化作业，才能达到良好的除草效果，并且防止药害发生。

（1）坚持以土壤处理为主，茎叶处理为辅的原则　大豆土壤处理同茎叶处理相比较，药效稳定、成本略低、药害轻、综合效益好。

（2）抓住大豆田除草的关键期　茎叶处理施药的关键期是大豆播种后 5～6 周，即大豆田杂草由营养生长期逐步转向生殖生长期。如果这部分一直延迟到第七周后再除去，将不利于大豆增花保荚，造成显著减产。土壤处理施药的关键期应在杂草萌发之前。

（3）坚持除草剂混合使用　大豆田杂草多为禾本科与阔叶草混合发生，因此不论是土壤处理还是茎叶处理，使用的除草剂都应采用两类或两类以上防除禾本科杂草与防除阔叶杂草的除草剂，现混现用（有些已经制成混剂）。

（4）坚持以草定药定量原则　大豆田杂草种类及分布情况在不同地区、不同地块有着较大差异。应根据大豆田杂草的发生发展规律及群落组成与演替，合理选择除草剂品种及剂量。

（5）**坚持安全使用除草剂**　喷洒大豆除草剂时，应考虑对周围其他种植作物的影响，喷洒茎叶处理除草剂应更加谨慎作业。

（6）**合理使用长效除草剂**　对下茬作物造成药害的长效除草剂，如嗪草酮、异噁草松、咪唑乙烟酸、氯嘧磺隆等在土壤中长期残留，虽无除草作用，但可对下茬敏感作物造成药害，轻者抑制生长、减产，重者死亡、绝产。此类除草剂应谨慎使用、限量使用。

181. 大豆除草剂土壤处理应注意的问题有哪些？

土壤处理按用药时间分为秋季土壤处理、播前土壤处理及播后苗前土壤处理。秋施除草剂是防除第二年春季杂草最有效的措施，比春季施药安全。使用土壤处理时，除应严格遵守除草剂使用原则外，还须注重影响土壤处理除草剂药效发挥的相关条件，达到良好的封闭效果。

（1）**坚持高标准整地**　使用土壤处理对田间整地提出了更高的要求，田间有大土块及秸秆影响除草剂均匀分布，造成漏喷，降低药效以至无效。施药前必须认真整地，达到无秸秆，直径大于 5cm 的大土块每平方米少于 5 个，切不可将施药后的混土耙地代替施药前的整地。不同整地条件下土壤处理除草剂的防效有着明显差异。秋翻秋整地可以保持土壤含水量，具有明显的保墒作业，从而提高土壤处理除草剂的药效。

（2）**坚持混土**　施药后要及时混土。土壤处理时除草剂通过两种方式达到杂草吸收层，即杂草萌发、吸收水分和养分的土层。一是靠雨水或灌溉将药剂带入土层；二是靠机械混土。春季比较干旱，春旱时有发生，通过浅混土或蒙头土可避免除草剂挥发、光解、风蚀损失，并增加与杂草接触机会，保证药效。机械混土方法有：秋施药或播前施药，施药后用双列圆盘耙交叉耙地一遍，耙深 10～15cm。播后苗前施药，施药后用起垄机沿垄沟覆盖一层薄土，约 2～3cm 厚，然后镇压。

（3）**施药时期**　秋施药时间最好在 10 月中下旬 5℃ 以下至封冻前。对播后苗前处理而言，最好播后立即施药，一般在播后 3 天内施药。因苗前除草剂多数对杂草幼芽有效，施药过晚，杂草大，降低除草效果。春季升温快，前期持续高温，部分杂草如稗草提早萌发，导致依靠胚芽鞘吸收的除草剂——乙草胺类药效大为降低。

（4）**除草剂品种及用药量**　大豆田土壤处理安全性好的除草剂有丙炔氟草胺、异噁草松、异丙甲草胺、异丙草胺等。

丙炔氟草胺在土壤干旱条件下药效稳定、防效好，对后茬作物没有影响。它在播后苗前施药后必须混土 2cm。若施药后不混土，大豆幼苗遇大雨会造成触杀性药害。

异噁草松施药后必须混土，否则将影响药效，其用药量应控制在每亩 47g 以下，用药量高易对后茬作物产生药害。

噻吩磺隆安全性好，在大豆拱土后 2 片复叶前仍可施用，对后茬作物小麦、大麦、玉米安全。

此外，嗪草酮对后作作物安全性好、成本低、杀草谱广，但在有机质含量低于 2% 的沙土地、壤质土，土壤 pH ≥ 7.5 及前茬玉米田用过莠去津的地块药害重，不宜使用，低洼地施药更为严重。用低剂量并与其他除草剂混配可提高对大豆的安全性。

（5）**因地制宜使用土壤处理除草剂**　在使用土壤处理除草剂之前应测定土壤质地、有机质含量、pH 值、水分等，科学计算使用剂量。土壤中有机质和黏土颗粒有极大的表面积，能吸附除草剂而影响除草效果，有机质含量 2.5% ～ 5% 时，田间除草剂的有效量主要受黏土颗粒的影响，不同土壤质地黏土颗粒含量不同，沙土＜壤土＜黏土，除草剂用量需随着黏土颗粒的增加而增加；土壤有机质低于 2.5% 或在 5% ～ 10% 时，除草剂的有效量直接受有机质含量影响，除草剂用量需随着有机质含量的增加而增加。

182. 大豆除草剂茎叶处理的影响因素有哪些？

大豆田苗后茎叶处理作为苗前土壤处理的辅助措施多用于田间整地不良，无法使用土壤处理的地块，以及因干旱造成土壤处理防效低、草荒严重的地块。影响茎叶处理除草剂防效及安全性的因素很多，主要因素有杂草、气候条件（包括温度、光照、湿度、雾、露、降雨、风）等。

（1）**田间杂草**　茎叶处理除草剂的药效与杂草的叶龄及株高关系密切，一般杂草在幼龄阶段，根系少、次生根尚未充分发育，抗药性差，对药剂敏感。随着植株发育，对除草剂的抗性增强，药效降低，需适当增加用药量。

（2）**气候条件**　气候条件对茎叶处理有显著影响，影响杂草对除草剂的吸收、传导与代谢。

① 温度 随着温度的升高茎叶处理的药效越来越显著，但温度超过27℃时灭草松、氟磺胺草醚、三氟羧草醚药害严重，应停止施药；温度过低，除草剂在大豆植株内代谢缓慢，也易产生药害，一般温度低于15℃，应停止施用茎叶处理剂。

② 光照 光照影响杂草光合作用、蒸腾作用、气孔开放及光合产物的形成，充足的光照有利于增加茎叶处理除草剂的药效发挥。

③ 湿度、雾、露 随着相对湿度的增加，茎叶处理除草剂的防效随之增加。当相对湿度低于65%时，防效低，禁止喷洒茎叶处理除草剂；在高湿度条件下防效显著，但雾或露水大时药滴易从杂草叶面滴落降低防效，此时，不可施用茎叶处理除草剂。

④ 降雨 降雨会使茎叶处理除草剂从叶面冲洗掉，降低有效剂量，从而降低防效。各种茎叶处理除草剂被杂草吸收的速度不同，施药后要求降雨间隔时间也不同。如烯禾啶、吡氟禾草灵等吸收速度快，施药后要求2～3小时无雨，才有效；灭草松、三氟羧草醚、氟磺胺草醚等施药后6～8小时不降雨，才有药效。

⑤ 风 风可使茎叶处理除草剂雾滴漂移和挥发损失，降低药效，同时，除草剂挥发和漂移到相邻近的敏感作物上容易导致药害的发生。因此，禁止在大风天作业，一般喷洒时风速≤5m/s。

183. 怎样提高夏大豆田化学除草效果？

近年来，除草剂在夏大豆田应用越来越多，但防除杂草的效果却不是越来越好。

（1）影响夏大豆除草效果的因素

① 选药不准确 一些农民由于对杂草的种类和除草剂的杀草对象不够了解，没有做到对草下药，造成选用的除草剂对杂草防效差或根本没有防除效果。

② 麦茬、麦秸、麦糠的影响 目前大部分麦田采用小麦联合收割机收割，许多麦秸、麦糠散落在田内，麦茬高度一般在20cm左右，若不灭茬就播种大豆，喷施的除草剂药液多黏附在麦茬、麦秸和麦糠上，土壤表面和杂草接收到的药液减少，起不到封闭地面和杀草的作用。

③ 高温干旱 大豆播种期正值高温季节，喷施除草剂后药液挥

发快，难以在地表形成药膜，高温干旱同时也阻碍药剂在杂草体内输送和传导，影响药效的正常发挥。

④ 用药偏晚　目前推广的大豆田除草剂大多在杂草 3 叶期以前使用防效最好，但由于种种原因错过了防治适期，杂草长大后对除草剂耐药能力增强，造成防除效果差。

⑤ 麦田遗留大草　部分麦田杂草防治不彻底，致使杂草长大留至大豆田中，一般大豆专用除草剂对大草防除效果差。

⑥ 药液用量少　许多农户为省工省力，在喷施除草剂时加水量太少，一般每亩地用药液 15kg 左右，在地面根本形不成药膜，从而影响药效发挥。

⑦ 施药方法不当　一是对悬浮剂类除草剂在没有充分摇匀的情况下使用，影响了除草效果。二是采用前进式喷药法，使刚刚喷到地表的药液在还没有形成药膜时就被踩坏或粘走，致使被踩过的地方继续长草。三是喷药不均匀，有漏喷或重喷现象，未喷到药的地方继续长草。四是在晴天中午前后喷施，药液挥发快，药效低。五是在有风时喷除草剂，使部分农药飘落田外，有效药量减少，从而影响了防治杂草的效果。

（2）提高夏大豆除草效果的措施

① 对草下药　除草剂的选择应根据大豆田杂草的种类和除草剂使用时间来确定。对以马唐、蟋蟀草、狗尾草、黎、苋、蓼为主的大豆田，可选用 72％异丙甲草胺加 48％异噁草松加 50％丙炔氟草胺于大豆播后苗前使用，不能晚于杂草 2 叶期；对于有大草的大豆田，大豆播种后立即用 41％草甘膦喷施地面，先灭除大草，再喷施以上大豆专用除草剂。

② 严格掌握用药量　目前大豆田除草剂种类较多，有效成分含量不一，使用数量也不尽相同。在使用时必须严格掌握用药量，切忌用量过大过小，既要保证除草效果，又不能影响大豆及下茬作物生长。

③ 高麦茬田应适当增加用药量　对于用小麦联合收割机收割的麦田，应先清理田内麦秸、麦糠，并适当增加用药量。一般平麦茬田可采用推荐的最低用量，高麦茬田可采用推荐的最高用量。不可随意加大用药量，以防影响大豆及下茬作物的生长。

④ 适时用药　应根据所用除草剂的使用适期，合理确定用药时

间，防止喷药过晚而影响药效。

⑤ 正确施药　首先应将除草剂兑成母液，对悬浮剂应充分摇匀后使用，喷施时应退步移动为好，喷药时间应掌握在上午9时前和下午5时后的无风时进行，切忌中午前后和大风及高温时喷药。做到喷施均匀，不重喷，不漏喷，确保喷施效果。

184. 如何防除大豆菟丝子？

大豆田中的菟丝子（彩图91）是恶性寄生杂草，主要寄生于豆科、茄科、菊科等作物或杂草上，对药材、马铃薯及苗圃中的一些作物也可造成危害。在大豆田中将其幼茎缠绕于大豆的茎上，常把植株成簇地盘绕起来，受害大豆生长停滞、生育受阻、颜色发黄、植株矮小、极易凋萎，大豆茎上被无数黄色的细藤缠绕着，这些丝茎将吸根伸入豆秆皮内，夺取养分和水分，最终使大豆植株变黄或枯死。田间发生后，由1株缠绕形成中心向四周扩展，大豆往往成片枯黄死亡，造成颗粒无收。

在防治上必须坚持执行"预防为主，综合防治"的植保方针，合理运用植物检疫、农业防治、物理防治、化学防治措施进行防治。

（1）农业防治

① 精选种子，轮作换茬　菟丝子种子小，千粒重仅1g左右。通过筛选、风选均能清除混杂在豆科中的菟丝子。菟丝子不能寄生在禾本科作物上，与禾本科作物轮作3年以上，最好与水稻实行水旱轮作1～2年，可以消灭田里的菟丝子。

② 深翻土壤　菟丝子种子在土表5cm以下不易萌发出土，深耕10cm以上，将土表菟丝子种子深埋，使菟丝子难以发芽出土，可以减少发生量。

③ 肥料要充分腐熟　家禽吃了含菟丝子种子的饲料后，其粪便会带菟丝子的种子，因此家禽粪便等有机肥料必须充分腐熟，方可施入田里。

④ 人工拔除　大豆出苗后要经常踏田勘查，发现有菟丝子缠绕在大豆上，及时将该植株拔出田，在拔除时需将清除的菟丝子残骸加同脱落在地面的断枝一并运出，远离大豆田集中销毁。

（2）药剂防治

① 土壤处理　大豆播种后出苗前，每亩用48％仲丁灵乳油

250mL，或 43％甲草胺乳油 250mL，或 72％异丙甲草胺乳油 150mL，或 50％利谷隆乳油 150mL，兑水 30～50kg 喷施土表，对其他单、双子叶杂草也有显著的防除效果。天气干旱墒情差，在大豆播前施药，施药后立即浅耙松土，把药物混入 2～4cm 土层中，然后播种。雨水调和墒情好，在大豆播后苗前将药液喷施于土表即可。土壤处理是大豆田杂草防除常用方法，能防除豆田主要杂草。

②茎叶处理　用 41％草甘膦水剂 400 倍液，或 48％仲丁灵乳油 75 倍液，对准被害大豆植株喷施。防除要早，在菟丝子开始转株危害时施药，效果较好。药只能喷施在有菟丝子寄生的植株上，不要让药液沾到植株上，否则会产生药害。施药后每隔 10～15 天再查治一次，共查治 2～3 次。防治菟丝子还可以每亩用 48％甲草胺乳油 200mL，兑水 40kg，在大豆播种后出苗前喷雾。或者在大豆出苗后，菟丝子侵染初期，每亩用 48％甲草胺乳油 250mL 加水 25kg 喷雾，宜在土壤墒情好时喷施。

第四章

大豆减灾技术疑难解析

185. 如何防止大豆干旱？

（1）干旱对大豆的危害　大豆需水量大，蒸腾系数要比小麦、谷子、高粱等作物多 0.4～1 倍，是抗旱能力较弱的作物。在各生育时期当土壤水分低于田间持水量的 60％时都可能发生干旱。大豆种子大，萌发需要吸收较多水分，播种出苗期干旱可造成断垄或影响适时播种。分枝期干旱使分枝减少，花芽分化受到抑制，对产量影响较大。开花前遇旱使花蕾发育不健全，花荚易脱落。开花期受旱叶片萎蔫，光合作用受抑，造成大量落花；短期落花落荚可由其他花荚弥补，但长期干旱对产量影响很大。鼓粒初期是需水高峰期，干旱造成落荚或瘪荚少粒，中后期干旱使粒重明显下降（彩图 92、彩图 93）。

（2）减轻大豆干旱的措施

① 选用和培育抗旱性强的品种　干旱地区选用适宜品种，植株与环境条件配合好，就容易获得较高产量。选用和培育抗旱性强的品种，是为了让大豆去适应环境，同时还可以采用改良环境的办法，优化大豆植株的生长发育条件，更好地让品种生产力发挥出来。或选择适宜熟期的品种，使需水高峰期与雨季吻合。

② 除净杂草　化学除草与人工除草相结合，封闭除草。遇春季干旱，要先喷一遍水，再喷药。防止杂草与苗争水分。

③ 优化施肥抗旱

a.增施有机肥，改良土壤环境。有机肥除含有大量大豆生长发育所需养分外，还可以起到改良土壤、增加土壤墒情的作用。干旱地区的土壤多为贫瘠的沙性土，保水保肥能力差，增施有机肥可以增强土壤蓄水能力，改善大豆根系生长条件。

b.播种阶段持续干旱造成大豆前期较弱，为补充作物营养，促进生长发育，提高抗逆性，要及时追肥。追肥要做到适时早追，防止脱肥，尤其增施钾肥，可以提高作物产量，改善品质，有壮秆、抗病、促早熟的作用。在追施氮素肥料时，施用量不能过大，追施时期不能过晚，防止贪青晚熟。

c.大豆需钾量仅次于氮而多于磷。施钾使大豆植株产生系列抗旱特性，如根、茎、叶的维管束组织进一步发达，细胞壁和厚角组织增厚，促水能力提高。

④ 增加中耕次数　加强铲耥次数，有利于切断土壤毛细管，防止水分蒸发。一般旱地大豆生长发育期间进行深中耕 2～3 次，耕深 6～10cm，促进根系向下扩展，做到有草锄草，无草保墒。

⑤ 减轻病虫害　大豆胞囊线虫病又叫黄萎病，是由线虫侵染大豆根部引起的，土壤干旱和风沙盐碱地发生较多。线虫侵染后，造成主根及侧根减少，须根增多，根瘤显著减少或无根瘤。被害大豆地上部矮小，叶片由下向上黄化，生长发育停滞，结荚减少或不结实，严重时全株枯死。土壤干旱有利大豆胞囊线虫的危害，因而适时灌水，增加土壤湿度，可减轻危害。

⑥ 灌溉是缓解大豆受干旱影响的最有效办法　大豆是需水较多的旱田作物，水分与大豆生长发育有极密切的关系。在幼苗期，可适当少灌水，以喷灌为好。在开花结荚期，干旱必须灌水。可以采用沟灌，但灌后必须及时中耕，松土除草，以提高地温，促进大豆生长。

⑦ 喷植物生长调节剂对干旱有一定缓解作用　大豆花荚期喷施有利于大豆生长，能减少叶面蒸发的植物生长调节剂。

⑧ 耕作保墒　耕作保墒的主要任务是经济有效地利用土壤水分，发挥土壤潜在肥力，调节水、肥、气、热关系，提高作物防御抗旱的能力，其中心是创造有利于作物生长的水分条件。原则上尽可能保存多量的雨水，节制地面蒸发，减少土壤中水分的不必要消耗，即做好保墒工作。

大豆是深根作物，深耕土壤是大豆增产的一项重要措施。深耕增产的原因是接纳雨水、加速土壤熟化、提高土壤肥力。前茬作物收获后尽量提早耕期，并做到不漏耕、不跑茬、扣平、扣严、坷垃少。

⑨ 抗旱播种　主要有抢墒、接墒二种。抢墒是趁土壤水分较好时抓紧时间播种，常用的方法是顶浆早播，雨后抢种，充分利用返浆水，进行早播、浅播，随播随压，保证土壤水分。接墒是采用多种方法使种子播在湿土中，如秋起垄、秋施基肥、垄上开沟浅播、早播，

遇旱时采用深播浅覆土等。

⑩ 地面覆盖抗旱　大豆行间覆膜。选用厚度为 0.01mm、宽度为 60cm 的地膜。尽量选择拉力较强的膜，以利机械起膜作业。大豆平作行间覆膜要改变以前 80cm 宽度的膜为 60cm，使田间分布更为均匀，有利于提高产量。

全膜双垄沟播技术用地膜全地面覆盖，使整个田间形成沟垄相间的集流场。将农田的全部降水拦截汇集到垄沟，通过渗水孔下渗，最后聚集到作物根部，成倍增加作物根区的土壤水分储蓄量，实现雨水的富集叠加利用，特别是对春季 10mm 以下微小降水的有效汇集，可有效解决北方旱作区因春旱严重影响播种和苗期缺水的问题。同时该技术增温增光、抑草防病、增产增收效果十分显著。

186. 如何防止大豆高温危害？

大豆萌发的适宜温度一般为 15～22℃，开花授粉的适宜温度为 20～25℃，超过 35℃雄蕊就会死亡，适宜的相对湿度为 70%～90%。大豆籽粒形成期的适宜温度为 21～23℃，鼓粒至成熟期的适宜温度为 19～20℃。夏季日最高温度超过 35℃的日数多，存在热害，对大豆生长发育极为不利。

（1）症状表现　夏季 7、8 月高温伴随辐射促使大豆叶片失水过快，导致叶片边缘向内卷曲，继而卷叠部位变干呈黄褐色，或者自叶尖开始焦枯卷曲，发展至整个叶片，严重时叶片边缘甚至整个叶片由于快速失水而发脆，整株死亡。鼓粒期间发生高温胁迫在一定程度上影响种子活力，降低种子发芽率和幼苗质量。

（2）预防措施

① 不同大豆品种耐高温能力存在较大差异，生产上可选择耐高温大豆品种。

② 适时早播。根据高温气候出现的规律，结合大豆形成产量的关键阶段，适时早播，避开苗期和开花期的高温天气。

③ 及时灌溉。在大豆花荚期出现持续高温天气，一般伴有干旱发生。所以，此时应及时灌溉。另外，水温比地表温度低得多，灌水降温可以改善田间小气候，能缓减高温对大豆的伤害，大豆开花坐荚期也是生理需水关键时期，应及时灌溉。可依据天气预报在早晚通过喷灌等形式浇水，避免中午浇水。

④ 在大豆生长发育前期于叶面喷施植物生长调节剂抑制植株徒长，增强抗逆能力。

⑤ 喷施微肥。一些微量元素，如锌离子在植物体内能加强蛋白质的抗热能力，硼对于碳水化合物运输是必不可少的，钼促进大豆根瘤固氮。所以，在高温来临之前喷施磷酸二氢钾或上述微肥都能减轻高温伤害。在危害发生后，叶面喷施磷酸二氢钾、尿素等促进大豆生长，降低损失。

187. 如何防止大豆冷害？

（1）冷害对大豆的危害　主要发生在东北北部，历史上几次严重冷害年减产都在 30% 以上，大豆冷害主要有生长发育不良、延迟、障碍等三种类型。

① 生长发育不良　是在出苗、幼苗生长、分枝和花芽分化期遇较长时间低温，使出苗率降低，幼苗生长缓慢，根系弱，叶片少，分枝发育不良，花芽分化受阻，开花数减少，导致后期减产。

② 延迟型　因较长时期低温使发育延迟，秋季来不及在霜冻前成熟而减产。

③ 障碍型　在开花前期遇较强异常低温，15℃ 左右低温能使雄蕊发育受阻，花粉萌发力下降，花药不开裂。低于 18℃ 有机物质运输受阻，落花落荚增加，结荚率和结实率降低，开花前 11～17 天最为敏感。由于大豆开花期长，回暖对前期有补偿作用，短时的低温不会造成严重影响。

（2）减轻大豆冷害的措施

① 根据当地气候选用适宜的主栽品种，应具有 70%～80% 的成熟保证率，严控越区引种。搭配 20%～30% 的早熟和偏晚熟品种，根据不同播期分别选用。

② 造好底墒，适时早播，力争早出苗。

③ 及时中耕除草，增施有机肥和磷钾肥，喷洒生长调节剂，增强抗逆性。培养壮苗，防止病虫，抗旱排涝，促进早发快长早熟。

188. 如何防止大豆霜冻？

（1）霜冻对大豆的危害　春霜冻危害幼苗，秋霜冻使鼓粒终止，对产量的影响更大，夏秋冷害使发育延迟，若初霜冻来得早损失更大。大豆苗期较为耐寒，最低气温0℃左右，地面最低温度—3～—2℃，或叶面最低温度—5～—4℃时幼苗才遭受霜冻危害。成熟期当最低气温低于3℃，地面最低温度0℃以下，大豆可遭受危害。收获适期的形态特征是：茎秆呈棕黄色，10%的叶片和20%～30%的叶柄尚未脱落，豆荚与种子间白膜消失。据观测，早7时植株的含水率为40%～50%，豆粒含水率为18%～20%，午间分别下降到13%～18%和14%～15%。早晨收割难脱净，中午收割易裂荚掉粒，以上下午收割为好。

（2）减轻大豆霜冻的措施

① 根据当地无霜期的长度和生长期积温选择适宜的品种，在生长季短的地区要选择早熟高产和抗寒力强的品种。

② 适时早播，促苗早发，争取早成熟。

③ 霜冻来临前浇水、喷水或熏烟防霜。

189. 大豆萌发和苗期阶段遇低温灾害的防救策略有哪些？

（1）适当降低播种深度　大豆播种深度直接影响幼苗出土速度，播种过深，加之地温低，幼苗生长慢，组织柔嫩，地下根部延长，根易被病菌侵染，使病情加重。

（2）播前浸种预处理　应用固体种衣剂"大豆微复药肥1号"进行大豆种子包衣，或用2%宁南霉素水剂播前拌种防治大豆根腐病；出土后，应用2%宁南霉素水剂喷洒叶面；用25%甲霜灵可湿性粉剂800倍液或72%霜脲·锰锌可湿性粉剂700倍液兑水喷雾，叶面喷洒时可兑叶面肥。

（3）应用大豆除草剂　推迟大豆播种期可能使田间杂草防除难度加大。在这种特殊的气候条件下，苗前封闭除草效果可能受到影响，因此，应积极准备进行茎叶除草，可每亩选用48%异噁草松乳油40～50mL＋48%灭草松乳油100～133mL，或48%灭草松乳油100～133mL＋25%氟磺胺草醚水剂60～80mL。若禾本科杂草以稗草为主，则每亩另加5%精喹禾灵乳油100～133mL或12.5%烯禾啶乳油100～133mL；若禾本科杂草多为狗尾草或碱草、芦苇、野黍时，则每亩另加12%烯草酮乳油60～100mL或15%精吡氟禾草灵乳油60～80mL，或20%精喹禾灵乳油50～60mL。

（4）应用播后覆盖及免耕播种机　应用免耕播种机，实现免耕覆盖、种肥施用、精量播种等多项技术集成，可一次性完成麦茬处理、播种、施肥、喷施除草剂等作业，而且麦茬可以起到覆盖作用，减少冷害年份出芽不好或荚而不实的现象发生，由此减轻低温对大豆产量产生的影响。

（5）选用适宜品种　应根据当地气候特点和种植习惯，选择耐低温、抗倒抗病、优质中早熟品种，同时，供种单位要确保所提供种子的纯度和原有的优良品性。

（6）科学施肥　遵循适施氮肥，增施有机肥，配施磷钾肥和微肥的原则。首先，以优质有机肥配适量氮、磷作基肥，培育壮苗，一般施底肥磷酸铵 20kg、尿素 3～4kg、硫酸钾 6～7kg；未施底肥的可在开花前追肥，一般每亩追施磷酸铵 7～10kg、尿素 1.5～2kg、硫酸钾 3～4kg。花荚期叶面喷肥，每亩用尿素 400g＋磷酸二氢钾 150g 兑水 50kg，每隔 5～7 天喷一次，连喷 2～3 次，提高苗期抗低温能力。

190. 大豆鼓粒期低温灾害的防救策略有哪些？

（1）提早播种　根据不同地区的气候特点和不同地区大豆生长发育所处时段的光温变化，选播适宜的大豆品种，趋利避害，适时早播，抢积温，使大豆顺利进入鼓粒期，防止荚而不实。

（2）调整栽培制度　首先，调整播种期，使大豆生长发育处于适当的光周期时段，正常完成籽粒生长发育鼓粒，避免荚而不实；其次，改变大豆施肥不合理的习惯，根据大豆需肥规律，进行科学配方施肥。若中后期出现缺肥现象，可适当喷施 0.1％～0.2％ 的磷酸二氢钾溶液，补充营养，避免中后期缺肥而早衰。

（3）加强田间管理，防治病虫害　干旱时适时适量浇水，满足大豆生长发育对水分的需求。大豆鼓粒期根外追肥，能缓解大豆需肥与供肥矛盾，加速同化产物的积累、转化和运输。此期根外喷肥可促进养分向籽粒转运、减少和避免秕粒，促进籽粒饱满，增加粒重，提高产量。

（4）选用耐寒品种　耐低温发芽的大豆和若干形态性状有一定关系，种皮色不同大豆品种的相对发芽率不同，耐冷性强弱的趋势是：黑豆＞褐豆＞双色豆＞青豆＞黄豆。从粒形看，粒形与耐冷性强弱也有很大关系，耐冷性强弱的趋势是：肾状粒＞扁椭圆粒＞椭圆粒

＞圆粒。子粒大小与耐冷性强弱也有较大关系，耐冷性强弱的趋势
是：小粒品种＞大粒品种。有试验结果表明，相对较原始的类型，黑
皮种、肾状、扁椭圆形、种皮无光泽及小粒品种具有较强的耐冷性趋
势，这种类型的品种在田间早春出苗期仍表现耐冷或较耐冷，田间仍
以黑豆耐早春低温能力强；同时，耐寒品种的选择应结合当地生态条
件；另外，春播大豆品种一般在幼苗期和成熟期易于抵抗冷冻害，所
以春夏播类型应尽量避免互相引种。

（5）选用相对早熟品种　在易发生冷冻害地区，尽量选用早熟
品种，采用晚播密植方法躲过早晚霜。

（6）加强田间管理　提高土壤肥力，使植株营养状况良好，易
于抵抗低温和恢复。

191. 如何防止大豆涝害？

大豆田涝害（彩图 94）有两种类型，即洪涝和内涝。洪涝是当
地江河因降水过多或上游降水强度过大泛滥的结果。不论春大豆区或
夏大豆区，在大豆生长发育期间，常常因降雨过于集中而造成大豆田
淹水，影响大豆生长和产量形成。内涝是由于地势低洼或地下水位
高，在多雨情况下地面积滞水造成的。

（1）涝害特点　大豆播种至苗期，连续降雨或大暴雨，对大豆
出苗及其幼苗生长都不利。春大豆播种后若遇连续雨天，会因土温降
低而造成难出苗和弱势苗，田面渍水则会造成烂种；夏播大豆出苗期
及苗期常遇暴雨，若田面排水不畅会造成土壤水饱和、氧气不足而烂
种，还会由于地面漫水及地面径流造成天晴后土壤板结，豆苗因顶土
困难而闷死在土里。大豆开花前需水量不大，幼根发育及根瘤菌的共
生固氮要求水、气、热、养分协调的土壤环境，此时若降水多，地面
排水不畅，则易造成耕作层土壤含水量过高甚至处于水分饱和状态，
而不利于根系生长，降低根系对水分养分的吸收能力，还会抑制共生
固氮活动，降低光合能力。

（2）水分过多对大豆的影响

① 水分过多对大豆种子萌发极为不利　在渍水条件下若气温偏
高（如20℃），则发芽率急剧下降。

② 水分过多影响大豆生长发育　苗期水分过多常引起地温较低，
加之氧气偏少，根系多贴着土壤表面横向生长，而很少向纵深伸展。

据研究，大豆植株被浸渍 2～3 昼夜，水温没有变化，水退之后尚能继续生长。如渍水的同时又遇高温，则植株必然大批死亡。水分过多之所以对大豆有如此大的影响，其原因主要在于，渍水排除了土壤微粒间的空气（特别是氧气），造成根部缺氧。在缺氧环境下，厌氧微生物产生对大豆植株有毒的物质，如硫化物、可溶性铁和锰、甲烷、乙烷、丙烯、醛酮等，同时，根系因无氧呼吸而产生乙醇、乳酸等有毒物质，这些有毒物质反过来又影响根的生长和生理活动。渍水还会造成叶绿素含量下降。

（3）预防涝害的措施

① 山水林田综合治理　要求加强森林保护，种植树木，在涝区建立以排为主、排灌结合农田水利配套工程建设，规划好围沟、腰沟、厢沟，使沟沟相通，围沟深于腰沟，腰沟深于厢沟，在整个大豆生长发育季节都要保持沟相通、水畅排。

② 耕作治涝　采用浅翻深松，分层深松，间隔深松，结合施用有机肥、秸秆还田、大垄栽培等措施，增厚耕层，扩大土壤水库的容量，有利于排涝防旱。

③ 适时播种　选择适合本地种植的抗逆性强的优质品种，适时早播，避过涝害，提高单位面积产量。

④ 选择适宜的播种方式　东北春大豆区的垄上播种，有利于灌溉排水，四周有排水沟出水。黄淮夏大豆区与东北春大豆区，在一些低洼地区有台田耕作习惯，是一种排内涝、降地下水的耕作方法。这种耕作方式也要做到台田沟与其他沟能相通，水能排得出去。南方实行水稻大豆两熟或三熟制栽培的大豆区，要做到统一规划，连片种植，以利排水与灌溉；若为丘陵稻田，则应尽可能安排上下几块田都种大豆，有利于水源调节，以利灌排。

（4）大豆涝灾后的补救措施　大豆是一种耐涝性较差的作物，为减轻涝灾对在地大豆的危害程度，应针对性地加强在田大豆的田间管理。

① 开沟排水　大豆苗期和成熟期尤其怕涝，遇连阴雨田间积水时应及时开沟排水。

② 查田补栽，确保全苗　由于豆田积水时间长，易出现烂根、死苗造成缺苗断垄，为保证全苗，不影响产量，要及时进行查田补栽。采取就近借苗带土移栽为好，移栽时要带土带水，确保成活率。

③ 中耕除草　对受涝渍危害偏轻的豆田，要在地面泛白时，及时中耕散墒，除去杂草，一般要求做到三次中耕。根据大豆生长情况，结合第三次中耕进行培土，防倒伏。

④ 及早追肥　应结合中耕追施提苗肥，促进苗情转化。一般每亩追施尿素 5～10kg，可采取沟施的方式结合第二遍中耕进行。也可在大豆初花期，根外喷施磷酸二氢钾，每亩用磷酸二氢钾 30g 兑水 40kg。也可结合防蚜虫一并进行。

⑤ 防治病虫害　大豆生长期内高湿天气长，易发生大豆锈病、蚜虫、食心虫等病虫害。可每亩用 15％三唑酮可湿性粉剂 3g，兑水 50kg 防治大豆锈病。每亩用 10％的吡虫啉乳油 100g，兑水 30～50kg 防治大豆蚜虫。每亩用 2.4％溴氰菊酯乳油 40mL，兑水 50kg 喷施防治食心虫。

⑥ 合理化学调控　如大豆生长过旺、徒长，应合理采用化学调控技术，喷施多效唑等，可促壮抑旺、增花保荚，提高产量。

192. 南方地区大豆遇夏季涝害后恢复生产的技术措施有哪些？

我国南方地区入夏后，若遇入汛早、降水强度大、暴雨过程多，易发生严重灾害。土壤处于水分饱和状态，内涝不能及时排出，部分灾毁农田需要重种。

（1）及早落实灾后田管措施　对渍害严重但未毁坏的大豆田，要及时除涝排渍，如田块面积大且不平整、排水困难，应及时开沟排涝防渍。对前期长势旺、群体大、有徒长趋势的田块，为抑制大豆旺长、增强抗倒伏能力，可在大豆初花前化学调控防倒，每亩用缩节胺 20mL 兑水 20kg 喷施，或 15％多效唑可湿性粉剂 50g 兑水 40～50kg 喷施。适当增施磷钾肥，喷施磷酸二氢钾、叶面宝等叶面肥可防植株早衰，增加粒重。

（2）及时抢播早熟大豆品种　南方地区大豆品种类型多样，有春大豆、夏大豆，还有部分秋大豆，从 3 月下旬至 8 月上旬均有适宜的品种种植，历来有被用作救灾作物种植的习惯。近年来，生产上广泛用春大豆品种代替夏、秋大豆品种，配套相应栽培技术，仍可获得高产。

合理确定播期。晚夏播大豆补种时间在 7 月 25 日之前；有种植秋大豆习惯的地区，可在 7 月中旬至 8 月 10 日前秋播大豆。

合理选择品种。补种大豆品种可选择早熟夏大豆品种；部分地区可用生育期更早的春大豆品种代替。

为不影响下茬小麦、油菜播种，秋播大豆也可选用春大豆品种代替秋、夏大豆品种。

（3）分类指导加强田间管理　要根据洪涝灾害发生程度，因地制宜开展分类指导。

① 抢时抢墒播种　涝灾发生后，要及时排干田间积水，抢时播种，播种时间越早，一般产量越高。对没有灌溉条件的地区，要根据天气预报，抢在梅雨季结束前播种，防止遭遇干旱天气影响。

② 施足底肥，增施速效肥　由于播种期推迟，大豆生长发育期与高温期相遇，导致营养生长期缩短。要增加底肥施用量，一般每亩用 25kg 复合肥再加 5kg 尿素作基肥。出苗后可根据植株长势，每亩追施尿素 5kg 1～2 次，也可叶面喷施速效肥。

③ 适当增加密度　正常夏播大豆亩种植密度在 1.3 万株，晚夏播大豆亩种植密度可增加到 1.7 万株左右，如果用春大豆品种代替夏、秋大豆品种，亩种植密度可增加到 3 万株左右。

④ 化学除草　播种后用乙草胺、异丙甲草胺等进行封闭除草，可在出苗后选用适宜的除草剂防除大草。

⑤ 加强病虫防治　由于迟播大豆生长发育期气温高，各种病虫害发生较重，要加强病虫害防治，重点是防治斜纹夜蛾、棉铃虫、卷叶螟、红蜘蛛、豆秆黑潜蝇等，开花结荚期注意防治豆荚螟。

⑥ 及时收获　秋天空气干燥，大豆叶片落黄后要及时收获，防止炸荚。

193. 台风后大豆恢复生产的技术措施有哪些？

八月上旬发生台风，大豆多已进入鼓粒期，是产量形成的关键时期。为促进安全成熟，减少大豆受灾指数，应采取抗内涝防低温的生产技术措施。

（1）肥水管理促早熟　低洼易涝、已出现大面积明水的大豆田块，要及时疏通沟渠、挖渗水沟，加快排水散墒。有条件的地区可通过航化作业等方式，在大豆鼓粒期喷施磷酸二氢钾加米醋或硼钼等微肥，加速籽实干物质积累，促进早熟、增加粒重。

（2）病虫防控减损失　密切监测田间病虫，做好预测预报，及时采取药剂防治。重点防治大豆灰斑病、霜霉病、菌核病和大豆食心虫等病虫。抓住晴好天气进行喷药防治，可发挥专业化病虫防控队伍作用，应用机械（无人机）开展集中喷药作业，实行统防统治，提高病虫害防控效果。此外，及时清除杂草，在草籽形成前人工拔除大草，以利于通风透光，促熟增产。

（3）人工熏烟防早霜　实时关注天气变化，在北方地区凌晨 2～3 时，当气温降到作物受害的临界温度 1～2℃时，采取人工熏烟的方法防早霜。在未成熟大豆地块的上风口，放置秸秆、树叶、杂草等点燃，慢慢熏烧，使地面笼罩一层烟雾，提高近地面温度 1～2℃，改变局部环境，降低霜冻危害。此外，用红磷等化学药物在田间燃烧，形成烟幕，也有防霜效果。

194. 如何防止大豆雹灾？

（1）症状表现　冰雹是春夏季节对农业生产危害较大的灾害性天气。根据一次降雹过程中，多数冰雹的直径、降雹累计时间和积雹厚度，可以将冰雹分为轻雹、中雹和重雹三级。雹灾危害严重时会使植株生长点和叶片被打坏，甚至会造成植株死亡。

（2）补救措施　在大豆生长发育期间，如果遇到雹灾，要根据具体情况进行减灾防灾。如果在第一片复叶长成前遇到雹灾，应当采用早熟品种或其他生长发育期短的作物进行毁种。如果在第一片复叶长成后遇到雹灾，尽管植株生长点和叶片被打坏，但子叶节和复叶的腋芽均可发育成分枝，因此，灾后每亩及时追施尿素 10kg，并加强生长发育后期田间管理，即可减轻雹灾的灾害，不需要毁种。

195. 怎样防止大豆倒伏？

大豆生长发育后期的倒伏（彩图 95、彩图 96），影响大豆产量、品质，并不利于收获。倒伏越重，减产幅度越大，倒伏越早，减产越多。

（1）大豆倒伏原因

① 品种不对路　有的品种植株较高，茎秆较细，适合于中低水肥的地块，属于耐瘠品种。这样的品种种植在高水肥地容易旺长造成倒伏。为创造高产大豆群体，一般选用株型比较高大、分枝多的品

种，但这类品种往往抗倒性较差。

② 植株密度过大　种植大豆要根据品种特征特性进行合理密植，使植株健康生长。当种植密度过大时，会导致通风透光不良，茎秆细弱，植株高大而不健壮，容易倒伏。

③ 施肥不当引起倒伏　在大豆生长期间，如氮肥施用过多，易造成植株徒长，枝叶过于繁茂，以致造成倒伏。

④ 播种过浅、培土高度不够。

⑤ 贴茬播种的大豆，中耕灭茬不好，大豆根系发育不良，容易倒伏。

⑥ 大豆分枝期及开花期连阴、寡照、多雨，植株徒长，或后期遇暴雨侵袭，也会造成倒伏。

（2）防止大豆倒伏措施

① 应根据地力选用适当的品种　中高肥以上的地块应选用茎秆粗壮、植株稍矮、抗倒耐肥的品种。

② 加强苗期管理　播量要适中，出苗后及时人工间苗，使群体密度合理。高肥地块苗期要根据苗情蹲苗，适时中耕，促进大豆根系发育，增强大豆抗倒能力，中耕时可结合培土。贴茬播种的夏大豆第一次中耕要结合灭茬深锄，分枝期有旺长趋势的大豆要深锄伤一部分表层细根，促进根系下扎。

③ 合理密植　既使群体能够充分利用光能和地力，又使每个个体生长健壮，抗倒伏能力增强。一般高大繁茂品种宜稀，株型紧凑品种宜密；大叶、多叶品种宜稀，小叶、披针型品种宜密；土壤肥力高的田块宜稀，瘦地宜密。

④ 合理施肥　根据大豆对氮磷钾的需求，结合土壤肥力状况，进行合理施肥，可以有效保证大豆各生长发育期对氮、磷、钾的需求，生长健壮，不易倒伏。切忌氮肥过量。

⑤ 根据苗情和天气，合理灌水。

⑥ 化学调控　根据当地大豆长势、天气趋势等情况，对旺长的大豆，在初花期喷三碘苯甲酸（2,3,5-三碘苯甲酸的简称）、增产灵（4-磺苯氯乙酸）、多效唑等生长调节剂，除能控制徒长防止倒伏外，还有增产效果。使用方法参见本书药剂使用疑难解析部分。

⑦ 适时打顶尖　可起矮化壮秆防倒作用。

参考文献

[1] 王迪轩.大豆优质高产问答.北京：化学工业出版社，2013.

[2] 鲁传涛，等.农作物病虫害诊治原色图鉴.北京：中国农业科学技术出版社，2013.

[3] 邱强.作物病虫害诊断与防治彩色图谱.北京：中国农业科学技术出版社，2013.

[4] 董伟，郭书普.大豆病虫害防治图解.北京：化学工业出版社，2014.

[5] 李海朝.一本书明白大豆高产与防灾减灾技术.郑州：中原农民出版社，2016.

[6] 谢甫绨，等.图说大豆生长异常及诊治.北京：中国农业出版社，2019.